사진 & 일러스트로 보는 꿈의 자동차 기술 MotorFan illustrated

# Motor Fan illustrated

Vol. 43

# EV 차세대 배터리 개발 탐구와 전기 모터 관점의 변화

GoldenBell
www.gbbook.co.kr

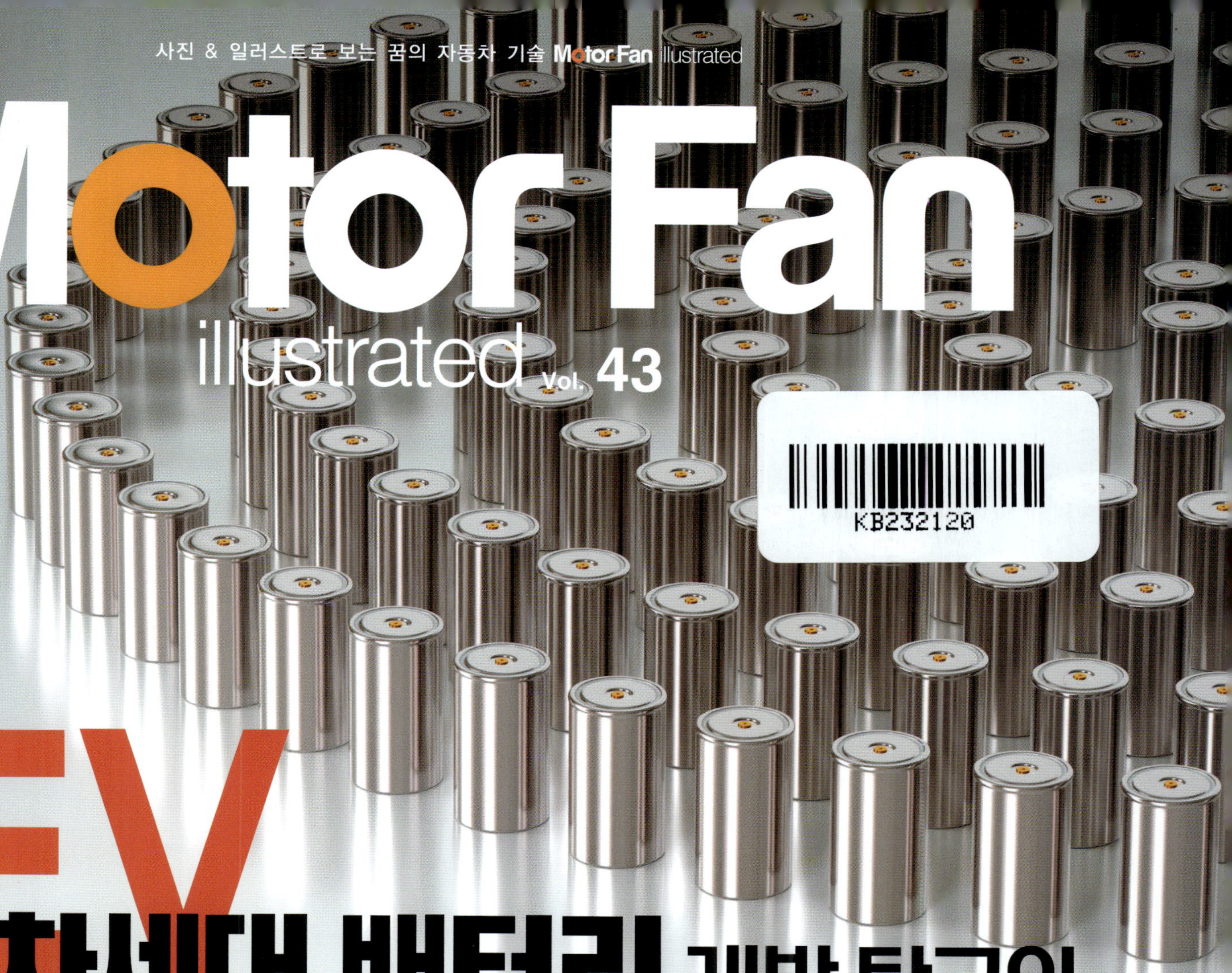

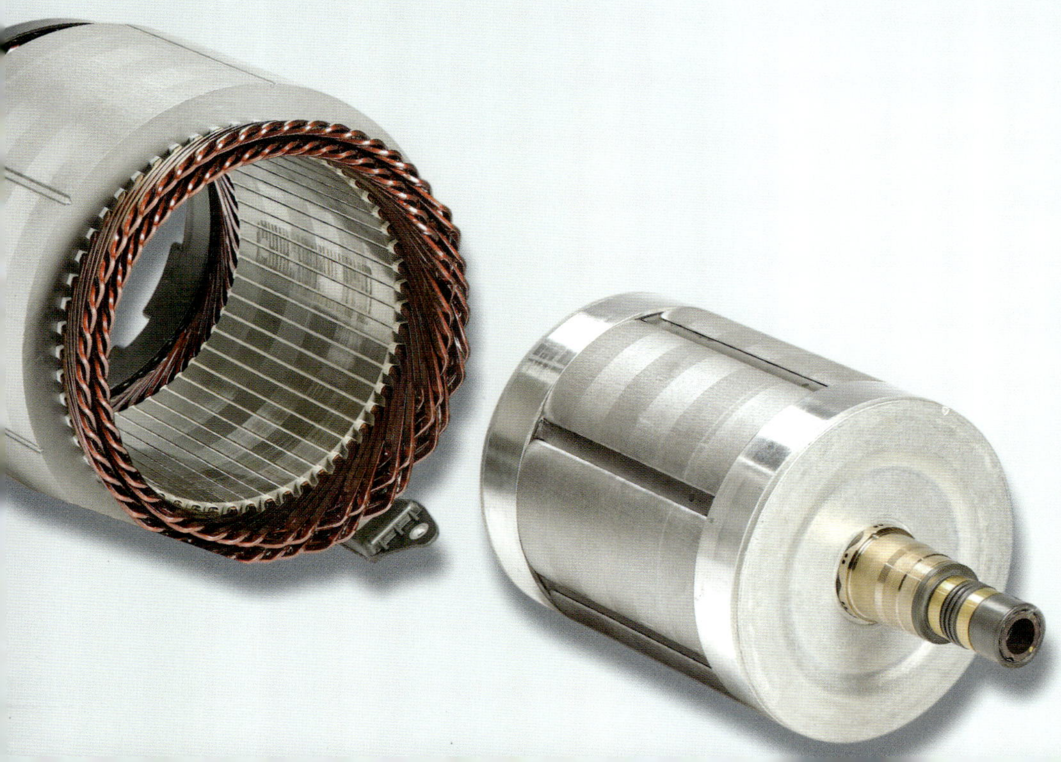

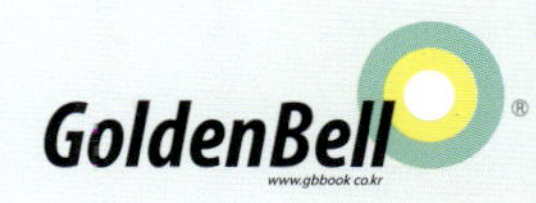

# 004



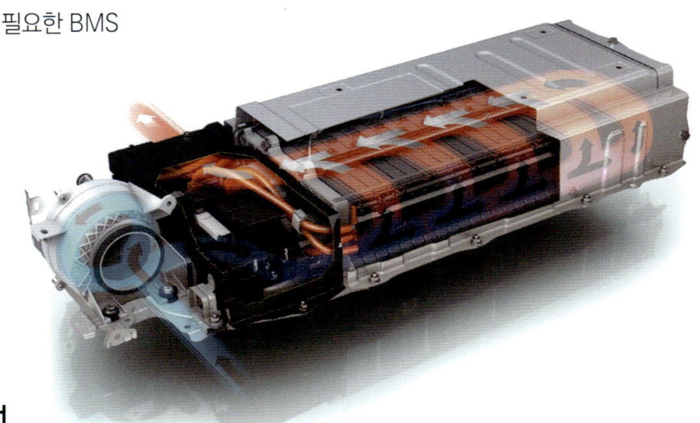

# Motor Fan
### illustrated Vol. 43 — Special Edition
# CONTENTS

# 098

도해특집  이것만 알면 **'전기 모터'** 의 시각이 바뀐다!

Illustration feature ;
Batteries, practical technology and next-generation development status

# 아직도 진화하는 배터리

(도해특집) 실용 기술 및
차세대 개발 현황 / 2024

자동차의 엔진을 비교할 때 흔히 「엔진과 모터」를 비교하는 경우가 많다.
그러나 구동기로서의 모터의 역할은 중요하지만,
「차세대 파워트레인이란 무엇인가」라는 주제로 논할 때는 오히려 배터리에 주목해야 하지 않을까.
자동차의 용도와 매우 잘 어울리는 모터의 전원으로서 현실적인 항속거리를 확보하려고 하면 어쩔 수 없이 크고
무거워질 수밖에 없는 배터리.
물론 기술자들이 가만히 바라만 보고 있을 리 만무하며, 리튬이온 배터리라는 큰 틀 안에서 강력한 배터리를 목표로
소재 개발 및 생산의 고효율화를 위해 노력하고 있다.
이번 특집에서는 2024년 현재 구동용 배터리의 성능을 제대로 파악하는 동시에, 가까운 미래의 이차전지가 어떻게
발전해 나갈지 살펴봤다.

ILLUSTRATION : Shutterstock

# 동력 배터리의 현재와 가까운 미래,
# LIB는 지나갈 뿐이다

무거운 자동차를 움직이기 위해서는 성능이 좋은 전기모터와 출력의 밀도가 높은 배터리가 필요하다.
현재 그 주역은 LIB(리튬이온 배터리)이지만, 높은 성능의 대가로 자원과 부하가 높다는 단점이 있다.
지금 동력전지의 세계에서 일어나고 있는 일, 앞으로 일어날 일들을 정리했다.

본문 : 마키노 시게오(Shigeo MAKINO)　그래프 : BloombergNEF／BMW／BYD／
IAV／Mark Lines／RISING 2／Shigeo MAKINO

## 현황 **1**



LIB의 셀 단가는 오른쪽 그래프와 같이 계속 하락하고 있다. 블룸버그 NEF(BNEF)의 연례적으로 조사하는 것은 명목적인 평균이며, 실질 평균은 2022년 161달러다. 2022년에 2021년 대비 가격이 상승한 이유는 자원 가격의 급등 때문이었다. 이것이 진정되면서 2023년 실질 가격은 14% 하락한 139달러/kWh로 나타났다. 니켈, 코발트, 리튬이라는 자원을 사용하는 한 발전용 배터리의 가격은 자원 가격의 영향을 받을 수밖에 없다. 그리고 자원은 곧 「정치」이기도 하다.

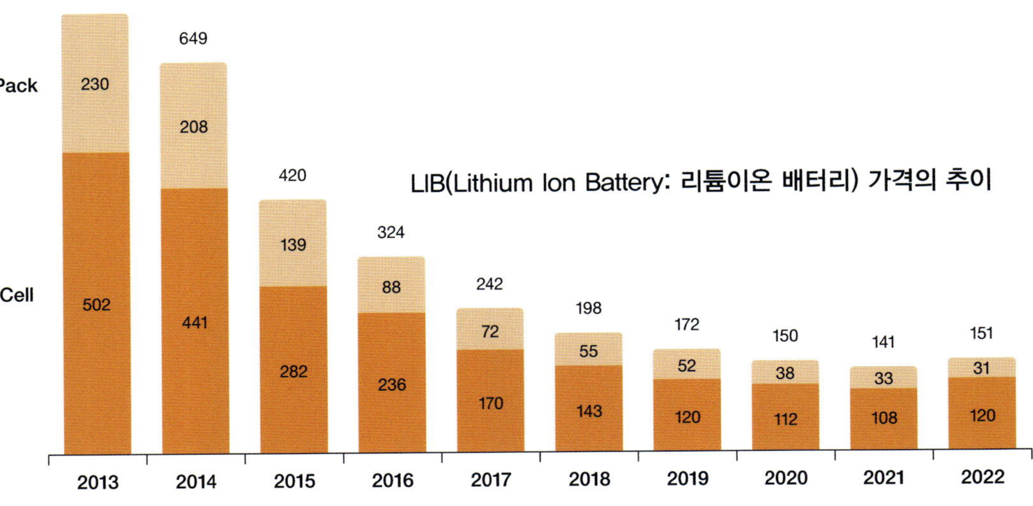


LIB(Lithium Ion Battery: 리튬이온 배터리)는 생산량이 많아질수록 단가가 낮아진다고 알려져 있다. 이로 인해 ICE(Internal Combustion Engine: 내연기관) 차량과 BEV(Battery Electric Vehicle: 배터리 전기 자동차) 간에는 가격의 역전 현상, 즉 이른바 '특이점'이 2020년경에 발생할 것으로 예측되었다. 이러한 전망은 2014년에서 2015년 사이에 제시된 바 있다. 하지만 BEV의 특이점은 결국 현실화되지 않았으며, 중국과 독일처럼 정부 보조금이 중단된 국가에서는 소비자 수요의 양상이 달라졌다. 특히 일반 소비자를 겨냥한 D 세그먼트에서는 BEV의 판매가 부진해졌고, 반대로 시장에서 호응을 얻은 모델은 저렴한 B 세그먼트 차량과 고가의 프리미엄 모델로 양극화되는 경향을 보였다.

2015년 당시 시장 조사 회사를 취재한 결과, '이 속도로 진행된다면 배터리 가격은 이렇게 될 것이다', '지금까지의 공업 제품도 그러했다'는 전제를 바탕으로 한 분석이 주를 이루고 있었다. 당시 중국 정부는 배터리를 국가 전략 차원으로 격상시키고, 대규모 보조금 정책을 시행하기 시작했지만, 그 구체적인 실태는 아직 명확하지 않았다. 따라서 중국이 LIB 가격의 시세를 인위적으로 붕괴시키고, 자국 배터리 제조업체만이 살아남도록 하는 일종의 기형적인 전략을 취할 것이라는 점은 시장 조사 회사조차도 예측하지 못했다.

"CATL이면 충분하지 않나, 일본의 OEM도 그렇게 하지 않을까?"

당시 대부분이 그렇게 생각하고 있었다. 그러나 2017년 6월, 중국 국무원 산하 공업정보화부(공정보부)가 발표한 배터리 화이트리스트는 업계에 큰 충격을 주었다. 이 목록에는 "등재된 배터리 제조업체에서 공급받은 배터리를 장착하지 않은 BEV 및 PHEV(Plug-in Hybrid Electric Vehicle: 플러그인 하이브리드 차량)에는 보조금을 지급하지 않는다"는 조건이 명시되어 있었다. 당초 이 목록에는 CATL(Contemporary Amperex Technology Limited: 닝더 시대 신에너지 과학기술)과 BYD(惠州比亚迪电池: 혜주 비야디 배터리) 등 주요 중국 기업조차 포함되지 않았다. 한국 배터리 제조업체들도 명단에서 제외되었다. 후에 밝혀진 바에 따르면, 당시 이 목록을 관리하던

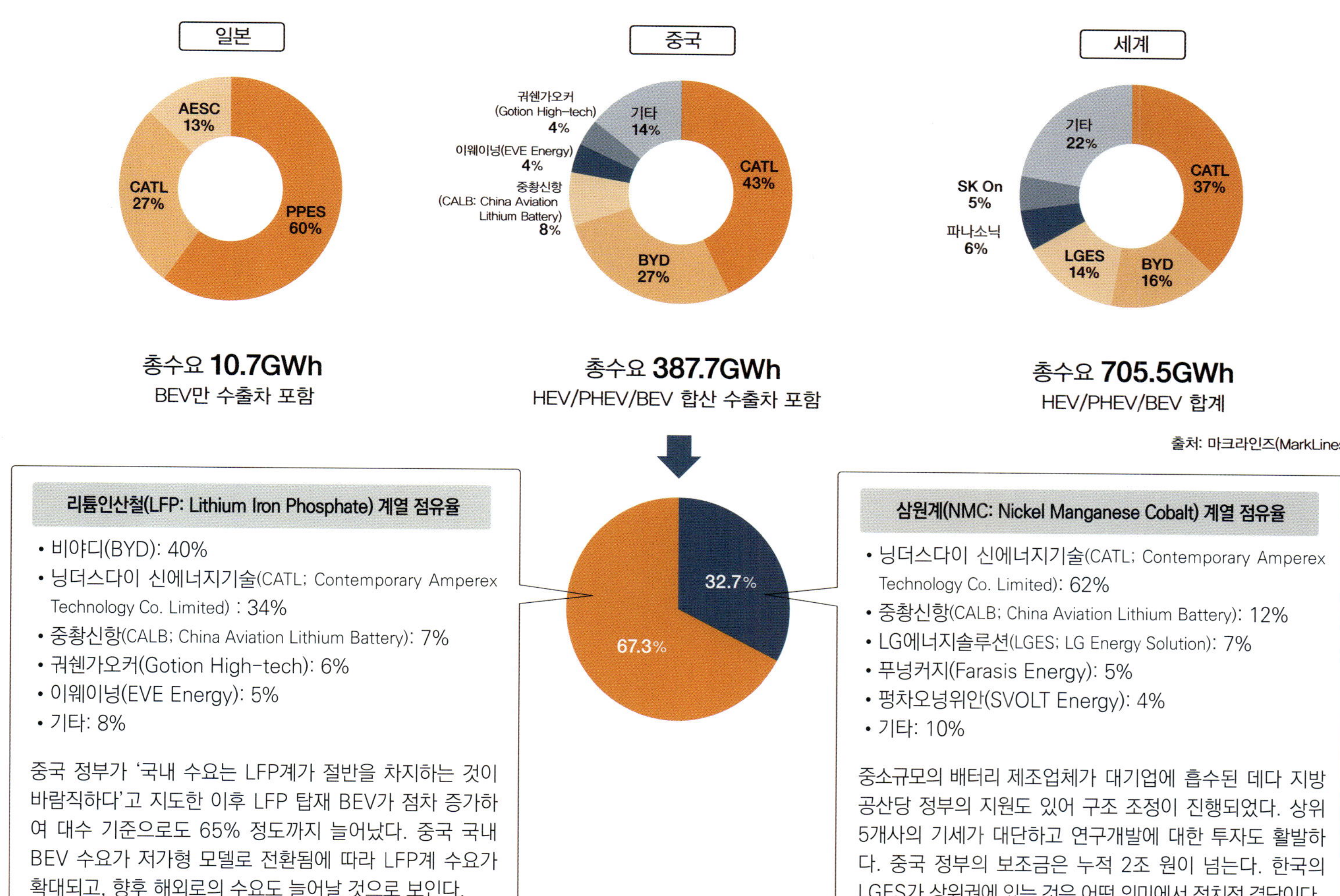



공업정보화부와 지방 공산당, 그리고 자동차업계 사이에서 일부 의사소통의 혼선이 있었던 것으로 드러났다.

2018년 2월, 배터리 화이트리스트의 관리 권한은 공업정보화부에서 중국자동차공업협회(China Association of Automobile Manufacturers: 중기협)로 이관되었고, 이에 따라 국가 주도의 관리 체계에서 업계 단체 중심의 관리 체계로 전환되었다. 이 시기는 배터리 분야에 대한 보조금 지급이 정점에 달한 시기로 보인다. 약육강식의 경쟁 속에서 배터리 산업의 재편이 급속히 이루어졌고, 많은 기업들이 잇따라 도산했다. 그러나 보조금으로 세운 공장과 축적된 기술 및 지식은 새로운 소유자에게 고스란히 인계되었다. 이러한 이유로 중국에서는 누구에게나 보조금을 지급하는 방식이 정착되었다. 이것이 바로 중국식 산업 육성 방식이다.

차량용 동력 배터리 분야는 이제 중국의 영향력 아래 놓이게 되었다. 일본과 미국의 연구자들이 기초 이론을 정립하고, 소니가 세계 최초로 실용화한 LIB는 오늘날 중국이 생산 규모에서 압도적인 존재감을 드러내는 기술이 되었다. 중국 내에서는 시진핑 정권의 정책에 따라, 안전성이 높은 LFP(Lithium Iron Phosphate: 리튬인산철) 계열 배터리가 주류로 자리 잡았고, 이는 보조금 종료 이후 저가형 BEV의 확산을 뒷받침하는 기반이 되었다. 한편, 고성능이지만 가격이 높은 삼원계 배터리는 중국산 고급형 BEV에 탑재되어, 부유층을 겨냥한 프리미엄 시장을 형성하고 있다.

작년 데이터에 따르면, 중국에서는 LIB의 공급이 과잉 상태에 놓여 있다. 생산 능력은 명백하게 수요를 초과한 과잉 상태다. 결국 유럽과 미국의 시장 조사 기관들이 예측한 LIB 가격 하락은, 보조금을 통해 손실을 보전하면서도 저마진으로 대량 판매를 지속한 중국 기업들의 전략이 낳은 결과였다. 한국 기업도 이러한 시장 구조에 휘말리게 되었다. 이는 기존의 공업 제품과는 뚜렷이 구별되는 전개 방식이다. 일본 기업들은 '국내에서 판매되지 않는 LIB'를 떠안은 채 적자를 피하지 못했고, 그로 인해 생산 능력의 확대가 어려워져, 중국 기업의 저가 전략에 맞서지 못한 채 해외 시장 진출도 이루지 못했다.

한국의 LG는 LIB 부문에서 단일 연도 기준 흑자를 달성하기까지 13년이 걸렸다. 파나소닉 역시 테슬라로부터 '지명 구매'를 받던 전용 배터리에서도 흑자 전환까지 10년이 소요되었다. 유럽에는 본격적인 LIB 제조업체가 존재하지 않는다. 이미 양산에 들어갔어야 할 노스볼트는 아직까지도 샘플

플루오르 화합물을 사용

## $F^-$

플루오르화물 이온 전지
(Fluoride Ion Battery)

일본

- 플루오르화물 이온($F^-$)이 양극과 음극 사이를 이동하면서 충전과 방전을 수행한다.
- 충전 시에는 음극에서 $F^-$가 이탈하고, 방전 시에는 $F^-$가 결합하는 플루오르화 반응이 일어난다.
- 이론적으로는 1킬로그램당 2000와트(W/kg)를 초과하는 에너지 밀도 가능성도 제기되고 있다.
- 전극 재료로는 알루미늄과 구리가 후보로 거론되며, 자원 부담이 극히 적다.
- 안정성이 높고, 에너지 밀도와 급속 충전 내성 면에서도 기대를 모으고 있다.
- 현재 이 분야의 개발은 일본이 주도하고 있다.

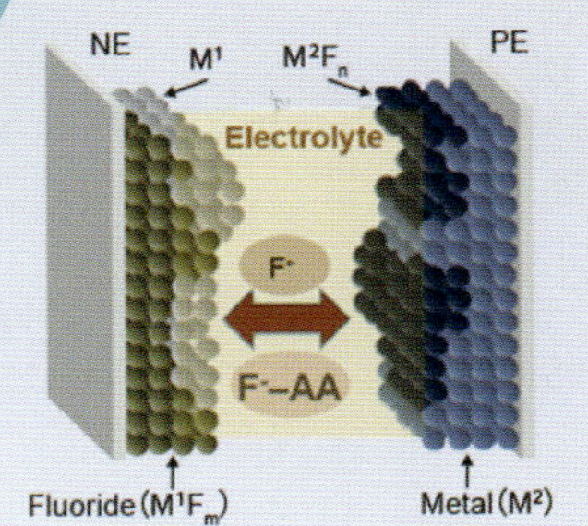

교토대학과 산업기술종합연구소(AIST)의 공동 연구에 의해 개발된 플루오르화물 셔틀 전지의 모식도. 이 연구는 전기자동차용 차세대 배터리 개발을 목표로 하는 RISING2 프로젝트의 일환으로 수행되었으며, 다양한 다전자계 극재(극소재)의 개발이 추진되고 있다.(도해 제공: 산업기술종합연구소 AIST)

중국

- 양극재 후보로는 프러시안 블루, 망간, 철 등이 있다.
- 음극재 후보로는 흑연, 탄소, 비스무트 등이 있다.
- 에너지 밀도는 150~180Wh/kg 수준으로 낮은 편이다.
- 급속 충전에 강하며, 충방전 사이클 수명도 충분히 확보할 수 있다.
- 영하 20도에서 영상 80도에 이르는 넓은 온도 범위에서 사용이 가능하다.
- 나트륨의 원자량은 리튬의 약 3배에 달하기 때문에 중량 증가에 대한 우려가 있다.
- 나트륨은 바닷물 속에도 존재하는 풍부한 자원이다.

나트륨 화합물을 사용

## $Na^+$

나트륨이온 전지
NIB

금속 리튬 이온을 사용

## $Li^+$

리튬이온 배터리
LIB

구동용 배터리로서의 실적은 매우 크고, 에너지 밀도도 200~280Wh/kg 수준으로 높은 편이다. 그러나 니켈, 망간, 코발트를 사용하는 삼원계(NMC: Nickel Manganese Cobalt) 배터리는 자원의 부담이 크며, 중국의 의존을 줄이려는 분위기가 강한 유럽과 미국의 완성차 제조업체(OEM)에게는 리튬이온 배터리(LIB: Lithium Ion Battery)로부터의 이탈이 중요한 과제로 부상하고 있다.

## '이온의 이동'이라는 원리는 변하지 않는다

연결된 다음 페이지의 위쪽 도해는 리튬이온 배터리(LIB)의 모식도이며, 필자가 작성한 것이다. 양극과 음극, 그리고 그 사이의 전해질(파란 부분)을 분리막으로 분리하고, 이온의 이동에 의해 충전과 방전이 이루어지는 구조는 나트륨이온 전지(NIB: Sodium Ion Battery)나 플루오르화물 셔틀 전지(FSB)에서도 동일하다. 이 점에서는 오랜 기간에 걸친 LIB 연구를 통해 많은 지식과 데이터가 축적되어 있다. 다만, 극재가 바뀌면 전기 화학적 현상도 달라진다. 따라서 차세대 전지 개발에 있어서는 발생 가능한 모든 현상을 테스트 해야 하며, 최근에는 이러한 영역에 인공지능(AI)이 활용되고 있다.

양극에 칼륨 층상 화합물을 사용하는 전지. 나트륨이온 전지(NIB: Sodium Ion Battery)나 플루오르화물 이온 전지(FIB: Fluoride Ion Battery)에 비해 개발은 활발하지 않지만, 셀당 약 4볼트의 전압과 200Wh/kg 이상의 에너지 밀도를 실현할 수 있을 것으로 기대되고 있다. 또한, 자원으로서 칼륨은 비용이 저렴하다는 점도 장점으로 꼽힌다.

과충전에 강하고 순간 출력 성능이 뛰어나기 때문에, 하이브리드 차(HEV: Hybrid Electric Vehicle)용 배터리로서 토요타가 지속적으로 사용해 왔다. 최근에는 하나의 집전체가 양극과 음극 역할을 겸하는 바이폴라(쌍극)형 구조가 개발되면서, 셀당 출력 밀도가 약 1.5배 향상되었다. 아직도 개선의 여지는 남아 있으며, 바이폴라 구조의 적용이 어려운 리튬이온 배터리(LIB: Lithium Ion Battery)에서도 이와 같은 기술적 도전이 기대되고 있다.

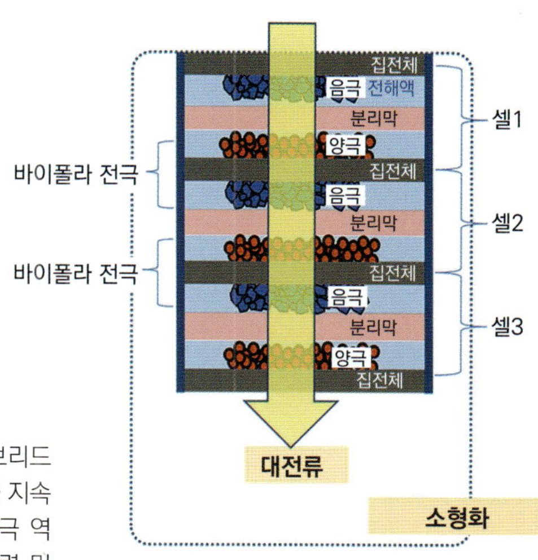


## 2 가까운 미래



왼쪽에 있는 이미지는 2020년에 일본의 신에너지산업기술종합개발기구(NEDO)가 제시한 배터리 개발 로드맵이다. 당분간의 핵심 주제는 전고체 배터리(SSB: Solid-State Battery) 타입의 리튬이온 배터리이며, 그 이후의 포스트 LIB는 플루오르화물 이온 전지(FSB)로 설정되어 있다. 이와 관련된 프로젝트는 이미 진행 중이며, 다양한 연구 성과가 나오고 있고, 실용화를 위해 해결해야 할 과제들도 어느 정도 명확히 드러나고 있는 상황이다. 다만, 배터리 기술은 연구실을 벗어난 이후 양산 개발과 설비 확보까지도 시간이 걸린다. 연구실 단계에서 벗어나 순조롭게 양산 개발이 이루어지더라도 통상 3년, 표준적으로는 약 5년이 소요된다고 알려져 있다. 그럼에도 불구하고 과거에 비해서는 개발 기간이 단축되고 있는 추세다.

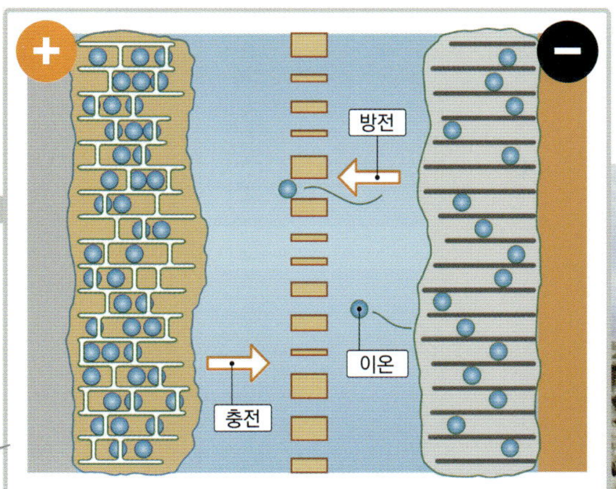


↓지표에 리튬이 노출된 '리튬 호수'. 갈색으로 보이는 부분은 표면에 묻은 오염물이며, 정제하면 흰색으로 변한다. 이 리튬을 정제하는 데는 '염수' 방식이 사용되는데, 이 방법은 1톤의 리튬을 얻기 위해 약 3만 리터의 담수(깨끗한 물)를 소비한다. 그렇기 때문에 리튬은 '인간의 식수'를 대량으로 소모하는 자원이라고 불리기도 한다. 반면, 나트륨이나 불소 화합물(플루오르화물)의 경우 자원으로서 특별히 희귀하지도 않고 정제 과정에서 환경 자원에 미치는 부담도 적다. 이러한 이유 또한, 해당 자원들이 차세대 배터리 소재로 실용화되기를 기대받는 배경 중 하나다.

현황 **2** 중국 기업의 압도적인 지배 유럽과 미국 기업은 모습을 드러내지 못하고 있다

중국은 배터리 셀 생산분만 아니라 자원 채굴권과 정제 분야에서도 세계 시장의 '목줄'을 쥐고 있으며, 전기자동차(BEV: Battery Electric Vehicle) 생산량에 있어서도 다른 국가들을 압도하고 있다. 일본의 완성차 제조업체(OEM)들은 "성능 면에서 어쩔 수 없는 수준의 LIB(Lithium Ion Battery: 리튬이온 배터리)가 중국에서 판매되고 있는 것이 신기하다"고 말하기도 한다. 그러나 실제로는 시장에서 '지금 내가 지불할 수 있는 가격의 부품'을 구입해 BEV를 만드는 것이 바로 중국의 방식이다.
지방 도시에서 현지 판매 허가만 받은 BEV 제조업체는 '그저 달릴 수 있으면 된다'는 기준으로, 가능한 한 최저가의 LIB를 선택해 차량을 생산하고 있다.

현황 **3** BEV(전기자동차)의 갑작스러운 둔화 정치가 수요를 좌우한다

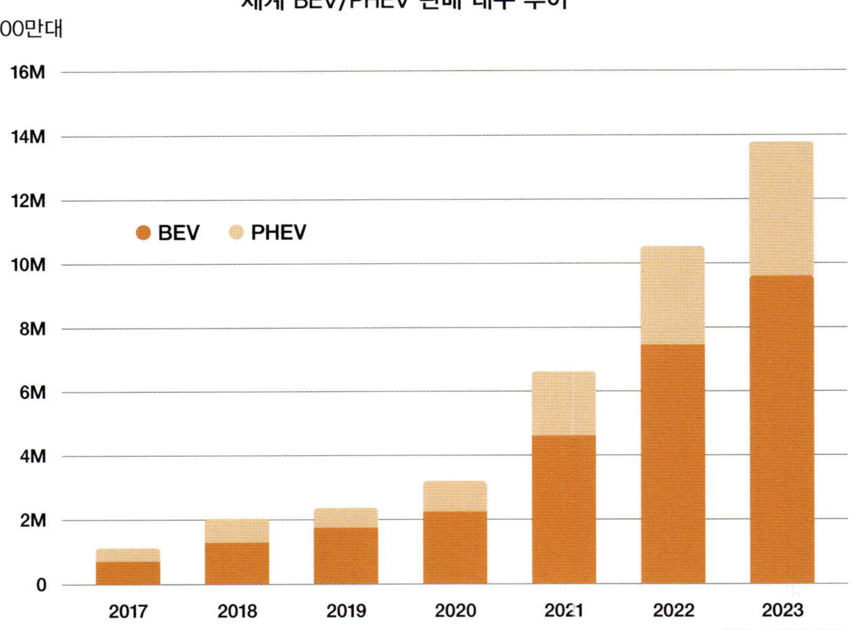


2021년부터 전 세계에서 전기자동차에 대한 수요가 급증하고 있지만, 그 내용을 살펴보면 플러그인 하이브리드차(PHEV: Plug-in Hybrid Electric Vehicle)의 증가가 특히 두드러진다는 점을 확인할 수 있다. 차량 1대당 탑재되는 배터리 용량은 전기자동차(BEV: Battery Electric Vehicle)가 가장 많고, 그다음이 PHEV, 하이브리드차(HEV: Hybrid Electric Vehicle)는 가장 적은 편이다.
한편, 중국의 배터리 생산 능력은 이미 전 세계 수요를 초과하고 있어 글로벌 공급 과잉 상태를 시사하고 있다. 블룸버그 뉴에너지파이낸스(Bloomberg New Energy Finance: BNEF)는 주요 리튬이온 배터리(LIB: Lithium Ion Battery) 제조업체들의 공장 가동률이 2023년에 2022년보다 낮은 수준을 기록했다고 보고하였다.

출하 단계에 머물러 있다. 미국 상황도 다르지 않다. 한때 활기를 보였던 A123 시스템즈는 결국 중국 자본에 인수되었고, 그 밖의 민족계 기업들 또한 실질적인 생산보다 기자회견 개최에만 집중하고 있는 실정이다.

이러한 상황 속에서 중국은 차세대 배터리인 NIB(Sodium Ion Battery: 나트륨 이온 배터리)의 양산을 연내에 시작하겠다고 발표했다. NIB에 관한 논문의 발표 건수와 특허 취득 건수는 명확하게 중국 기업이 가장 많다. 미국에서도 NIB 생산에 도전하는 신생 기업들이 등장하고 있다. 유럽은 BEV에 강하게 집중하고 있지만, 배터리 연구 인력 자체가 부족하고, 완성차 제조사(OEM)는 '저렴하게 공급하는 곳에서 구매하면 된다'는 입장을 보이고 있다. 유럽 내에서 가장 큰 LIB 생산 국가는 중국과 한국이 공장을 설립한 폴란드이며, 헝가리는 중국 기업을 유치해 반격을 노리고 있다. 독일에 이미 공장을 세운 CATL은 유럽 내 두 번째 공장을 헝가리에 설립하기로 결정했다.

배터리를 현지에서 생산하고 현지에서 소비할 전망이 뚜렷하지 않은 상황에서도, EU가 BEV로 급격히 전환을 추진한 이유는 무엇일까. 이에 대해 다양한 취재를 진행한 결과, 궁극적으로는 '예상이 지나치게 낙관적이었다'는 결론에 도달하게 되었다. 각 OEM(Original Equipment Manufacturer: 완성차 제조사)이 '배터리 공장을 건설하겠다'고 발표한 사례의 대부분은, 실제로 배터리 셀을 외부에서 구매하여 이를 팩 형태로 조립하는 공장에 불과했다.

LIB의 뒤를 이을 기술은 무엇일까. 현재 중국은 NIB를, 일본은 그보다 한 단계 앞선 기술인 불소 셔틀 배터리(아직 일반적으로 사용되는 약어가 없으므로 여기에서는 FSB(Fluoride Shuttle Battery: 불소 셔틀 배터리)로 표기한다)를 유망한 차세대 배터리 기술로 보고 있다. 그러나 NIB만으로는 동력용 전지로서 에너지 밀도가 충분하

지 않다는 한계가 있다. 이 때문에 유럽의 ESP(Engineering Service Provider: 엔지니어링 서비스 프로바이더)는 NIB와 LIB를 병용하는 방식을 OEM에 제안하고 있다. 일본은 당분간 고체 전해질을 사용하는 LIB, 즉 SSB(Solid State Battery: 전고체 배터리)를 중심으로 기술 방향을 설정할 것으로 보인다.

유럽에서는 얼마 전까지 '획기적인 SSB'에 관한 연구 발표가 몇 차례 있었지만, 연구소 단계를 넘어 양산 개발에 착수했다는 소식은 아직 전해지지 않고 있다. 설령 기술적으로 가능하더라도, 실제로 '누가 그것을 생산할 것인가'라는 문제가 여전히 남아 있다. LIB의 자원 자활용에 관해서도, '버진(신규) 재료를 사용하는 것보다 저렴하게 제조할 수 있다'는 연구 발표가 언론을 통해 자주 소개되었지만, 이 분야 역시 아직 실용화 단계에 도달했다는 소식은 들리지 않는다.

NIB 관련 특허 보유는 중국이 가장 많은

현재 주류를 이루는 방식은 배터
리 팩의 윗면을 이와 같이 상단 커
버(Top Cover)로 덮고, 이를 차
량 실내 바닥 바로 아래에 탑재하
는 구조이다. 테슬라의 사이버트럭
(Tesla Cybertruck)은 이 상단 커
버를 실내 바닥(floor)과 겸용함으
로써, 원가 절감과 동시에 바닥 높
이의 증가를 최소화하고 있다.

배터리 모듈(위)과 냉각수 통로가
성형된 모듈 하부(아래). 구조를 얼
마나 단순하게, 그리고 얼마나 얇
게 제작할 수 있는지가 현재의 핵
심 과제이다. 이처럼 단면(片面)
냉각 방식으로 설계되는 사례가 점
점 늘어나고 있다.

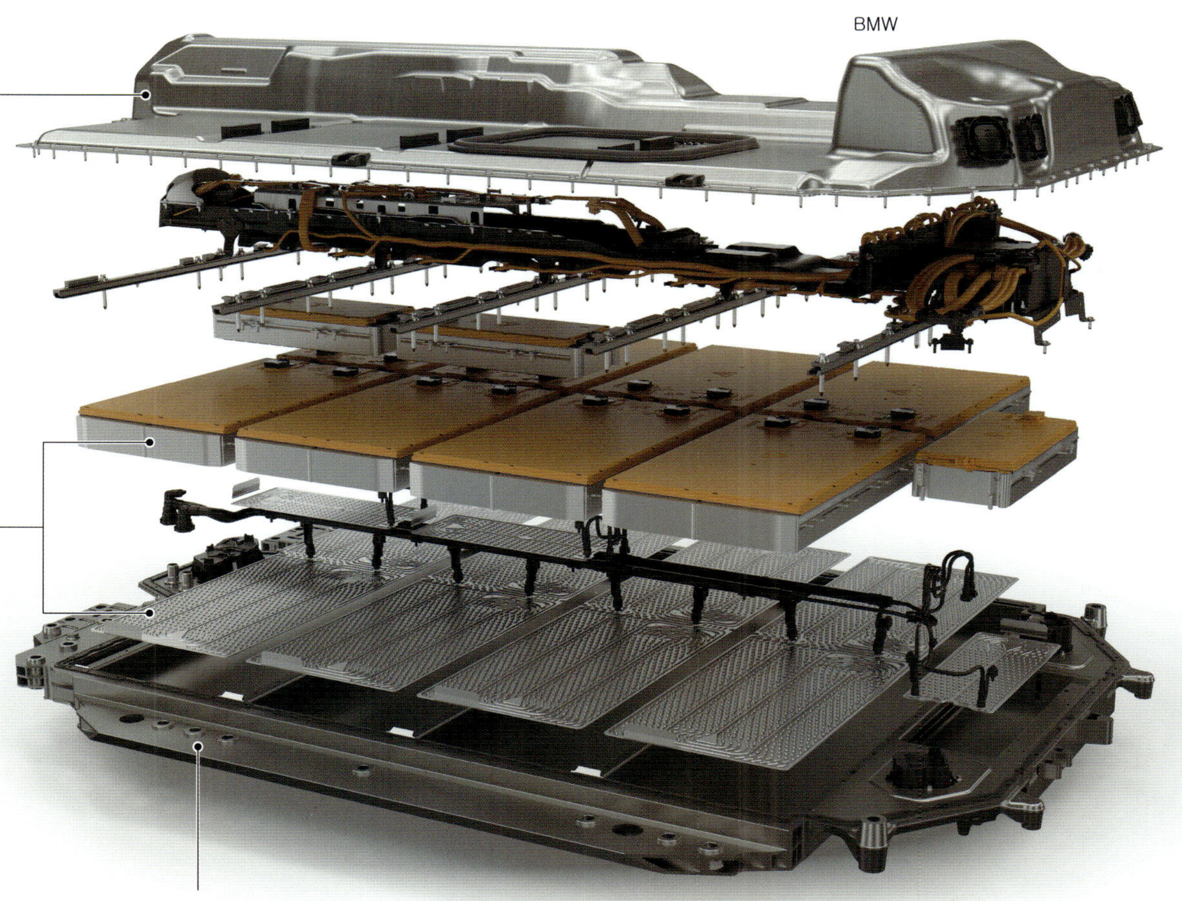

일본제철이 개발한 초고장력강(초 하이텐: 하이 텐실 스틸, 고장력
강)을 깊은 인장 성형(Deep Drawing)으로 가공한 차체 골격 부
재. 이 기술은 배터리 팩에도 응용이 가능할 것으로 보인다. 알루
미늄 대신 철을 사용할 경우, 소재 두께는 약 3분의 1 수준으로 줄
일 수 있다. 애초에 '플로어가 높아지는' 바닥 배터리 탑재 구조에
서는, 얇게 제작할 수 있다는 점이 매우 큰 장점이 된다.

## 3 가까운미래 셀 투 팩(Cell-to-Pack) 방식으로 배터리는 더 얇게, 냉각 시스템도 더 얇게, 효율은 더 높게

부품 단위로 살펴보면, 예를 들어 C세그먼트 전기자동차(BEV: Battery Electric Vehicle)의
경우, 배터리 무게는 모터 등 구동계 부품보다 훨씬 더 무겁다. 또한 제어 계통과 냉각 계통을
내장한 배터리 팩은 두께 또한 상당하다. 배터리 팩이 해결해야 할 과제로는 가볍게, 얇게, 동
시에 저비용으로라는 세 가지 조건이 핵심이다. 현재 주류 방식은 알루미늄 압출재를 조합해
튼튼한 케이스(筐体)를 제작하는 방식이며, 충돌 시 안전성을 확보하기 위해 두꺼운 소재가 사
용된다. 이러한 구조를 수지(플라스틱)나 철로 제작하려는 개발도 진행되고 있다.

배터리 셀을 원통형으로 할지, 각형으로 할지, 혹은 얇은 라미네이트형으로 할지는 완성차 제조업체
(OEM)마다 선택 방식이 다르다. 닛산은 라미네이트형을 사용하고, 위 사진의 테슬라는 원통형을 채
택하고 있다. BYD는 각형 셀을 사용한다. 이와 함께 냉각 방식도 제조사마다 다르다. 테슬라는 원통
형 셀 구조에 맞춰 물결 형태의 알루미늄 냉각수 통로(자동차에서 자주 사용되는 구조)를 배터리 양
쪽에 밀착시키는 방식을 채택하고 있다.

비중을 차지하고 있다. 최근에는 FSB 분야에서도 논문 발표가 증가하는 추세다. 그러나 배터리 전문가들은 "중국에서 발표되는 논문은 우수한 것과 부실한 것이 섞여 있으며, 오히려 부실한 쪽이 더 많다"고 평가하고 있다. 필자 역시 논문을 읽다 보면 의문이 드는 경우가 있다. 따라서 중국산 논문에 대해서는 냉정하게 평가할 필요가 있으며, 그 양적인 물량에 위축될 필요는 없다.

과거 사례로, 필자가 약 10년 전 중국의 한 배터리 제조 업체를 취재했을 당시, 해당 회사의 회장은 자신이 "대학에서 박사 학위를 받았다"고 자랑스럽게 말했다. 그러나 이후 임원에게 확인해 본 결과, 그 학위 논문은 슬로베니아의 한 연구소로부터 구입한 것이었다는 설명을 들었다. 이처럼 실제로 존재하는 사례도 있다.

언론에서는 '일본이 뒤처졌다'는 표현이 자주 등장한다. 물론 경영 판단이 늦어 사업의 기회를 놓친 사례들도 존재한다. 그러나

만약 일본 국내의 배터리 제조업체들이 LIB 생산에 대규모 투자를 단행했다면 어떤 결과가 나왔을까. 필자가 수집한 자료에 따르면, 중국 중앙 정부와 지방 정부가 배터리 산업에 투입한 보조금은 이미 1조 엔을 초과하고 있다. 이러한 환경 속에서 일본 기업들이 LIB 시장에 본격적으로 진입했다면, 결국 저마진·대량 판매의 구조에 휘말려 체력을 소모하는 결과에 이르렀을 가능성이 높다.

그렇다면 차세대 배터리를 둘러싼 경쟁은 앞으로 어떤 양상으로 전개될까.

일본은 NEDO(New Energy and Industrial Technology Development Organization: 신에너지산업기술종합개발기구)와 AIST(National Institute of Advanced Industrial Science and Technology: 산업기술종합연구소)를 중심으로 FSB 개발에 일본의 기술과 지성을 집중하고 있다. 그러나 일본 정부에는 이를 국가적 총력전으로 추진하겠다는 의지가 부족하며, 자금 지원의 규모도 충

분하다고 보기 어렵다. 자동차 산업이 일본 경쟁력의 핵심 기반이라고 판단한다면, 연구 개발에 대한 지원뿐 아니라 기술 정보 보호와 산업 스파이 방지에 이르기까지 전방위적인 대응이 요구된다.

과거 NEDO를 취재했을 당시, 자동차용 동력 배터리에 대한 로드맵(아래 참고)에는 가장 최근 기술로 SSB가, 그 다음으로 포스트 LIB 후보군으로 FSB 등이 명시되어 있었다. 이러한 기술 개발에 정치적 개입이 이루어지면 긍정적인 결과를 기대하기 어렵기 때문에, 정부는 '말로 간섭하지 않고 자금만 지원하겠다'는 원칙을 선언하고, 연구기관과 민간 기업에 전권을 맡기는 총력전 체제를 구축해야 한다.

결국 BEV가 자동차 시장의 주류가 될 것이라고 예측하는 의견이 우세하다. 현재는 일시적인 정체기에 머물러 있지만, 가까운 미래에 다시 성장세를 회복할 것이라는 전망이 제시되고 있다.

↓ 독일의 주요 엔지니어링 서비스 기업(ESP)인 IAV가 제안한 리튬이온 배터리와 나트륨이온 배터리의 하이브리드(혼합) 배터리 팩. 각각의 약점을 서로 보완한다는 발상에 기반한 것으로, 주행 거리 요구, 모터 성능, 배터리 중량, 전체 에너지 밀도 등에 따라 LIB와 NIB의 비율을 조절한다. 이 시스템은 이미 개발이 시작된 단계에 있다.

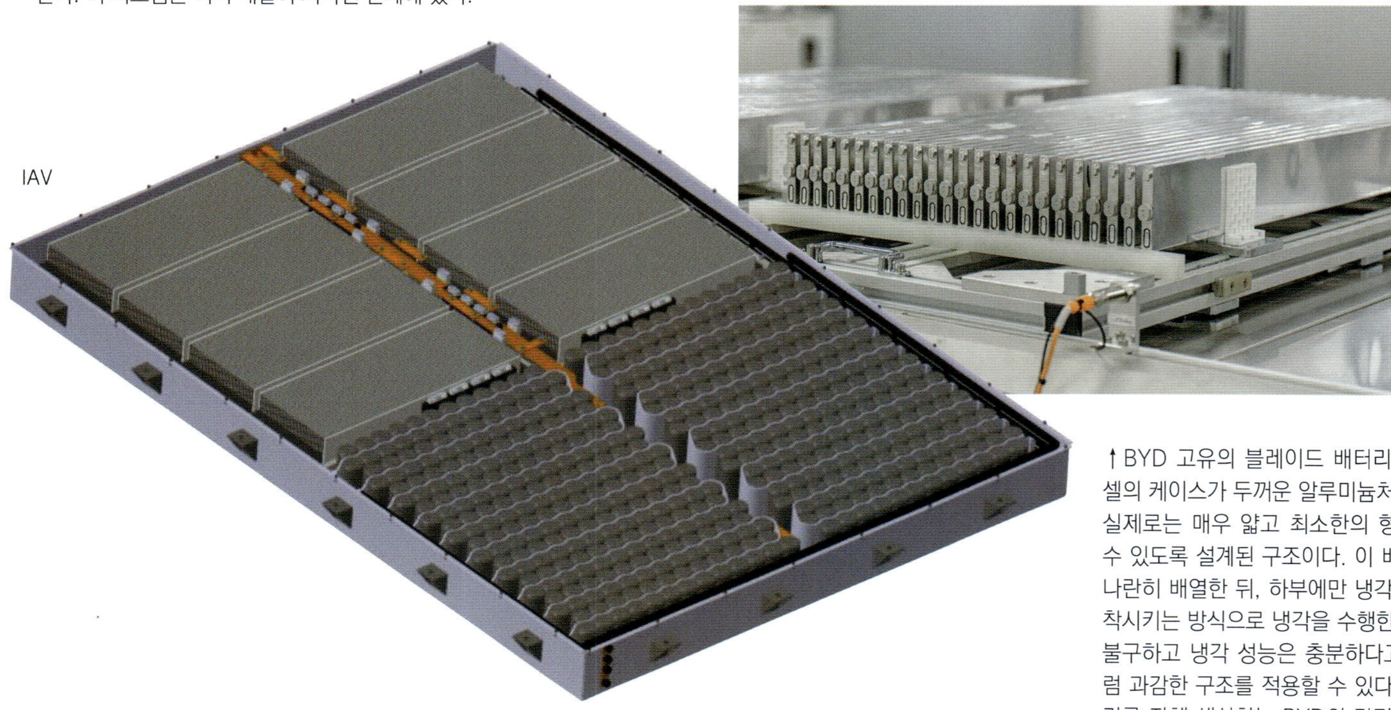



↑ BYD 고유의 블레이드 배터리. 겉보기에는 셀의 케이스가 두꺼운 알루미늄처럼 보이지만, 실제로는 매우 얇고 최소한의 형태만 유지할 수 있도록 설계된 구조이다. 이 배터리 셀들을 나란히 배열한 뒤, 하부에만 냉각수 통로를 밀착시키는 방식으로 냉각을 수행한다. 그럼에도 불구하고 냉각 성능은 충분하다고 한다. 이처럼 과감한 구조를 적용할 수 있다는 점은 배터리를 자체 생산하는 BYD의 강점을 잘 보여주는 사례라 할 수 있다.

그렇다면 그 시기를 대비해 배터리는 어떤 방향으로 준비되어야 할까. 핵심 키워드는 '소형화', '경량화', '안정성', 그리고 '가격'이다. 자원 부담이 적은 원료를 사용하는 FSB는 이 가운데 '가격' 문제를 해결해 줄 수 있을 것으로 기대되고 있다. 동시에 발전 방식의 변화에 따라 새로운 가능성도 등장하고 있다. 예를 들어 일본이 보유한 잠재력이 큰 지열 발전, 그 다음 단계인 초임계 지열 발전, 그리고 또 다른 경로로는 핵융합 발전과 같은 기술들이 게임 체인저로 떠오를 수 있는 후보로 주목받고 있다.

배터리를 자동차에 어떻게 탑재할 것인가는 크게 두 가지 방식으로 나뉜다. 첫 번째는 앞뒤 좌석 사이와 차량의 전후 방향을 따라 형성된 센터 터널 형태의 공간에 배터리를 배치하는 방식이며, 두 번째는 캐빈 바닥 아래에 배터리를 평평하게 '깔아 배치하는' 방식이다. 자동차의 크기와 내부 패키징 구조에 따라 두 방식이 선택되지만, 현재는 바닥 배치 방식이 주류를 이루고 있다. 이 방식을 적용하면 배터리 팩의 두께만큼 실내 바닥이 높아지게 되어, 시트의 착석면(엉덩이 지점)에서 바닥까지의 거리가 짧아지는 경우가 많다. 이로 인해 착석 자세의 편안함을

유지하면서 동시에 배터리를 효과적으로 탑재하는 것은 매우 어려운 과제가 된다.

이러한 이유로 배터리 팩의 높이를 줄이기 위한 다양한 시도가 이루어지고 있다. 그 중 하나가 셀 투 팩(Cell-to-Pack) 방식이다. 기존 방식에서는 셀을 묶어 상자에 넣고 이를 모듈로 구성한 뒤, 다시 이 모듈을 배터리 팩 내부에 배열하는 구조를 사용하고 있다. 그러나 셀 투 팩 방식은 중간 단계인 모듈을 생략하고, 셀을 직접 팩 내부에 배열함으로써 무게와 상하 방향의 두께를 줄이는 방식이다. BYD의 블레이드 배터리는 이 같은 셀 투 팩 개념을 실제로 적용한 사례이다. 또한 최신 사례로는, 테슬라 사이버트럭이 차량 바닥의 내장 구조를 배터리 팩의 상단 플레이트로 겸용하는 방식을 채택하고 있다.

배터리 팩 자체는 구조적으로 매우 튼튼하게 제작되어야 한다. 가장 큰 이유는 충돌 시의 안전 대책 때문이다. 정면 충돌의 경우, 차량의 차체 구조가 배터리 팩 전방에서부터 순차적으로 파손되며 충돌 에너지를 흡수하도록 설계되고, 배터리 팩은 후단을 지점 삼아 아래로 이동시켜 손상을 피하도록 보호하는 방식이 일반적이다. 측면 충

돌의 경우에는 배터리 팩의 일부를 사이드 실(Side Sill: 차체 측면 보강 부위)로 활용하는 설계가 있으며, 혹은 사이드 실이 변형된 후 배터리 팩 자체가 하방으로 이동하여 충격을 회피하도록 하는 방식도 있다. 후방 충돌의 경우에는 차체 골격 자체를 파괴함으로써 에너지를 분산시키는 방식이 흔히 사용된다.

이 모든 충돌 대응 방식은 배터리 팩을 보호하고, 화재 등의 2차 피해를 예방하기 위한 안전 대책이다.

배터리 팩은 충돌 대응력뿐 아니라, 얇고 가벼운 구조까지 동시에 실현해야 한다. 이러한 요구를 충족시키기 위해 현재는 단면 형상을 자유롭게 설계할 수 있는 알루미늄 압출재를 사용하여 배터리 팩을 제작하는 경우가 많다. 경량화와 동시에 높은 강성을 추구할 경우 철을 사용하는 방법도 존재하지만, 실제로 채택되는 사례는 드물다. 이와 함께 배터리 팩 내부에는 고효율의 냉각 시스템도 통합되어야 한다. 이처럼 여러 요구 조건을 동시에 충족시켜야 한다는 점이 배터리 팩의 설계가 어려운 이유이다.

배터리 자체의 성능 개선과 차량에 탑재하는 방식의 개선. 이 두 가지 요소가 함께 이루어져야만 가까운 미래의 BEV 설계가 가능해질 것이다. 그 결과로 등장할 BEV는 기술적으로도 시각적으로도 주목할 만한 설계를 갖추게 될 가능성이 높다.

↓ 옆에서 언급한 하이브리드 배터리 팩을 효율적으로 냉각하기 위한 검증이 진행되고 있다. NIB와 LIB는 작동 온도가 서로 다르기 때문에, 냉각 시스템도 각각 분리하여 구성된다. 원통형 배터리에는 물결 모양의 냉각수 통로(파형 통로)를 사용하고, 라미네이트형 배터리에는 단면 냉각 방식의 하부 냉각수 통로를 적용하고 있다. 이 외에도 다양한 냉각 방식이 존재한다고 한다. 또한, 기존 배터리 팩보다 더 얇은 구조로 구성할 수 있다는 점도 이 시스템의 특징 중 하나다.

CHAPTER 01

# CHARACTERISTIC

## 배터리란 과연 무엇인가?

### >>> 다양한 배터리의 특성과 차이점 <<<

전기자동차나 하이브리드 차량의 구동용 배터리는 왜 리튬이온 배터리가 주류가 되었을까?
이 기회를 통해 다시 한 번, '배터리'라는 장치에 대해 근본적으로 생각해 본다.

본문 : 다카하시 잇페이

# 1차 전지와 2차 전지

망간 전지로 대표되는

## 1차 전지의 화학 반응은 비가역적이다

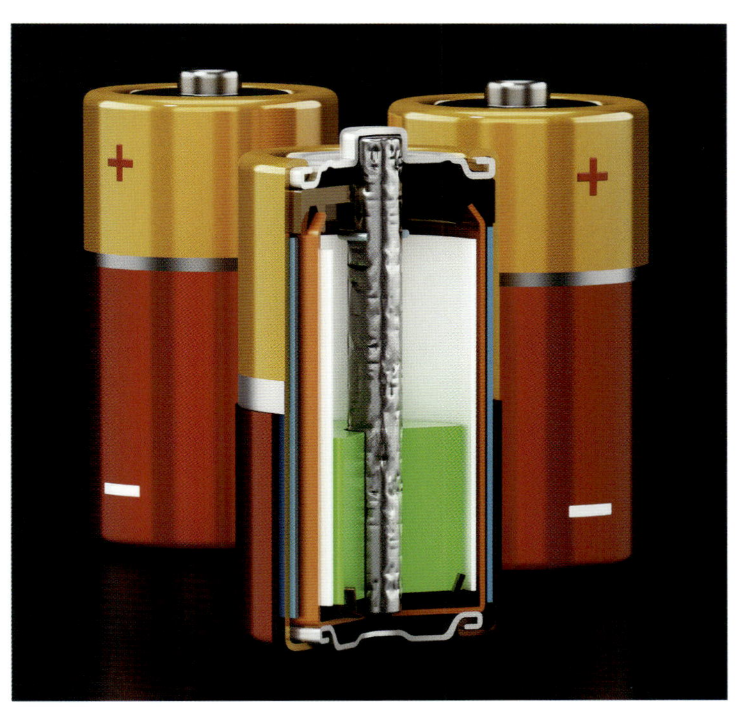

정확히 말하면, '충전이 불가능하다'는 의미가 아니라, '역반응(충전)을 허용하도록 설계되지 않았다'는 뜻이다. 따라서 충전하면 전혀 사용할 수 없는 것은 아니지만, 완전히 원래 상태로 되돌릴 수는 없다. 또한, 충전 시 발생하는 발열이나 그로 인한 내부 팽창 등에 대응할 수 있도록 설계되어 있지 않기 때문에, 액체 누출 등의 위험이 크다. 이에 비해 2차 전지는 예상 수명(주로 충전 가능 횟수) 동안 초기 대비 약 70~80% 이상의 성능을 유지한다. 예를 들어, 충전 1회로 성능이 1%씩 감소한다고 가정할 경우, 100회를 반복하면 잔존 성능은 약 36.6%까지 떨어진다. 즉, 자동차에 사용되는 리튬이온 배터리(LIB: Lithium Ion Battery)의 성능이 얼마나 뛰어난지를 보여주는 수치이며, 이 때문에 이를 대체할 수 있는 새로운 기술이 쉽게 등장하지 않는 것이다.

참고로, 가장 잘 알려진 1차 전지인 망간 전지의 원형은 1866년에 프랑스의 조르주 르클랑쉬(Georges Leclanche´)가 발명한 '르클랑쉬 전지'이다. 이 전지는 처음에는 유리병에 전해액(염화암모늄 수용액)을 채우고, 그 안에 전극을 담그는 방식이었다. 이후 화학 반응의 원리는 그대로 유지한 채, 전해액을 금속 용기에 밀봉하여 액체를 의식하지 않고 사용할 수 있도록 개선한 것이 건전지이다. 현재 사용되는 전해액(염화아연)은 양극 재료인 이산화망간과 혼합되어 페이스트 상태로 구성된다.

## 납 전지 (Lead-Acid Battery: 납축전지 또는 납황산 전지라고도 함)

세계 최초의 2차 전지는 1859년에 프랑스의 가스통 플랑테(Gaston Planté)가 발명했다. 재충전이 가능한 배터리, 즉 2차 전지의 등장은 전기자동차의 가능성을 열게 되었고, 초기 자동차 시대에 전개된 '엔진 대 전기'의 구도에 큰 영향을 주었다. 납전지(Lead-Acid Battery)는 방전 시 전극 재료인 납이 전해액에 용해되어, 충전 시까지 전해액 속에 저장되는 '리저브형' 작동 방식을 보인다. 전해액에 용해될 수 있는 납의 양은 포화 농도에 의해 제한되므로, 전해액의 양이 방전 성능을 좌우하게 된다. 납전지의 전해액으로는 묽은 황산이 사용되며, 물이 용매로 작용한다. 비중이 큰 납을 저장하려면 상대적으로 많은 양의 전해액이 필요하므로, 에너지 밀도는 약 25~50Wh/kg 정도로 낮은 편이다. 그럼에도 불구하고 원재료가 저렴해 제조비용이 낮고, 단시간 내에 고전류(고출력) 방전이 가능하며, 안전성도 높아 충전 및 방전 제어가 매우 간단하다는 장점이 있다. 이러한 특성 덕분에 발명된 지 160년이 지난 현재에도 납전지는 엔진 시동용 전원이나 조명 보조기기의 전원 등으로 널리 사용되고 있다.

전해액의 용매인 물은 이론상 1.23V에서 전기 분해가 시작되지만, 다양한 화학적 요인에 의해 1셀당 2V 이상의 전압으로도 사용할 수 있게 되었다. 이러한 전압은 전해액이 전기 분해되는 것을 전제로 한 것이며, 과거에는 정기적인 보수가 일반적이었다. 그러나 현재는 전기 분해로 발생한 수소와 산소를 촉매로 이용해 다시 물로 환원시켜 전해액으로 되돌리는 기술이 적용된 밀폐형(무보수형) 납전지가 주류로 자리 잡고 있다.

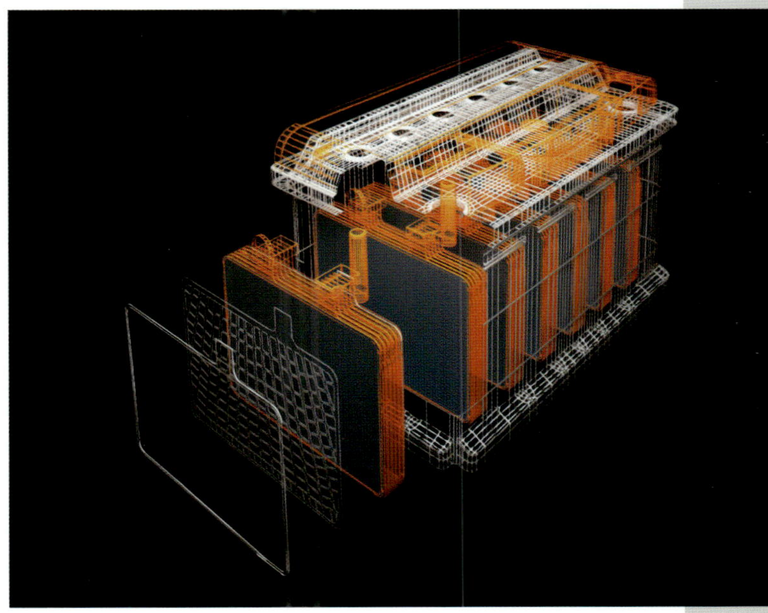

# 1차 전지와 2차 전지

니켈수소전지

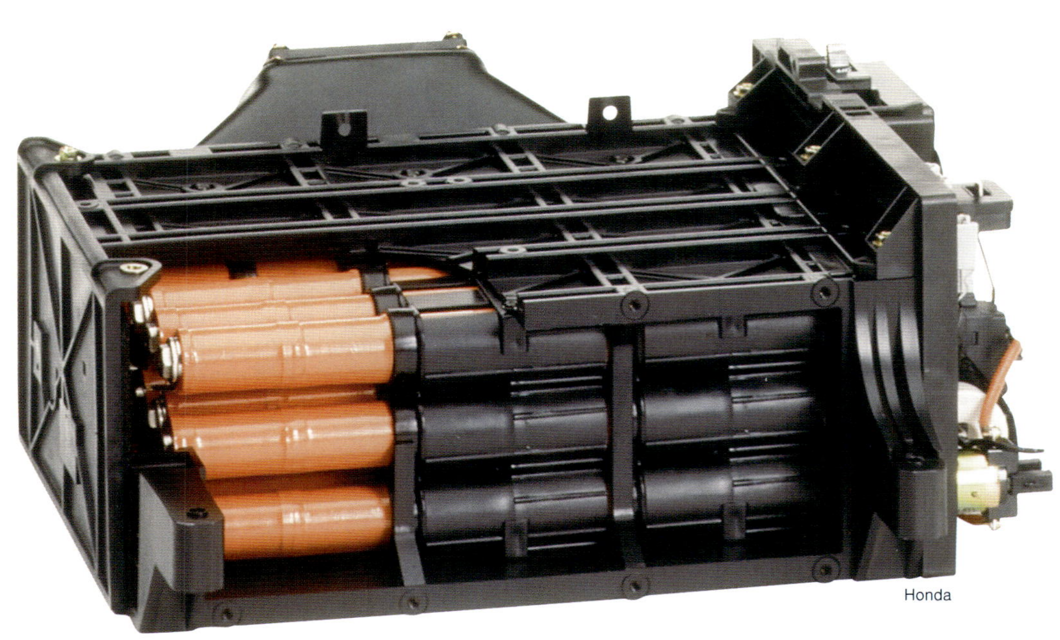

Honda

양극에 옥시수산화니켈, 음극에 금속수소화물(MH: Metal Hydride)을 사용하고, 전해질로는 수산화칼륨 등을 포함한 알칼리성 수용액을 조합한 전지이다. 금속수소화물은 쉽게 말해 수소 흡수 합금이며, 이를 전지에 이용하자는 발상은 1970년대 초부터 제기되어 왔다. 하지만 이를 세계 최초로 실용화한 것은 일본의 마쓰시타 전지공업과 산요전기로, 1990년에 리튬이온 배터리(LIB: Lithium Ion Battery)가 실용화되기 전에 이미 상용화를 이룬 것이다.

이 전지는 기존의 고에너지 밀도 전지였던 니카드 전지(Ni-Cd Battery: 니켈-카드뮴 전지, 1899년 스웨덴의 발데마르 융너가 발명)의 음극재를 카드뮴에서 수소 흡수 합금으로 대체한 것이다. 그 결과,

메모리 효과(용량을 다 쓰지 않은 상태에서 충전을 반복하면 사용 가능한 용량이 줄어드는 현상)와 사이클 수명 등의 측면에서 비약적인 개선이 가능해졌으며, 20세기 말까지는 무선 기기 등 민생 용도의 주력 배터리로 자리 잡았다.

토요타 프리우스와 혼다 인사이트의 초기 모델 모두 이 니켈 수소 전지(NiMH: Nickel-Metal Hydride Battery)를 구동용 배터리로 사용하였다. 전해액의 용매가 물이기 때문에 이론상 1.23V에서 전기 분해가 시작되며, 셀 전압은 1.2V로 제한된다. 충전 시 전압이 이보다 높아져 전기 분해가 발생하지만, 밀폐 구조와 함께 환원 반응을 촉진하는 촉매가 내장되어 있어, 분해된 산소와 수소는 다시 물로 환원되어 순환된다.

## 전해액은 수계(water-based)와 용매계(solvent-based)로 나뉘며, 전지의 종류와 특성에 따라 선택된다

배터리의 전해액에는 수계(水系)라 불리는 수용액 기반 전해질과, 비수계(非水系) 전해질이라고도 하는 유기 용매 기반의 용매계 전해질, 이렇게 두 가지가 있다. 이 전해질들은 전기 분해에 대한 내성을 좌우하는 핵심 요소로, 배터리가 낼 수 있는 동작 전압의 상한을 결정짓는 데 큰 영향을 준다. 용매계 전해질이 사용되는 리튬이온 배터리(LIB: Lithium Ion Battery)의 등장은, 이론상 1.23V에서 전기 분해가 시작된다는 물의 특성에 가로막혀 있던 이차전지 기술, 특히 대용량 전지의 경우에 있어 전압을 3배 이상 향상시키는 비약적인 발전을 가능하게 했다. 하지만 수계 전해질에도 고유한 장점이 존재한다. 물은 원래 점도가 낮고, 비유전율(쉽게 말해 전기를 저장하기 쉬운 성질을 나타내는 유전율을 진공 상태와 비교한 지표)이 높다는 특성을 가지고 있다. 이러한 이유로 수계 전해질은 배터리, 특히 이차전지 분야에서 등장 초기부터 오랜 기간 동안 주요한 역할을 해왔다. 점도만 놓고 보

면, 여전히 용매계 전해질보다 수계 전해질이 우위를 점하고 있다고 할 수 있다. 점도가 낮다는 것은 전해질 내 이온이 수영하듯 빠르게 이동할 수 있다는 의미이며, 이는 단위 시간당 전하가 보다 빠르게 전극으로 전달된다는 것을 뜻한다. 즉, 수계 전해질은 큰 전력을 순간적으로 끌어낼 수 있다는 이점을 가진다. 이러한 특성은 충전과 방전 모두에 공통적으로 적용되며, 토요타는 이러한 '순발력'에 주목하여 리튬이온 배터리가 널리 보급된 지금도 여전히 수계 전해액을 사용하는 니켈수소전지(NiMH: Nickel-Metal Hydride Battery)를 하이브리드 차량(HEV: Hybrid Electric Vehicle) 용도로 사용하고 있다.

몇 년 전 발표되어 화제가 된 바이폴라(Bipolar) 기술도 우선적으로 니켈수소전지를 대상으로 개발되었으며, 수계 전해질의 장점을 살리는 것을 주된 목적으로 하고 있다.

# 리튬이온 배터리

유기 용매계 전해질을 사용하고, 금속 원소 중에서 가장 비중이 낮은 리튬(Li) 이온을 전하 운반체로 사용하는 배터리이다.

이 기술은 2019년 노벨 화학상을 수상한 요시노 아키라 박사(아사히화학)가 1981년경부터 연구를 시작해, 1991년에 소니가 상용화에 성공한 일본발 기술이다. 수계(수용액) 전해질의 물리적 한계였던 전기 분해 문제로 인해 제한되었던 사용 전압은, 유기 용매의 채택으로 인해 3배 이상 끌어올릴 수 있었으며, 그 결과 에너지 밀도는 비약적으로 향상되었다. 이러한 기술은 수계 전해질이 주류였던 기존 이차전지 기술에 획기적인 전환점을 제공했으며, 만약 이 기술이 존재하지 않았다면 현재의 전기자동차(EV: Electric Vehicle) 발전도 없었을 것으로 보인다. 오늘날의 EV 기술은 리튬이온 배터리(LIB: Lithium Ion Battery) 기술에 전적으로 의존하고 있으며, 이 사실이 곧 EV 기술의 정체성이라 할 수 있다.

물론 장점만 있는 것은 아니다. 유기 용매란 이름 그대로 유기화합물, 즉 탄소 기반 화합물로 구성된 액체로, 인화성을 지닌다. 인화점은 약 40℃로, 소방법상 제4류 제2석유류에 해당되어 법적 규제를 받는다. 또한 리튬은 물과 격렬하게 반응하는 성질이 있어, 합선 등이 발생할 경우 화재로 이어질 수 있으며, 이 화재는 매우 진화가 어렵다는 문제가 있다. 게다가 유기 용매도 일정 전압과 온도를 넘어서면 전기 분해를 일으키고, 한 번 기체 상태로 분해되면 물과는 달리 환원 반응을 통해 액체로 되돌아가지 않는다. 리튬이온 배터리가 열화될 때 팽창하며 기체를 생성하는 것은 바로 이 때문이다. 특히 차량 구동용처럼 장시간에 걸쳐 안정된 성능을 유지해야 하는 경우에는, 이러한 '비가역 상태'에 빠지지 않도록 충방전 모두 매우 좁은 적정 범위 내에서 운용되어야 한다.

현재 리튬이온 배터리에서 양극재로 가장 널리 사용되는 것은 삼원계(NMC: Nickel-Manganese-Cobalt)와 인산철계(LFP: Lithium Iron Phosphate) 소재이다. 이들과 결합되는 음극재는 대체로 흑연(탄소)이며, 이는 리튬이온 배터리의 '스테디셀러' 소재라 할 수 있다. 도시바의 SCiB는 이 흑연 음극재 대신 리튬티타네이트(LTO: $Li_4Ti_5C_{12}$)를, 최신 기술로는 니오븀 티타늄 산화물(NTO: $TiNb_2O_7$)을 사용한다. 한편, 삼원계 외의 전극재는 셀 전압이 낮기 때문에 에너지 용량 측면에서 불리하며, 전압 기반으로 잔량을 측정하는 방식의 정확도 확보가 어려워, '성능을 끝까지 다 사용하는 운용'에 있어서 제약이 따르게 된다.

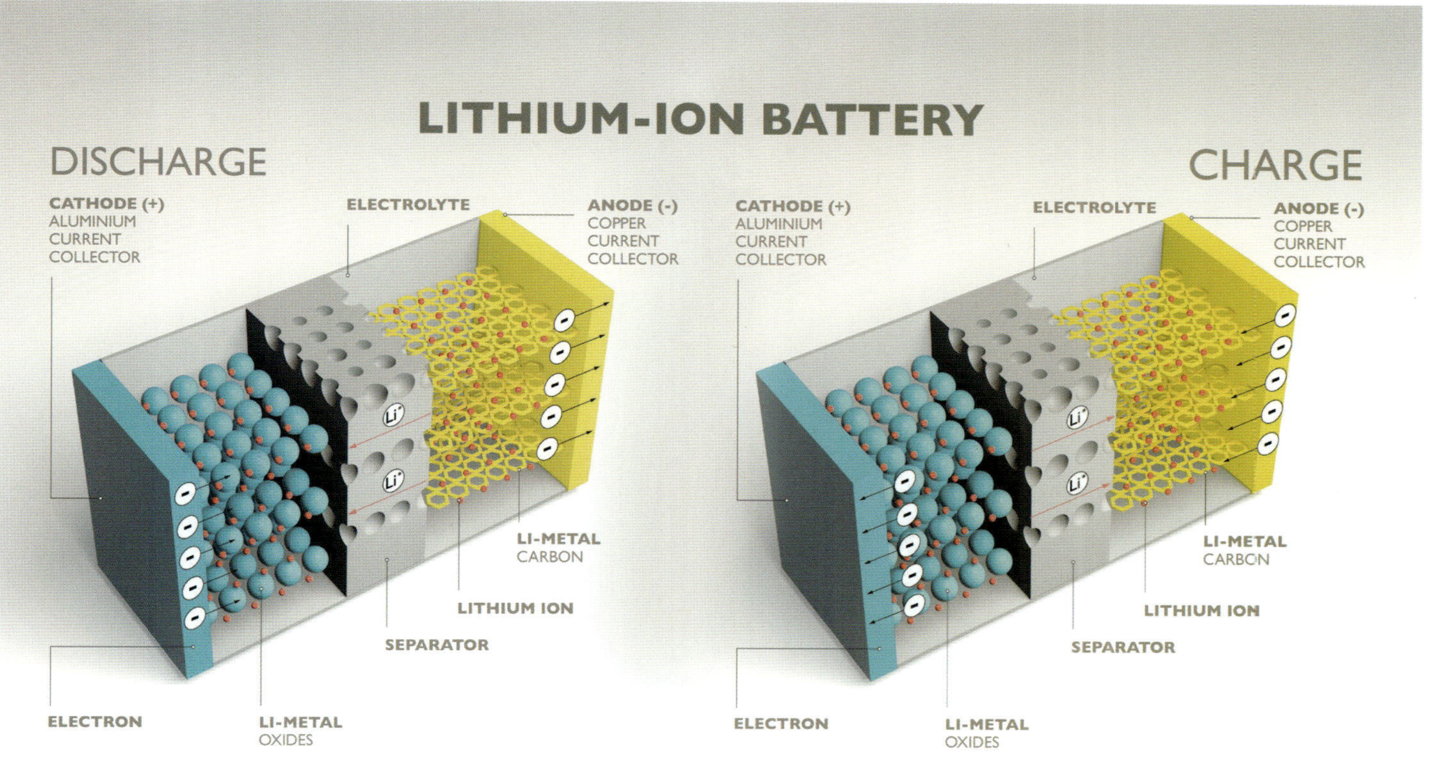

# 전기 에너지의 입출력



## 인버터의 역할

차량 구동에 사용되는 모터는 교류(AC) 전기가 필요하며, 교류 이외의 전기로 작동하는 모터는 기본적으로 존재하지 않는다. 그러나 배터리에 저장할 수 있는 전기는 직류(DC)뿐이다. 직류에서 교류를 생성하려면 극성을 지속적이고 규칙적으로 전환하는 제어가 필요하며, 이를 수행하는 장치가 인버터(Inverter)이다.

이 인버터에는 IGBT(Insulated Gate Bipolar Transistor: 절연 게이트 바이폴라 트랜지스터)나 MOSFET(Metal Oxide Semiconductor Field Effect Transistor: 금속 산화물 반도체 전계효과 트랜지스터) 등의 전력 소자가 핵심 역할을 한다. 이들은 원래 앰프 등에 사용되는 트랜지스터의 일종이지만, ON/OFF 스위칭으로 사용할 때 가장 효율이 높다. 사실, 출력을 점진적으로 줄이는 방식은 전력 손실이 커지기 때문에 잘 사용되지 않는다.

따라서 이들 소자는 초고속으로 ON/OFF를 반복하면서 그 시간, 즉 펄스의 폭을 제어하는 방식으로 교류의 정현파를 흉내 낸다. 이 제어 방식은 PWM(Pulse Width Modulation: 펄스 폭 변조)이라 불리며, 고속 스위칭 제어를 통해 효율적으로 모터를 구동하는 데 활용된다.

## 에너지 밀도와 출력 밀도

전기자동차(EV)의 항속거리를 결정짓는 요소로 널리 알려진 것이 배터리 용량이며, 이때 사용되는 단위는 kWh(킬로와트시)이다. 참고로, 1kWh는 1kW의 전력을 1시간 동안 사용할 때 필요한 전력량을 의미한다. 최근에는 배터리의 소형화 및 경량화가 요구되면서, 이러한 전력량을 무게당 또는 부피당 값으로 나타내는 에너지 밀도가 핵심 화두가 되고 있다. 이때 사용하는 단위는 kWh/kg(무게당 전력량) 또는 kWh/L(부피당 전력량)이다. 또한 배터리에는 또 다른 성능 지표로 출력 밀도(Power Density)가 존재한다. 이름이 유사해 혼동하기 쉽지만, 이는 전력량이 아닌 전력(W: Watt) 자체에 대한 성능 지표이며, kW/kg 또는 kW/L과 같이 무게당 또는 부피당 전력으로 표현한다. 여기서 중요한 포인트는 시간을 나타내는 'h'의 유무이다.

기본적인 사항이지만, 전력(출력)은 전압(V) × 전류(A) 로 계산된다. 전류값이 동일하더라도 전압이 높아지면 그에 비례하여 전력도 커진다. 전류는 도체의 단면적(배터리에서는 주로 구리나 알루미늄 등)에 따라 제한되지만, 전압은 그런 제한을 거의 받지 않는다는 점이 핵심이다. 물론 고전압에서는 절연 파괴(예: 공기가 가진 절연성을 고전압이 돌파하는 방전 현상) 문제가 발생할 수 있지만, 배터리 셀 단위에서의 몇 볼트 수준에서는 큰 문제가 되지 않는다. 따라서 배터리의 고전압화는 전력의 향상, 더 나아가 전력량의 향상으로 이어진다. 이러한 점은 최근 EV 기술의 트렌드인 시스템 전압의 고전압화(예: 800V에서 1000V 이상으로 확장)에 그대로 연결되며, 이러한 시스템에서는 절연 대책의 강화도 필수적인 요소로 고려된다.

## 배터리의 입출력 성능을 좌우하는 내부 저항

리튬이온 배터리(LIB)를 사용하는 전기자동차(EV)에서 급속 충전이 어려운 이유는 배터리의 내부 저항 때문이다. 내부 저항은 금속의 전기 저항이 대표적이며, 토요타의 바이폴라 기술은 이 저항을 줄이는 획기적인 방식으로 주목받고 있다. 또한, 전하를 운반하는 이온의 이동 속도 역시 저항으로 간주되며, 여기에 무리하게 큰 전류를 흘려보내면 발열이 심해지는 현상은 전기 저항과 마찬가지이다. '10분 충전', 혹은 '5분 충전'이라 불리는 급속 충전은, 배터리 입장에서는 말하자면 그만큼의 에너지를 짧은 시간에 한꺼번에 방전하는 것과 동일한 부하를 받는 것으로 볼 수 있다. 이렇게 생각하면, 급속 충전이 얼마나 까다로운 기술 과제인지 쉽게 이해할 수 있다.

# 배터리를 안전하고 안정적으로

## 리튬이온 배터리는 온도가 낮아도, 높아도 문제다

리튬이온 배터리(LIB: Lithium Ion Battery)는 온도가 높아지면 전해액이 분해되어 가스가 발생한다. 반대로 온도가 낮을 경우, 이온의 전도 속도가 크게 떨어져 출력이 저하될 뿐만 아니라, 단락(쇼트)의 원인이 되는 덴드라이트(수지상 결정)가 발생하기 쉬운 환경이 된다.

수계(水系) 전해질이 0℃에서 동결되는 것과 달리, 리튬이온 배터리에 사용되는 용매계 전해질은 약 −20℃까지는 얼지 않지만, 덴드라이트는 적정 온도인 30~40℃ 이하에서 더 잘 발생하는 경향이 있다. 따라서 전해질이 얼기 이전의 저온 구간에서의 온도 관리가 매우 중요해진다. 이러한 이유로, 최근 배터리 팩에서는 수냉식 냉각 시스템이 거의 상식처럼 적용되고 있다. 그러나 문제는 이 적정 온도가 사람의 피부 온도 정도에 해당한다는 점이다. 이 온도는 외부 공기와의 온도 차가 작기 때문에, 열교환 효율을 높이기 어려운 구조적인 한계가 존재한다.

이에 따라 히트 펌프를 이용한 냉각기(에어컨)가 사용되며, 일부 시스템에서는 냉매를 직접 배터리 셀 근처에 흘려보내는 방식도 채택되고 있다. 하지만 이 경우에도 구조상 배터리 셀의 일부에서만 열을 빼낼 수밖에 없기 때문에, 아직까지는 근본적인 해결에는 이르지 못하고 있다.

배터리의 발열 원인 중 가장 큰 것은 집전체 등 전류가 흐르는 경로에서 필연적으로 발생하는 줄열(전기 저항에 의한 열)이다. 화학 반응에서도 반응열이 발생하지만, 이는 일부에 지나지 않는다. 따라서 충방전 상태에서 발생하는 전류 흐름을 배터리 셀 그룹의 온도 분포와 비교·대조하면서 제어함으로써, 시스템이 감당할 수 있는 냉각 능력의 범위를 초과하지 않도록 발열을 관리하고 있다.

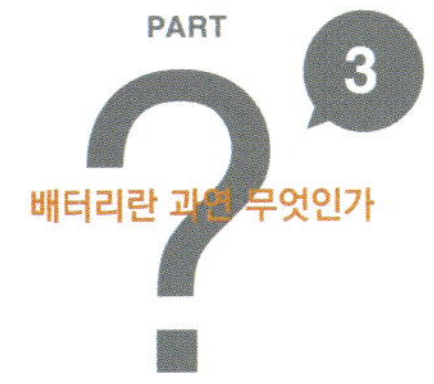

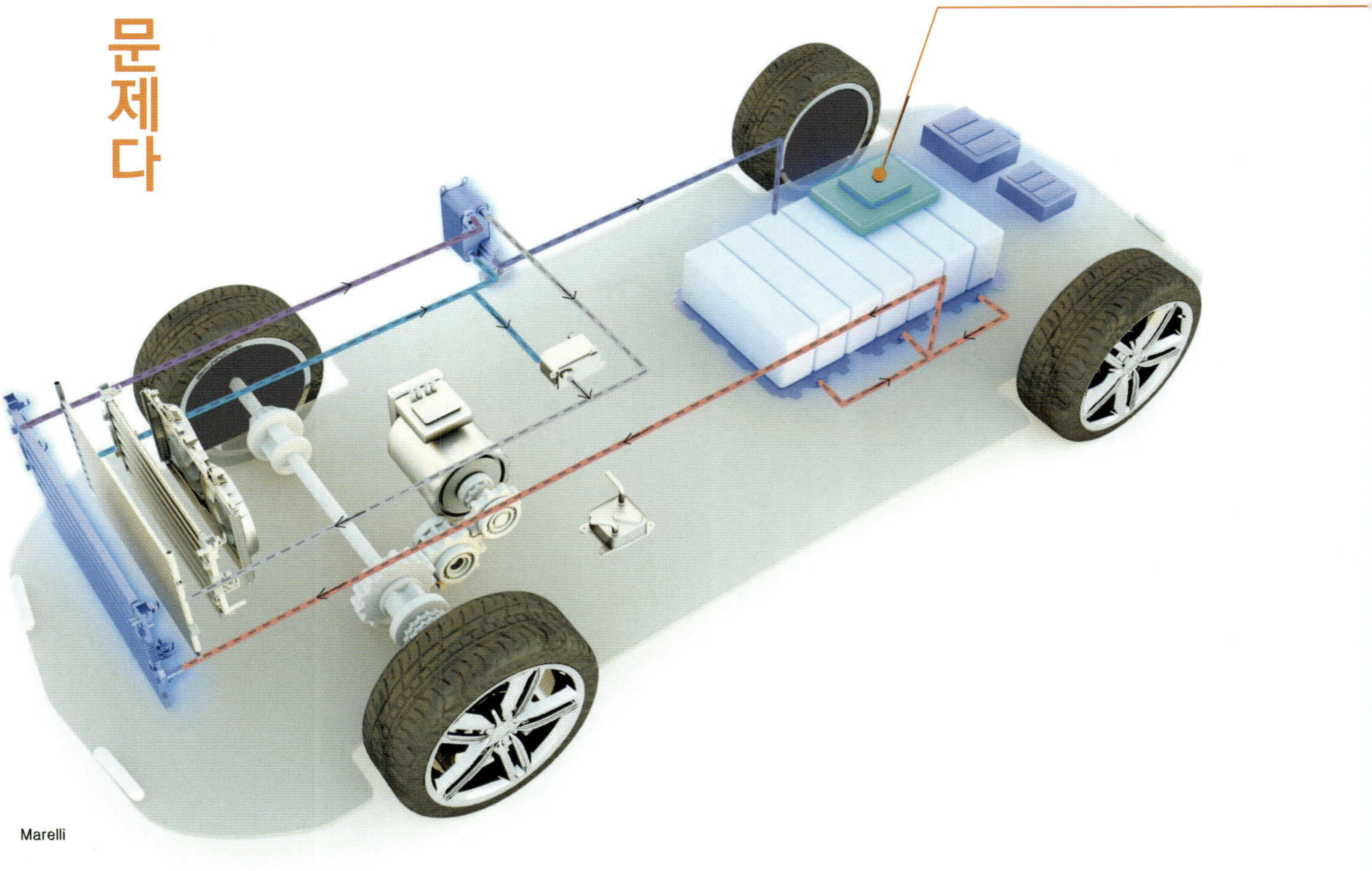

Marelli

# 운용하기 위해 필요한 BMS

## SOC와 SOH, 그 중요성

SOC(State of Charge: 충전 상태)는 배터리의 현재 충전 수준을, SOH(State of Health: 성능상태)는 배터리의 열화 상태를 의미한다. SOC는 매우 미세한 수준까지 판별할 수 있는 초정밀 전압 측정을 기반으로 하고, SOH는 교류를 이용한 임피던스 측정이라는 방식을 통해 파악한다. 하지만 이 두 값 모두 직접적으로 관찰할 수 있는 수단은 없으며, 모두 간접적으로 추정하는 방식으로만 얻을 수 있다. 따라서 얼마나 정밀하게 추정할 수 있느냐는, BMS(Battery Management System)의 마이크로컴퓨터에 구현된 알고리즘의 정밀도에 달려 있다. 이때 중요한 것은 디지털 연산만이 아니라, 아날로그(또는 선형) 반도체 기술 역시 필수적인 요소가 된다는 점이다.

## 배터리 성능의 향상을 보이지 않는 곳에서 뒷받침해 온 BMS

리튬이온 배터리(LIB: Lithium Ion Battery)는 i-MiEV나 리프(Leaf) 등의 차량에서 구동용으로 사용되기 시작했지만, 이미 보급이 진행 중이던 가전제품의 용도조차 경험이 부족했던 초기에는 넉넉한 안전 마진을 두고 사용할 수밖에 없었다. 이로 인해 출력과 용량 모두 현재보다 제약을 받는 형태였으며, 결과적으로 배터리 본래의 성능을 충분히 끌어내지 못하고 있었다.

그러나 2010년대 중반 이후 시장의 데이터가 축적되면서 상황은 크게 변화했고, 보다 공격적인 제어 방식이 가능해졌다. 이러한 제어 기술의 진보는 단순히 출력이나 용량과 같은 성능 향상뿐 아니라, 배터리 수명 및 신뢰성 향상에도 큰 기여를 하게 되었다.

## 전류는 의외로 측정이 어렵다

전기를 흐르게 하려는 힘인 전압은, 단자에 프로브(측정 탐침)를 대기만 하면 비교적 간단하고 정확하게 측정할 수 있다. 그러나 전류는 기본적으로 테스터를 회로에 직렬로 연결하여 측정해야 하므로, 회로에 직접 개입해야 한다. 대상 전류가 흐르는 전선 주위에 코일을 감아 측정하는 방식인 클램프 미터(Clamp Meter)라는 장비도 있지만, 이 방식은 어디까지나 전류에 수반되는 자기장의 변화를 감지하여 전류값을 추정하는 방식이다(정확도가 꽤 높은 편이긴 하다).

이 클램프 방식의 센서 버전은 관통형 전류 센서라고 불린다.

또한 션트 저항(Shunt Resistor)이라는 전류 측정 전용 저항을 회로에 삽입하고, 이 저항에서 발생하는 전압 변화를 바탕으로 전류값을 계산하는 방식도 있다.

전류 측정은 배터리의 출력 상태를 파악하고, 과전류 상태를 방지하기 위해 필수적이다. 뿐만 아니라 SOC(State of Charge: 충전 상태) 추정에도 없어서는 안 될 중요한 요소다. 전류값을 시간에 따라 적분함으로써 얻어진 전력값을 배터리의 총 용량에서 차감하는 방식으로 잔량을 추정하고 있다.

# 리튬이온 배터리
# 제조 공정에서 필요한 에이징

## 에이징의 목적

리튬이온 배터리(LIB: Lithium Ion Battery)의 제조 과정에서는 약 60℃의 고온 환경에서 충전 상태를 일정하게 유지하는 에이징(Aging)이라는 공정이 필요하다. 이 에이징 공정은 두 가지 목적을 가진다. 하나는 불순물 혼입에 따른 결함을 가려내는 스크리닝, 다른 하나는 음극 표면(전해액과 음극재의 계면)에 SEI(Solid Electrolyte Interphase: 고체 전해질 계면)라 불리는 피막을 형성하는 것이다. 에이징의 방식이나 소요 기간은 배터리 제조사에 따라 다르기 때문에 일률적으로 말할 수는 없지만, 일반적으로 10일에서 2주 정도, 길게는 한 달에 이르기도 한다고 알려져 있다.

## SEI 피막의 역할

SEI 피막이 수행하는 주요 역할 중 하나는 전해액의 분해를 억제하는 것이다. 그러나 이 피막은 이온의 이동을 방해하는 성질도 있기 때문에, 가능한 한 얇게 형성하는 것이 이상적이다. 이상적인 두께는 약 1 나노미터 정도로 알려져 있으나, 실제 두께를 측정하려면 배터리를 분해해야 한다. 그 경우 피막이 파괴되어 원상복귀가 불가능하기 때문에 정확한 측정은 사실상 불가능하며, 추정에 의존할 수밖에 없다. 배터리 제조사들은 이 피막의 형성에 기여하는 첨가제를 전해액에 혼합하고 있지만, 이는 배터리의 핵심 노하우 중 하나이기 때문에 외부에 공개되지 않는다. 최근에는 이 피막의 두께를 보다 정밀하게 제어하기 위해, 사전에 코팅 처리를 통해 피막을 형성하는 시도도 진행되고 있다고 한다.

# 전고체 전지란 무엇인가

## 전고체 전지의 장점

전고체 전지(All-Solid-State Battery)는 전해질로 액체가 아닌 고체를 사용하는 구조이기 때문에, 배터리 성능의 한계 요소 중 하나인 전기 분해가 거의 발생하지 않는다. 이는 전기 분해에 큰 영향을 미치는 온도 변화에 대한 내성 또한 크게 향상된다는 의미이다. 액체 전해질을 사용하는 액상 리튬이온 배터리(LIB: Lithium Ion Battery)에서는 사람의 피부 온도 수준을 유지해야 하는 제약이 있지만, 전고체 전지에서는 더 높은 온도에서도 안정적으로 운용할 수 있다. 이러한 특성은 셍각 구조의 단순화뿐 아니라, 급속 충전 시 문제가 되는 발열에 대한 높은 내성도 가능하게 하여, 배터리 팩의 소형화 및 급속 충전 대응력 향상이 기대되고 있다.

## 전고체 전지의 잠재력

일반적인 리튬이온 배터리(LIB)의 전해액에서는, 이온이 용매화(solvation)라는 형태로 이동한다. 따라서 전해질을 겔 상태로 만든 경우, 이온의 이동 속도가 느려지면서 출력이 저하되는 경향이 있다. 또한 일반적으로 용매계 전해질은 수계(수용액) 전해질보다 점도가 높기 때문에, 이온 이동 속도 면에서도 불리한 특성이 있다. 이러한 이유로 수용액 전해질을 활용한 리튬이온 배터리에 대한 연구도 진행되고 있지만, 수용액 전해질은 고전압 환경에서 전기 분해가 쉽게 발생하는 문제점이 있다.

한편, 전고체 전지에 사용되는 고체 전해질은 이온이 용매화가 아닌 완전히 다른 메커니즘으로 직접 이동하기 때문에, 이론적으로는 고출력을 실현할 수 있는 잠재력을 지닌다.

그러나 실제로는 이온의 이동 속도가 기대만큼 빠르지 않았으며, 최근에 등장한 황화물계 고체 전해질의 개발로 인해 비로소 용매계 전해질 수준의 이온 전도도(이온 이동 속도)를 달성할 수 있게 되었다. 또한, 액체 용매계를 사용하는 리튬이온 배터리에서는 액체 전해액에서 고체 음극 계면으로 이온이 이동할 때, 탈용매화(desolvation)라는 과정이 필요하다. 이 과정은 특히 충전 시 내부 저항으로 크게 작용하게 된다. 반면, 음극재와 전해질이 모두 고체인 전고체 전지에서는 이러한 탈용매화 반응이 발생하지 않고, 이온이 직접 전달된다. 이는 전기 분해에 대한 내성이 높을 뿐 아니라, 탈용매화 반응을 수반하지 않는 구조이기 때문에 급속 충전이 가능한 주요 요인 중 하나로 평가되고 있다.

## 전고체 전지의 문제점

전고체 전지는 세상을 바꿀 기술이라고도 평가 받지만, 실제로는 리튬이온 배터리의 일종이라는 사실을 잊어서는 안 된다. 즉, 전기에너지를 저장하는 전극재 기술은 양쪽 모두 거의 동일하므로, 전고체 전지라고 해서 직접적으로 용량이나 에너지의 밀도가 비약적으로 향상되는 것은 아니다.

온도 조건의 완화 등 여러 장점에도 불구하고, 아직 해결되지 않은 어려운 기술적 과제들이 많은 것이 현실이다. 특히 고체 전해질은 액체와 달리 유연성이 없기 때문에, 항상 진동이 수반되는 이동체인 자동차에 적용할 경우에는 다음과 같은 문제가 발생한다:

– 균열(Crack)에 어떻게 대응할 것인가
– 고체 전해질과 전극재라는 서로 다른 재료 간의 박리(분리) 현상을 어떻게 억제하면서 밀착 상태를 유지할 것인가

또한, 황화물계 고체 전해질을 사용하는 전고체 전지에서는 리튬이 음극 쪽으로 석출되는 현상을 정밀하게 제어해야 한다. 이 리튬의 석출은 셀의 두께 변화(치수 변화)를 유발하므로, 이에 대응하기 위해 항상 일정한 압력을 가하는 '가압 상태'를 유지해야 하는 구조가 필요하다. 결국, 이와 같은 기계적인 요구사항에 대응하면서도, 얼마나 구조를 단순하고 콤팩트하게 만들 수 있는지가 실용화의 관건이 된다.

토요타 3세대 프리우스(Toyota Prius)의 배터리 팩 구조도.
잘 알려진 대로 니켈수소 전지(NiMH: Nickel-Metal Hydride Battery)를 사용하는 방식이며, 6셀 직렬 × 28모듈 = 총 168셀이 탑재되어 있다. 다른 이차전지들과 마찬가지로, 고온 및 저온 환경에 노출되면 배터리 용량이 감소하는 특성이 있기 때문에, SOC(State of Charge: 충전 상태) 관리를 위해 전압과 온도를 정밀하게 감지하며, 온도 상승이 감지되면 팬을 통해 강제 공랭 방식으로 냉각을 수행한다. "사람이 쾌적하다고 느끼는 온도는 배터리에게도 쾌적하다"는 발상에 따라, 흡입구는 뒷좌석 측면에 배치되어 있다.

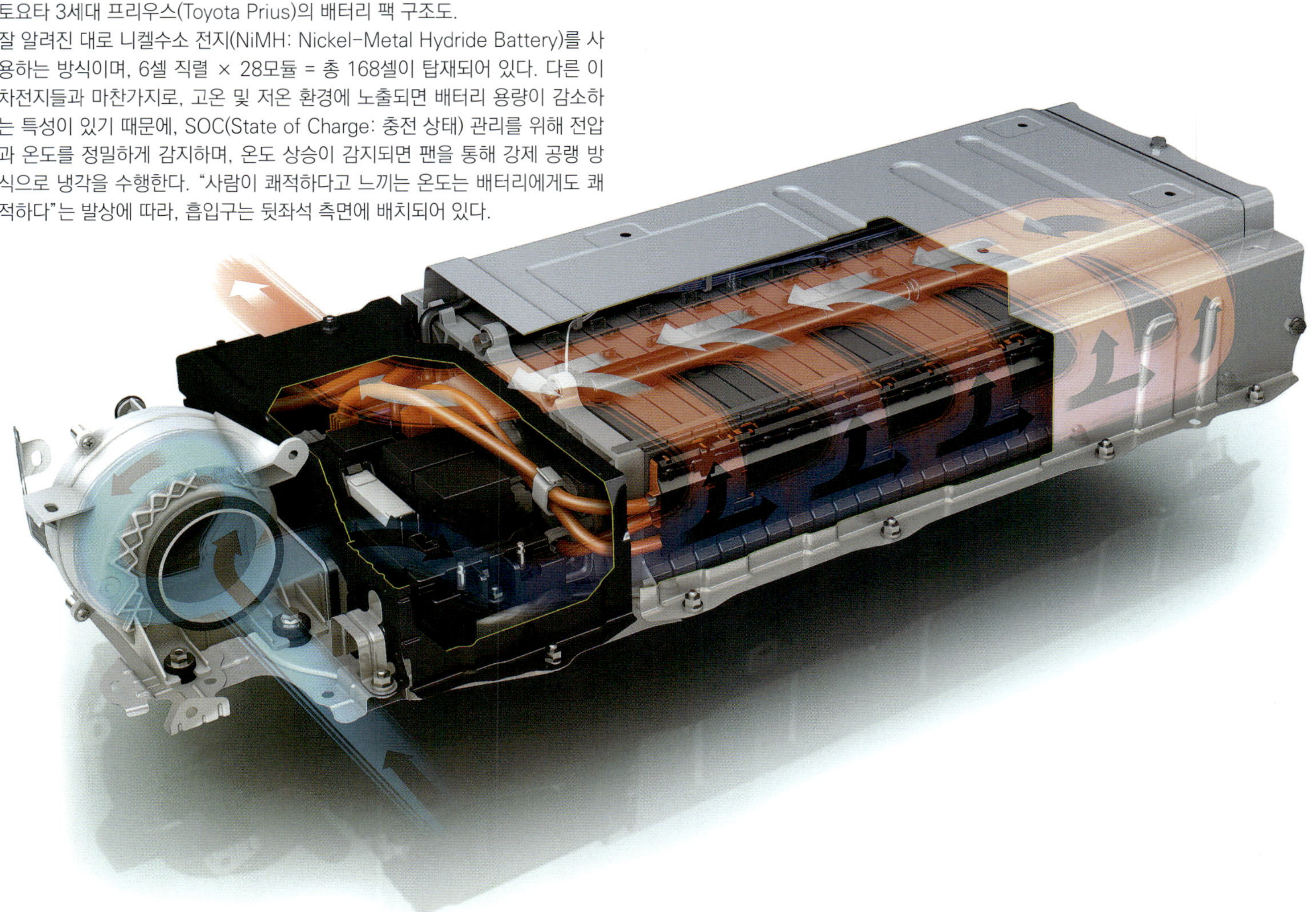

도해 특집 배터리 최신 동향 2024　　CHAPTER 01 CHARACTERISTIC

# 성능을 최대한 활용하기 위한 온도 관리

## >>> 온도 관리 기술 <<<

차량에 탑재되는 리튬이온 배터리는 흔히 '생물'과 같다는 표현이 자주 사용된다.
이는 삶은 달걀을 다시 날달걀로 되돌릴 수 없듯이, 한 번 열화된 배터리는 원상복구가 어렵다는 의미다.
제품성에 직결되는 총 에너지량(총전력량)과 용량은 결코 떨어뜨려서는 안 되며, 이를 위해서는 철저한 열 관리(서멀 매니지먼트)가 반드시 필요하다.

본문 : 안도 마코토　사진 : Toyota／Schaeffler／Audi

줄의 제1법칙에 따르면, 전도체에 전류가 흐르면 열이 발생하며, 그 열은 전류의 제곱에 비례하여 증가한다. 이 현상은 전도체 내부에서 전자가 이동하는 과정에서 원자나 분자와 충돌하기 때문에 발생하며, LIB(Lithium Ion Battery: 리튬이온 배터리) 내부에서도 동일하게 나타난다. 게다가 이 열은 방전과 충전의 양 방향 모두에서 발생한다. 이때 발생한 열에너지가 자연적인 방열에 의해 방출되는 양을 초과하면, 내부 온도는 지속적으로 상승하게 된다. 리튬이온 배터리의 작동 원리는, 리튬 금속 산화물로 구성된 양극에서 리튬 이온이 이탈하여, 그래파이트로 된 음극으로 이동하는 과정에서 발생한다. 이 과정은 화학 반응이기 때문에 온도가 높을수록 반응 속도도 빨라진다. 만약 이 반응이 충전과 방전에 국한된다면 문제가 없겠지만, 실제로는 전극 표면의 열화나 전해액의 분해와 같은 부반응에도 영향을 미쳐 배터리의 노화가 가속화된다. 이러한 이유로, 리튬이온 배터리의 권장 사용

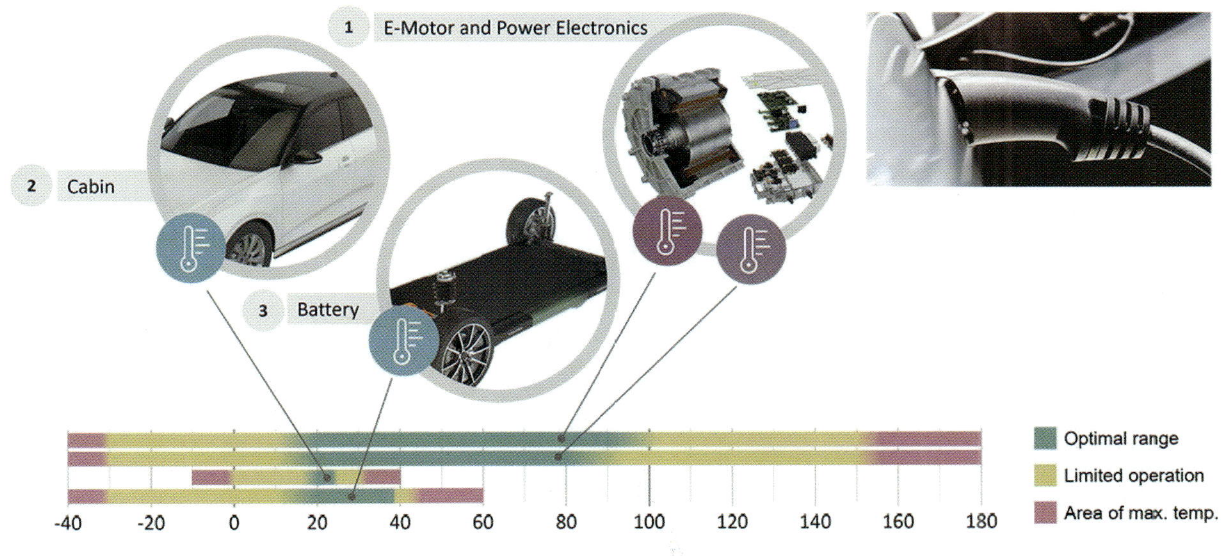


↑ 전기 컴포넌트별 적절한 동작 온도 영역

이 자료는 셰플러(Schaeffler)의 데이터를 바탕으로 작성된 것이다. 표에 기재된 온도는 모두 섭씨 기준이며, 여기에서 표시된 Battery는 리튬 이온 배터리를 나타낸 것으로 보인다. 이 리튬이온 배터리의 적정 온도 범위는 약 15~40℃로, 그 폭이 넓지 않으며, 고온 영역의 한계 온도(노란색 영역)는 특히 좁아서, 순식간에 레드존(위험 영역)으로 진입하는 것을 확인할 수 있다. 고온에 노출된 배터리 셀은 되돌릴 수 없는 열화 반응이 발생하므로, '어떻게든 적정 온도 내로 유지해야 한다'는 열 관리 제어(서멀 매니지먼트)가 무엇보다 중요하다.

온도는 일반적으로 섭씨 10도에서 45도 사이로 설정되어 있다(이 온도 범위에 대해서는 여러 의견이 존재한다). 권장 온도의 하한이 설정된 이유도, 이러한 반응이 화학 반응이기 때문이며, 온도가 낮아지면 반응 속도가 느려져 배터리의 용량 저하나 충전 속도 감소가 발생하기 때문이다. 따라서 엄밀히 말하면 리튬이온 배터리에 필요한 것은 단순한 '냉각'이 아니라 정밀한 '온도 관리'이다. 이를 실현하기 위한 방법으로는 공기 냉각, 수(水) 냉각, 그리고 자동차용 에어컨의 냉매를 활용하는 방식의 세 가지 시스템(또는 이들의 조합)이 현재 실용화되어 있다.

공기는 주변 환경에 대량으로 존재하기 때문에 활용하기는 상대적으로 쉬운 편이다. 그러나 상온에서의 열전도율이 0.0257W/m·K로 매우 낮기 때문에 냉각 효율이 떨어진다는 단점이 있다. 또한 배터리 팩 내부를 외부 공기로 냉각하려면 공기의 유입과 배출을 위한 입구와 출구가 필요하며, 이로 인해 물이나 먼지와 같은 이물질이 내부로 침투할 위험을 피하기 어렵다. 공기 냉각 방식을 채택한 사례로는 닛산 리프(Nissan Leaf)가 있다. 이 차량 역시 배터리 케이스는 밀폐형 구조이며, 케이스의 바닥면을 통해 열을 방출하는 자연 공기 냉각 방식을 채택하고 있다. 하지만 이 방식은 주행 중 바람을 활용하지 못하는 정차 상태에서는 냉각 효율이 급격히 떨어진다. 이로 인해 고속 주행 직후 급속 충전을 실시할 경우 등에는 과열을 방지하기 위해 충전 속도에 제한이 걸리는 사례가 적지 않다.

외기를 배터리 팩 내부에 직접 도입하기 어려운 경우, 팩 내부의 공기를 냉각하는 방식이 대안으로 시도되었다. 이러한 방식을 채택한 사례가 렉서스 UX300e이다. 이 차량은 배터리 팩 내부에 에어컨의 증발기를 설치하고, 냉각된 공기를 블로어로 순환시켜 케이스 내부에 유도하는 구조를 가지고 있다. 이 방식은 외부 온도보다 낮은 냉각 공기를 안정적으로 공급할 수 있으며, 외부 공기를 직접 흡입하지 않기 때문에 이물질 침투의 위험이 없다. 또한 정차 상태에서도 작동이 가능하여, 급속 충전 중 발생할 수 있는 발열 상황에도 효과적으로 대응할 수 있다. 다만, 이 시스템은 버터리 팩 내부에 냉각 공기의 통로를 설계해야 하므로 셀을 배치할 수 있는 공간이 제한된다는 단점이 있다.

냉각 효율을 높이고자 할 경우, 공기 냉각보다 수냉 방식이 우수하다는 점은 내연 기관에서와 마찬가지로 동일하게 적용된다. 물은 상온에서 0.602W/m·K의 열전도율을 가지며, 이는 공기보다 23배 이상 높은 수치이다.

수냉 방식에는 두 가지 유형이 있으며, 하나는 순수한 수냉식이고 다른 하나는 냉각수를 에어컨의 냉매로 냉각하는 복합 방식이다. 전자의 순수 수냉식을 채택한 사례로는 Honda가 있으며, 후자의 복합 방식은 Tesla와 Toyota bZ4X, Subaru Solterra를 비롯해 여러 유럽 자동차에서도 널리 사용되고 있다. 순수 수냉식의 경우, 냉각 성능이 외부 기온에 직접적인 영향을 받는다. 최근 일본의 여름처럼 기온이 35℃를 초과하는 날이 늘어남에 따라, 배터리의 사용 권장 온도를 안정적으로 유지하기가 쉽지 않다.

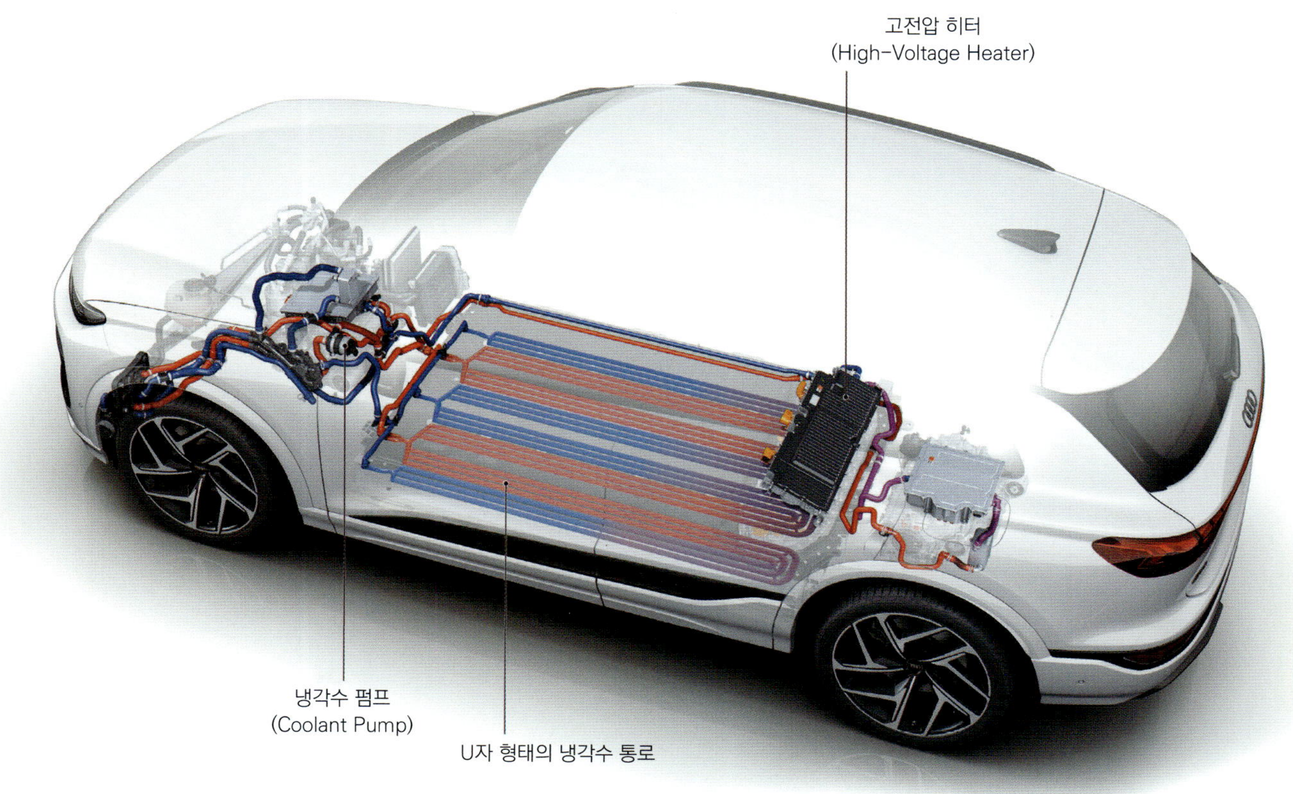



## ↑ 능동적인 온도 제어를 위한 시스템

100kWh의 대용량 배터리를 탑재하고, 800V 시스템의 전압에 최대 270kW의 충전 수용 성능을 자랑하는 아우디 Q6 e-tron은 배터리 셀의 철저한 온도 관리가 필수적이다. 최신 PPE(프리미엄 플랫폼 일렉트릭) 플랫폼의 도입과 함께, 그림에서 보는 바와 같이 수냉식 냉각 회로를 배터리 팩 내부를 둘러싸는 구조로 설계하였다. 또한, 저온 환경에서의 보온을 위한 고전압 히터를 제공하는 점도 유럽 자동차 제조사다운 접근이라 할 수 있다.

반면, 에어컨 냉매를 활용하여 냉각수를 냉각하는 방식은 외부 기온의 영향을 크게 줄일 수 있다. 이 방식은 회로 구성이 복잡해지고 비용이 증가하는 단점이 있지만, 냉각 성능 면에서는 충분한 효과를 발휘한다.

그러나 배터리 팩 내부에 냉각수를 직접 유입할 경우, 사고 발생 시 냉각수가 팩 내부로 유출되어 전기적 단락 위험이 생길 수 있다. 이러한 문제를 방지하기 위해, Toyota bZ4X와 Subaru Solterra는 배터리 케이스 외부 바닥면에 냉각수 통로를 형성하는 방식을 채택했다. 이 설계는 충돌로 인해 냉각 시스템이 손상되더라도 냉각수가 케이스 내부로 침투하지 않도록 하기 위한 조치다. 또한 사용된 냉각수 역시 전도성이 낮은 전용 소재로 개발되어, 전기적 안전성을 더욱 강화하고 있다.

에어컨 냉매를 사용하는 경우, 물 등의 매개체를 거치지 않고 냉매를 직접 사용하는 방식이 닛산 사쿠라와 미쓰비시 eK 크로스 EV에서 채택되었다. 이 방식은 배터리 셀 사이에 구리 재질의 열전도판을 삽입하고, 그 열전도판의 끝단을 에어컨 냉매로 직접 냉각하는 구조를 가지고 있다. 이 설계를 통해 시속 100km로의 주행과 급속 충전을 반복하더라도 배터리 온도가 사용 가능한 상한을 초과하지 않으며, 급속 충전 속도에 제한이 걸리지 않는 안정적인 성능을 확보하였다.

사고 시 냉매 배관이 손상되어 냉매가 배터리 팩 내부로 유출되더라도, R134a 냉매는 끓는점이 −26.1℃로 매우 낮고 불연성이기 때문에 전기적 단락이나 화재로 이어질 위험이 없다. 이로 인해 냉매의 누출 상황에서도 높은 수준의 안전성을 유지할 수 있다.

BYD 역시 냉매 직접 냉각 방식을 채택하고 있지만, 동일한 LIB라 하더라도 발화 위험이 낮은 LFP(Lithium Iron Phosphate: 리튬 인산철) 계열을 사용하고 있기 때문에, 삼원계 배터리와 비교할 때 냉각 시스템에 요구되는 성능 수준은 다를 것으로 판단된다.

앞으로 SSB(Solid State Battery: 전고체 배터리)가 실용화되면 배터리 시스템의 조건과 요구 사항이 변화될 가능성도 있다. 그러나 리튬 이온계 배터리의 경우, 양극재의 융점이 약 180℃에 불과하기 때문에, 냉각 시스템을 완전히 제거할 수 있을지는 여전히 불확실하다.

# CHAPTER 02 APPLICATION

## 리튬이온 배터리와 함께 한 14년

### 닛산 >>> 배터리 기술

현재 배터리 전기차(BEV: Battery Electric Vehicle)를 지탱하는 리튬이온 배터리(LIB: Lithium Ion Battery)는 전기화학의 산물이지만,
자동차라는 기계 시스템의 일부로서 제대로 기능을 위해서는 기계 설계적 접근도 필수적이다.
이처럼 매우 복잡한 기술에 가장 먼저 접근한 것은 닛산(Nissan)이었다.

본문 : 다카하시 잇페이  사진 : Nissan

지금으로부터 약 10년 전인 2010년 12월, 닛산은 세계 최초의 글로벌 양산형 일반 승용차(등록 자동차) BEV(Battery Electric Vehicle: 배터리 전기 자동차)인 리프를 출시했다. BEV로 분류하면, 리프는 미쓰비시 i-MiEV(개인용 판매는 2010년 4월 시작)와 테슬라 로드스터(2008년부터 배송 개시)에 이어 세 번째로 출시된 차종이다. 그러나 i-MiEV는 승차 정원이 4명인 경자동차(일본 법규상 신고 자동차로 분류)였고, 테슬라 로드스터는 2인승 스포츠카였기 때문에, 양산형 차량이라고 보기는 어려웠다. 이에 반해 리프는 누구나 구입할 수 있는 일반 승용차 형태의 BEV로 등장하여, 자동차 역사에서 중요한 이정표를 세운 사례로 평가된다.

우리와 같은 언론을 포함한 일반 대중이 BEV(Battery Electric Vehicle: 배터리 전기 자동차) 기술에 대해 지금만큼의 이해를 갖지 못하고 있었던 당시, 이러한 상황을 의식한 것이었을까. 어느 날 닛산의 한 엔지니어는 1세대 리프(ZE0형)에 대해 다음과 같은 설명을 전했다.

닛산의 엔지니어는 1세대 리프(ZE0형)에 대해, 단순히 배터리와 모터를 탑재하여 자동차를 움직이게 하는 일 자체는 크게 어려운 일이 아니라고 설명했다. 그러나 누구나

## ▶ 리프 배터리의 역사

초기형 리프(LEAF)인 ZE0형이 출시되었을 당시, 배터리 팩의 총 전력량은 24kWh였다. 이후 2세대 모델인 ZE1형의 대용량 등급(e+)에서는 배터리 용량이 62kWh로 대폭 확대되었다. 이 62kWh 버전 배터리 팩은 높이 방향(상하 방향)만 몇 센티미터 정도 치수가 커졌을 뿐, 그 외의 치수나 형상은 1세대 모델과 거의 동일하게 계승되었다. 한편, 2012년 마이너 체인지(ZE0형)에서는 배터리 용량의 확대는 없었으나, 모터가 EM61형에서 EM57형으로 변경되고, 히터가 히트 펌프 방식으로 바뀌는 등 에너지 효율이 향상되어 주행 가능 거리는 10% 이상 증가하였다.

언제든지, 안전하고 쾌적하며 문제 없이 확실하게 사용할 수 있는 '상품성 있는 자동차'로 완성하는 일은 전혀 다른 차원의 과제라고 강조했다. 닛산이 리프를 출시할 수 있었던 이유는, BEV에 필수적인 고전압을 안전하게 처리할 수 있는 기술과, 장기간에 걸쳐 배터리의 성능을 안정적으로 유지할 수 있는 기술을 확립했기 때문이라는 점을 언급했다. 예를 들어, 충돌 등의 사고로 인해 안전에 위험이 발생하는 상황에서는 배터리 팩의 전원이 즉시 차단되도록 설계되어 있다. 이처럼 전원 시스템이 엄격하게 제어되

기 때문에, 배터리 팩의 단자를 만진다고 해도 감전될 위험은 없으며, 단순히 모터 등 부하 장치를 연결한 것만으로는 전력을 사용할 수 없는 구조로 되어 있다. 모든 안전 조건이 충족되지 않으면 배터리로부터의 전류 입출력은 일절 허용되지 않는다. 충전과 방전 역시, 배터리 셀의 상태를 실시간으로 확인하며 적절하게 제어된다. 이와 같은 시스템을 통해, 누구나 언제든지 원활하게 주행할 수 있는 완성도를 확보하는 것은 결코 쉬운 일이 아니라고 설명했다.

수백 개의 배터리 셀로 구성된 배터리 팩

에는 이를 안전하게 제어하고 관리하기 위한 BMS(Battery Management System: 배터리 관리 시스템)가 필수적이라는 인식이, 이제야 우리 같은 외부인들에게도 널리 퍼지게 되었다. 지금 생각해보면, 안전 확보를 위한 인터록(interlock) 기능 즉, 모든 조건이 충족되었을 때만 회로를 연결하는 구조의 구현은 지극히 당연한 일로 여겨진다. 그러나 당시에는 사용자뿐만 아니라, 이 정보를 전달하는 미디어즈차도 배터리와 모터라는 구성 요소에 익숙하지 않았기 때문에, 아무리 세심한 설명이 제공되었다 하더라도

## ▶ 모듈 구조의 진화

리프(LEAF)는 일관되게 자연 공랭식 배터리 팩을 채택해 왔으며, 이를 구성하는 리튬이온 셀 역시 라미네이트 패키지를 계속 사용하고 있다. 그러나 이 셀들을 구성하는 모듈 구조는 지속적으로 변화를 거듭해 왔다. 초기에는 정해진 개수의 셀을 동일한 치수의 금속 케이스에 담아 구성하는, 말 그대로 전형적인 '모듈' 형태였지만, 배터리 케이스 내의 제한된 공간에 더 많은 셀을 수납하기 위해, 모듈의 상징이라 할 수 있는 금속 케이스조차 폐지되는 등 구조적으로 큰 변화가 이루어졌다.

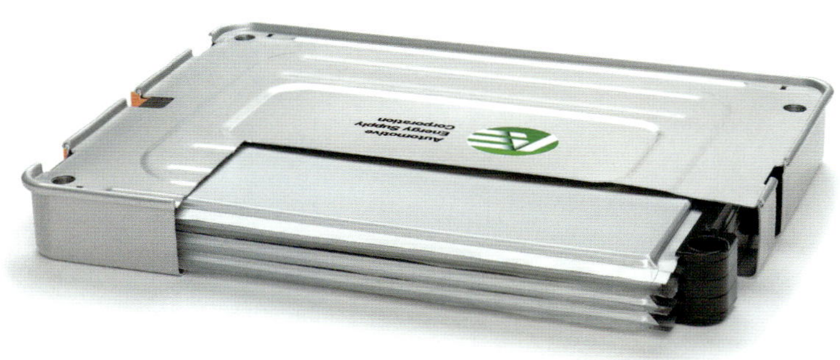

### 4셀/모듈

그 형태 때문에 일명 '고등어 캔'이라고 불렸던 초기형 모듈은 4장의 셀이 내장되어 있었으며, 이를 2셀씩 병렬로 연결한 뒤, 그 두 개를 다시 직렬로 연결하는 방식이었다. 전체 배터리 팩은 이 모듈을 총 48개를 직렬로 연결하여, 총 전압 355V를 구성하고 있었다.

### 8셀/모듈

8개의 셀로 구성된 모듈로, 2세대에 해당하는 타입이다. 캔 형태로 거의 밀폐되어 있었던 1세대와는 달리, 수지 프레임 사이로 셀이 직접 보이는, 다소 '통풍이 잘 되는' 개방형 구조로 되어 있는 것이 특징이다.

## 차세대 모듈

두께 방향의 치수가 고정된 모듈을 단순히 쌓아 올리는 방식
에서는 모듈 사이에 '여백'이 생기는 구조적 비효율이 발생한
다. 이에 따라 차세대 모듈은 배터리 케이스의 공간을 최대한
활용할 수 있도록, 부위별로 셀 개수를 유연하게 조절하여 구
성하는 형태로 설계되었다. 이 구조는 "공랭식 세대의 최종 형
태"로 간주되며, 전극 연결 방식 또한 개선되어, 셀 탭을 레이
저 용접으로 기판에 직접 접합하는 방식이 적용되었다.

그 본질에 대한 이해가 쉽게 이루어지지 않
았다. 이러한 이해 부족은 현재까지 이어지
고 있는 '일본은 BEV 분야에서 세계에 뒤처
지고 있다'는 논조의 출발점이 되었다.

'겉으로 보이는 화려함'이 절제되어 있었
다는 점은 부정할 수 없는 사실이며, 어쩌면

이는 지금까지도 이어지고 있는 현상일지도
모른다. 그러나 전동화 기술 측면에서 보자
면, 이미 HEV(Hybrid Electric Vehicle: 하

## ▶ 능동적 온도 관리(Active Thermal Management)

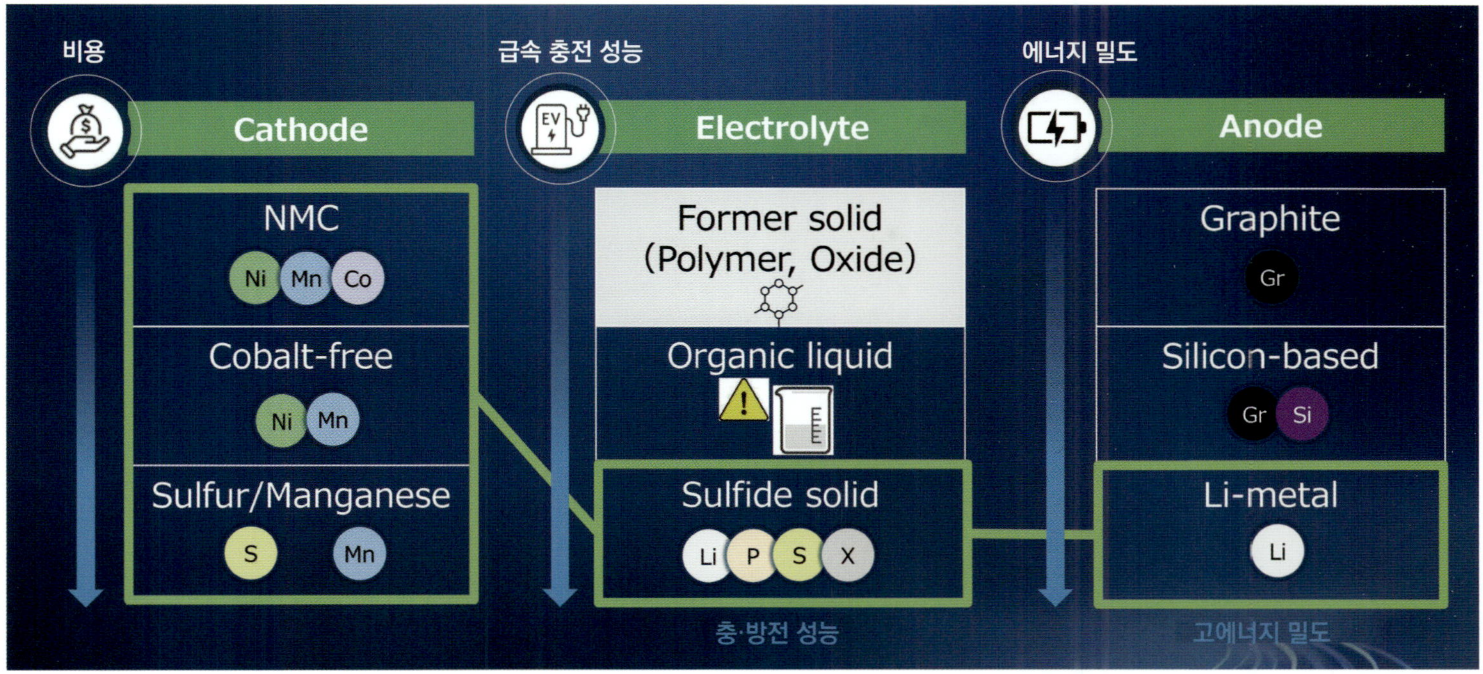


**▶ 전고체 배터리를 구성하는 요소**

전고체 배터리에 사용되는 고체 전해질은 액체 전해질과는 다른 메커니즘으로 이온이 이동한다. 이로 인해, 유기 용매계 전해액을 사용하는 기존 리튬이온 배터리보다 더 높은 이온 전도도, 즉 더 높은 출력을 기대할 수 있는 가능성이 존재한다. 그러나 이는 어디까지나 잠재적인 가능성에 불과하며, 실제로는 액체 전해질과 동등한 수준의 이온 전도도를 확보함과 동시에 차량 탑재에 적합한 물성을 갖춘 형태로 양산하기 위해서는 아직 해결해야 할 과제가 많다.

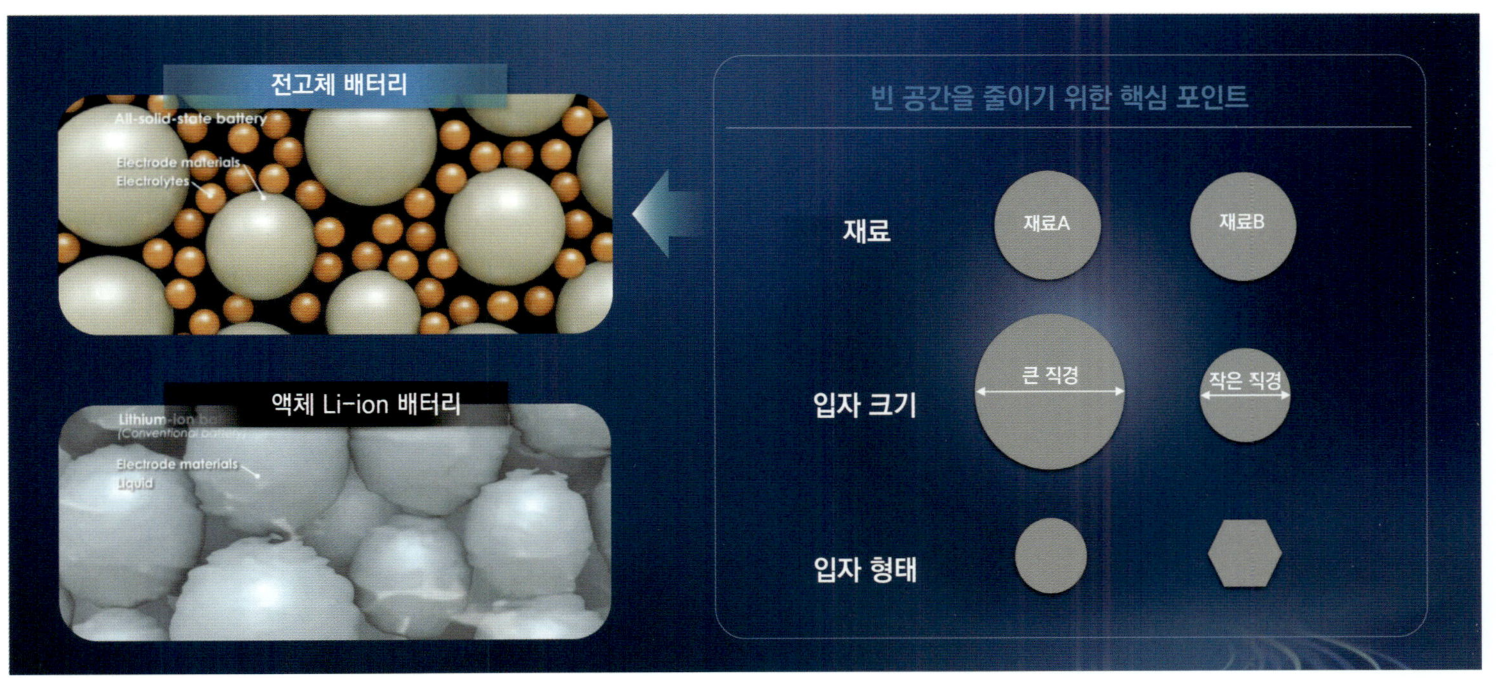


**▶ 고체이기 때문에 요구되는 대응책**

닛산이 양산을 목표로 하고 있는 것은 황화물계 고체 전해질을 사용하는 전고체 배터리이다. 이 방식에서는 리튬이 음극 쪽에 침전(석출)되는 현상이 발생한다. 이는 정밀하게 제어하면서 사용하는 것이지만, 재료 내부에 공극(빈 공간)이 존재할 경우, 그 공간에도 리튬이 침전되어 결과적으로 재료가 내부에서부터 파괴되는 문제가 발생할 수 있다. 이러한 문제를 피하기 위해서는, 재료의 입자 크기나 형상을 제어하고, 제조 과정에서의 압력이나 온도 조건 등을 정밀하게 관리하는 등 다양한 기술적 노력이 필요하다.

이브리드 전기차) 기술이 널리 보급되어 있었던 일본의 국산 차량은 결코 뒤처진 것이 아니라, 오히려 한 발 앞서 있었다. 글로벌 양산형 BEV 시장에서 세계 최초로 스타트를 끊은 닛산 역시 마찬가지였으며, 이때 축적된 기술적 우위는 지금도 여전히 유효하고 건재하다.

덧붙이자면, 1세대 리프에 탑재된 배터리 팩의 총 전력량은 24kWh였다. 이 수치는 당시 기술적인 제약과 배터리 비용 등을 종합적으로 고려해, 다양한 요소 간의 균형을 조정한 결과였다. 항속 거리는 도시 내 사용에는 큰 무리가 없을 정도였으며, 2015년에는 소폭의 개선을 통해 30kWh 버전이 추가되었다. 그 후 2017년에는 모델 변경이 이루어졌고, 최종적으로는 초기 대비 2.5배 이상인 60kWh로 배터리 용량이 확대되었다. 이로써 JC08 모드 기준으로 550km, WLTC(Worldwide Harmonized Light Vehicles Test Cycle: 세계표준 시험 사이클) 기준으로는 약 450km의 주행 거리를 확보하게 되었다. 이는 2세대 리프의 대용량 배터리 탑재 버전인 e+ 모델에 해당한다. 비록 모델 체인지가 있었지만, 플랫폼은 이전 모델에서 이어받은 캐리오버 구조였으며, 배터리 팩의 탑재 공간 역시 거의 그대로 유지되었다.

그 배경에는 LIB(Lithium Ion Battery: 리튬이온 배터리)의 지속적인 진화가 있었다. 초기에는 양극 재료로 리튬 망간 산화물(LMO: Lithium Manganese Oxide)이 사용되었지만, 이후 니켈·망간·코발트로 구성된 삼원계 NMC(Nickel Manganese Cobalt) 소재로 대체되면서, 배터리의 핵심이라 할 수 있는 화학 반응 부문에서 다양한 개선이 이루어졌고, 그 결과 성능이 크게 향상되었다. 이와 동시에 BMS 역시 하드웨어와 소프트웨어 양 측면에서 큰 폭으로 진화하며, 배터리 성능 향상을 안정적으로 뒷받침하는 핵심 역할을 수행해 왔다.

초대 리프가 등장했을 당시, LIB는 이미 스마트폰 등 가전 제품에 먼저 보급되기 시작한 상태였다. 그러나 리튬이온 배터리가 실용화된 시점은 1991년으로, 본격적인 보급이 시작된 지 약 10년 정도밖에 지나지 않은 시점이었고, 여전히 밝혀지지 않은 부분이 많았다. 특히 자동차 구동용으로의 활용은 전례가 거의 없었기 때문에, 글로벌 시장에 일반 양산차로 출시된 리프는 '미지의 영역'에서 실주행 데이터를 축적하고 이를 피드백함으로써, 닛산에 다양한 실용적 노하우를 제공했다. 차량에 탑재된 리튬이온 배터리가 실제 사용 조건에서 어떻게 거동하는지, 또 어떤 방식의 제어가 최적인지가

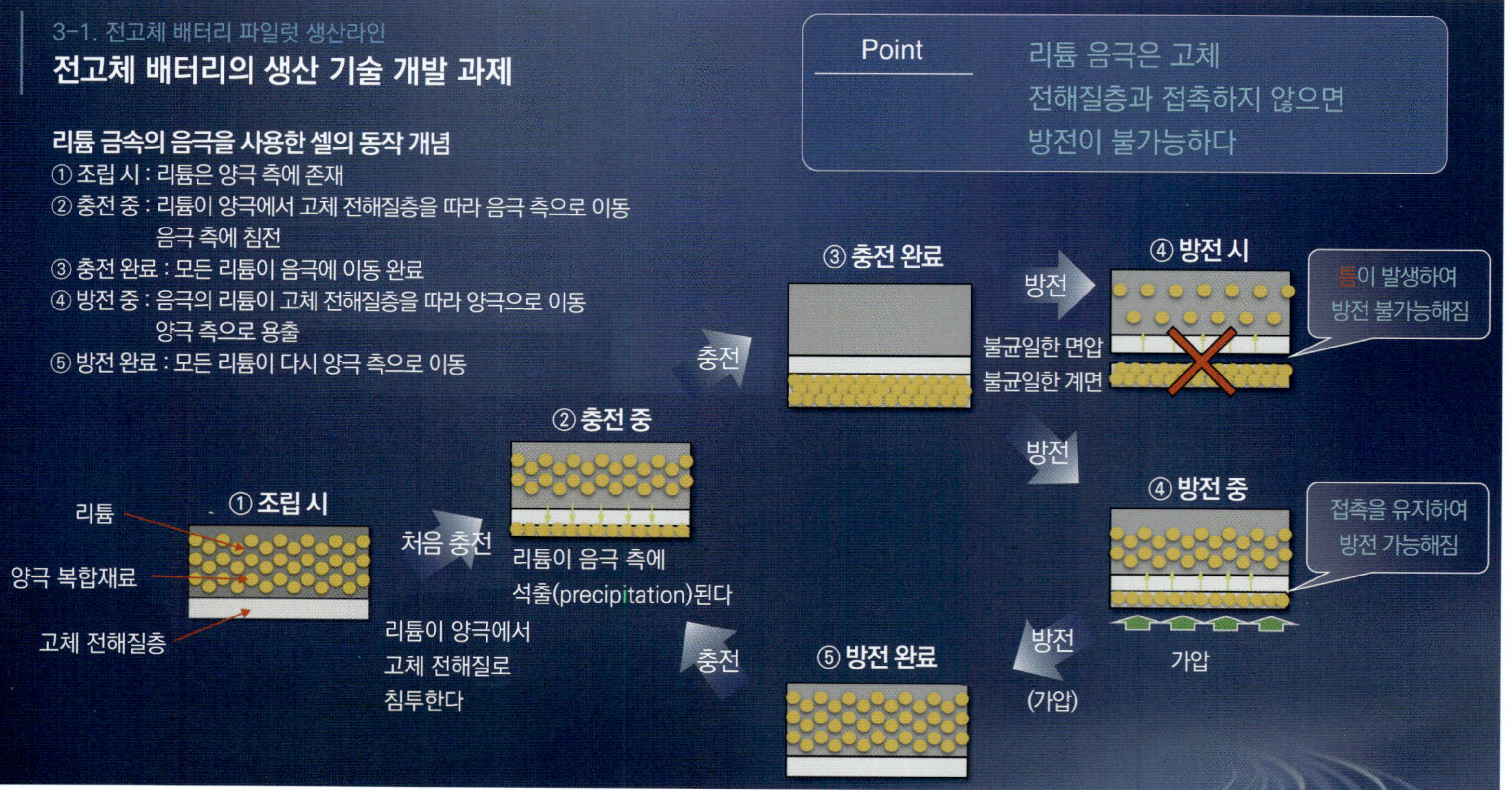


## ▶ 리튬 금속의 음극을 사용하기 위해서

음극 측에 침전되는 리튬은 배터리 셀의 두께 방향 치수에도 영향을 미친다. 즉, 셀은 작동 상태에 따라 두께가 항상 변화하게 되며, 그에 더해 전고체 배터리에서는 전해질과 전극 재료 사이가 항상 밀착된 상태를 유지해야 한다. 이를 위해서는 항상 외부에서 일정한 압력을 가하는 구조가 필요하며, 이 압력 유지가 전고체 배터리의 안정 동작을 위한 핵심 조건이 된다. 아직 공개되지는 않았지만, 닛산은 이를 간단한 메커니즘으로 해결할 수 있는 방법을 이미 개발한 것으로 알려져 있다.

## ▶ 파일럿 플랜트의 중요도

전 세계적으로 경쟁하듯 연구가 진행되고 있는 전고체 배터리이지만, 연구실 수준에서 성능을 확보하는 것과, 그것을 양산하여 차량에 탑재하는 것은 완전히 다른 차원의 문제라고 보아도 무방하다. 닛산이 정비를 추진 중인 파일럿 라인은, 연구실에서 얻어진 성과를 누구보다 빠르게 양산 기술로 전환하기 위한 새로운 시도다. 전기화학, 기계 설계 등 다양한 분야의 연구자와 기술자들이 전문 분야의 경계를 넘나들며 함께 엔지니어링에 도전하는 장이 될 것이다.

점차 명확해지면서, 리튬이온 배터리의 '진정한 모습'이 드러나기 시작했다. 이를 통해 BEV의 핵심이라고 할 수 있는 배터리 기술은 큰 폭의 발전을 이루게 되었다.

닛산이 처음으로 배터리 제조업체이자 '화학 전문가'와 협력하여 개발한 차량이 바로 리프였다. 기존의 엔진 차량과는 달리, 리프는 전기화학적 개념과 지식이 새롭게 요구되었으며, 이를 차량이라는 시스템으로 완성하기 위해서는 기존의 기계 설계 및 개발 노하우와 결합된 종합적인 접근이 필요했다. 배터리의 핵심은 전기화학 반응이며, 이 반응을 안정적으로 발현시키기 위해 기계 설계 측면에서 어떻게 보장할 것인지가 매우 중요하다. 또한 배터리 사용 중에 발생하는 열이 어떻게 분포되고, 어떤 영향을 미치며, 이를 어떻게 효과적으로 냉각할 것인지에 대한 열 관리도 핵심 요소로 떠올랐다. 즉, '전기화학을 전문으로 해온 사람'의 지식과, '기계 설계 및 차량 개발을 전문으로 해온 사람'의 경험을 적절하게 융합하고 최적화하여 하나의 완성된 제품으로 구현하는

것이 관건이었다. 배터리는 전기화학 기술의 결정체이며, 이를 최대한 활용하면서 자동차라는 기계 시스템으로 완성하려면 매우 폭넓은 지식과 고도의 기술이 요구된다. 특히 앞으로 전고체 배터리의 상용화가 본격화되면, 전해질이 액체에서 고체로 바뀌게 되며, 이로 인해 설계 접근 방식도 근본적으로 달라질 것으로 보인다. 닛산은 이러한

변화에 대비해, 재료 단계부터 깊이 이해하고 전고체 배터리의 설계 보증을 체계적으로 수립하기 위한 방법론을 확립하고자 하고 있다. 이를 위해 2024년도 내 가동을 목표로 요코하마 공장에 전고체 배터리의 파일럿 생산 라인을 구축하고 있다.

이번에는 BEV용 배터리의 차세대 기술을 담당하고 있는 시부카와 유이치 부장에

게 이야기를 들었다. 말할 필요도 없이, 그는 전고체 리튬이온 배터리(이하 전고체 배터리)의 개발에도 깊이 관여하고 있었다. 전고체 배터리는 BEV의 미래뿐만 아니라 전동 기술 전반에 걸쳐 큰 영향을 미칠 것으로 예상되는 최첨단 분야로, 시부카와 부장은 이에 대해 "경쟁 분야의 핵심 기술이기 때문에, 지금까지 공식적으로 발표된 내용 외에는 기본적으로 말씀드릴 수 없습니다"라고 밝혔다. 그는 신중하게 단어를 선택하면서도, 가능한 범위 내에서 정중하게 설명을 이어갔다.

시부카와 유이치 부장은, 리프 출시 이후 닛산이 시장을 통해 수집한 방대한 배경의 데이터를 보유하고 있다고 설명했다. 실제 자동차 사용 과정에서 배터리에 어떤 현상이 발생하는지, 그리고 그 원인이 무엇인지에 대해 철저히 분석해 왔으며, 이를 통해 축적된 데이터는 막대한 양에 이른다. 하나의 자동차를 설계하고 개발하여, 고객이 안전하고 쾌적하게 운전할 수 있도록 만드는 일은 결코 쉬운 작업이 아니다. 이러한 개발 과정에 전기화학이라는 요소까지 더해지는 것이 전기자동차(EV)의 난이도를 높이는 핵심

요인이라고 강조했다. 전고체 배터리에 사용되는 고체 전해질은 액체 전해질과는 다른 메커니즘으로 전하를 가진 이온을 전달하기 때문에, 현재의 액체 전해질 기반 LIB보다 더 높은 출력을 낼 수 있는 잠재력을 가지고 있다. 또한 고온 환경에서도 견딜 수 있는 특성을 지니고 있지만, 이를 실제로 BEV용 배터리로 양산하며 이러한 장점을 최대한 발휘하기 위해서는 아직 해결해야 할 여러 기술적 과제가 존재한다. 닛산은 리프를 통해 장기간에 걸쳐 축적해온 데이터와 기술을 활용해, 이와 같은 장애 요소들을 가능한 한 빠르고 효율적으로 극복하는 것을 전고체 배터리 파일럿 생산 라인의 목표로 설정하고 있다.

전고체 배터리는 이미 일부 소형 전자기기에서 실용화가 이루어지고 있지만, 자동차 구동용으로는 아직 실제 적용된 전례가 없다. 시부카와 유이치 부장이 언급한 것처럼, 이 기술에는 여전히 여러 가지 장애물이 존재한다. 그러나 이러한 과제를 단순히 기술의 성숙을 수동적으로 기다리는 방식으로 접근하는 것이 아니라, 자동차 제조업체로서 적극적으로 연구 개발에 나서고, 동시

에 양산 기술로 연결해 나가는 것이 매우 중요하다. 최근 자동차 개발에서 '프론트 로딩(front loading)'이라는 개념이 주목받고 있는데, 이는 차량 개발 단계의 앞부분에서 리스크를 줄이는 기존 개념을 넘어, 기초 연구 단계부터 선제적으로 착수하는 새로운 의미로 해석될 수 있다. 이는 사회적 환경과 자동차 기술이 급격히 변화하는 현재의 상황에 대응하기 위한, 보다 능동적이고 전략적인 접근 방식이라 할 수 있다.

**시부카와 유이치**
Yuichi SHIBUKAWA

닛산 자동차 주식회사
파워트레인 EV 기술 개발 본부
파워트레인 EV 배터리
차세대기술개발부 부장

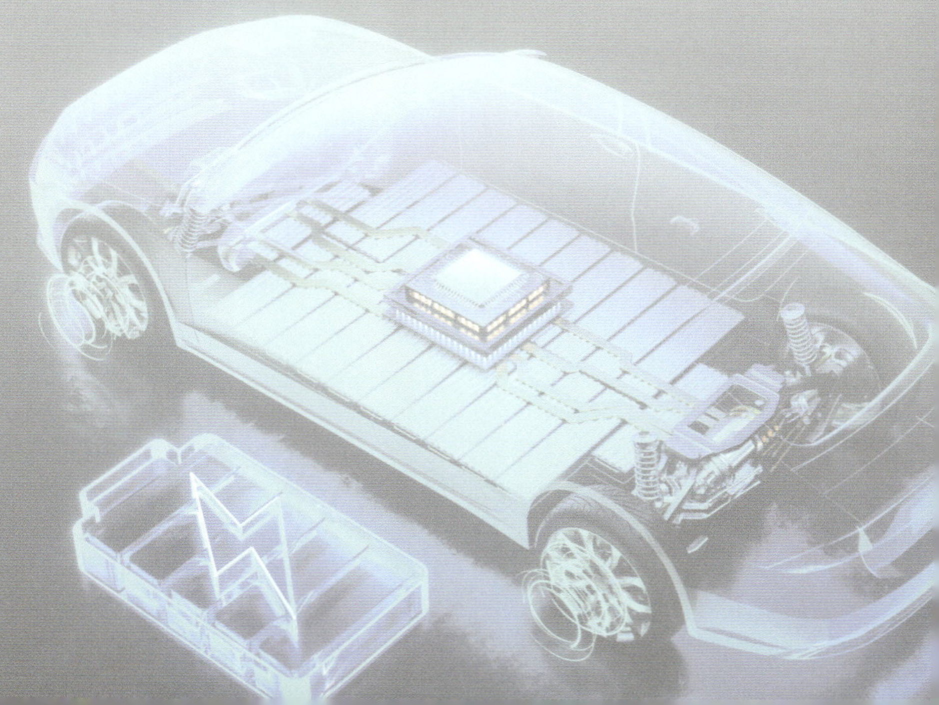

# 레이싱에 양산 하이브리드 차량 배터리로 실험적 도전

### 혼다 >>> 시빅 e:HEV 아마추어 내구 레이스 참가차량

혼다는 저연비를 중시하여 개발된 하이브리드 시스템 e:HEV를 탑재한 차량으로,
모빌리티 리조트 모테기에서 개최되는 아마추어 내구 레이스 축제 'Joy耐(Joytai)'에 출전하고 있다.
공공 도로와는 크게 다른 서킷 주행 특유의 배터리 매니지먼트에 대해, Joy耐 프로젝트 팀 멤버들에게 직접 이야기를 들어보았다.

본문 : 세라 코타    사진 : MFi／HONDA    그림 : HONDA

**모테기 Joytai 레이스에서 e:HEV의 주행 성능을 연마**

스칼렛 레드 컬러를 입은 최신형 Joytai 시빅 e:HEV(상단)와, 2020년부터 3년간 Joytai에 출전했던 피트(Fit) e:HEV. 세계 최고 수준의 효율성을 목표로 개발된, 시판차용 2모터 하이브리드 시스템이 바로 혼다 e:HEV이다. 혼다는 이 시스템을 서킷에서 주행시키며, "배터리에 저장된 전기 에너지를 어떻게 하면 빠른 속도로 연결할 수 있는가"를 개발의 주제로 삼아 도전에 임하고 있다.
피트 e:HEV는 48셀, 시빅 e:HEV는 72셀의 리튬이온 배터리를 탑재.

혼다는 시빅에 탑재된 e:HEV(Hybrid Electric Vehicle: 하이브리드 전기차 시스템)를 모빌리티 리조트 모테기에서 열리는 'Joy 내구성' 레이스를 통해 단련하고 있다. 이 'Joy 내구성'은 공식 명칭으로는 JAF(일본자동차연맹) 공인 레이스인 '모테기 En-joy 내구성'이며, 초보자도 쉽게 참가할 수 있도록 구성된 것이 특징이다. 이번 취재는 7월 7일에 열릴 결승전을 앞두고 6월 중순에 진행된 공개 연습회 기간 중 이루어졌다.

Joy 내구 레이스 프로젝트를 이끌고 있는 인물은 현재 핏(Fit)과 베젤(Vezel)의 개발 책임자인 오쿠야마 타카야 씨이며, 프로젝트 책임자로서의 활동은 올해로 4년째에 접어들었다. 시빅 e:HEV는 Joy 내구 레이스에 참가한 두 번째 차량으로, 프로젝트는 2020년에 핏 e:HEV로 시작되었다. 이후 3년간의 레이스 활동을 마친 후, 개발 차량은 시빅 e:HEV로 바통을 넘겨받았다. Joy 내구 레이스에서의 주행을 통해 서킷에 적합한 차량 설정을 경험하고, 그 과정에서 얻

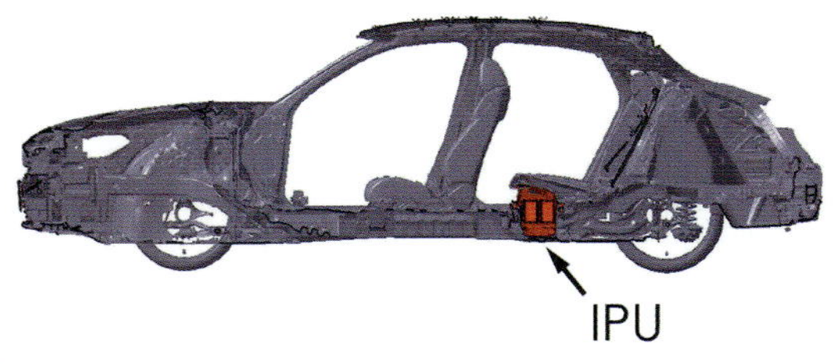


## 양산형 시빅의 배터리를 그대로 사용

IPU(Intelligent Power Unit: 지능형 파워 유닛)라 불리는 제어 ECU와 냉각 팬 등을 통합한 배터리 팩은 뒷좌석 시트 쿠션 아래에 탑재되어 있다. 기존 e:HEV에 탑재되던 높이 85mm의 배터리 셀 대신, 이번에는 높이 65mm의 신형 셀을 채택하였다. 또한, 모듈을 소형화하는 동시에 기존의 상하 2단 배치 구조를 전후 2열 배치 구조로 변경하여, 유닛 전체의 저전고화(전체 높이 축소)를 실현하였다. 이처럼 차체의 낮은 위치에 배터리를 탑재함으로써, 차량의 저중심화에도 기여하고 있다.

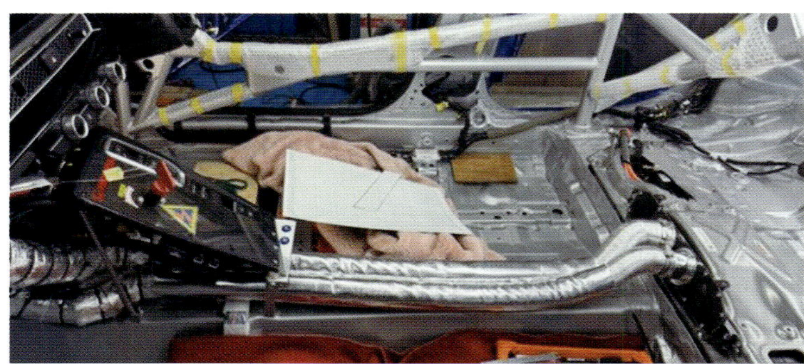

## 서킷 주행에 대응하기 위한 배터리 냉각 성능 강화

양산형 시빅 e:HEV는 팬으로 실내 공기를 흡입해 셀을 냉각하는 구조를 채택하고 있지만, 서킷 주행 시에는 냉각 성능이 부족하기 때문에, 에어컨의 냉기를 유도하는 구조를 추가로 도입하였다. 도입된 에어컨 냉기는 전부 배터리 냉각에 사용하는 것이 아니라, 한 계통만 운전자의 냉방을 위해 따로 남겨두고 있다. 배터리 온도가 약 50℃에 도달하면 세이프티 모드로 진입하는 것은 양산형 e:HEV와 동일하다. 세이프티 모드에 들어가면 회생 제동에 의한 에너지 입력이 제한되며, 배터리 온도가 낮아질 때까지 대기하게 된다. 만약 에어컨 기반 냉각 시스템이 없다면, 서킷 3바퀴 만에 세이프티 모드로 진입하게 되기 때문에, 이 시스템은 필수적인 구성이라 할 수 있다.

은 데이터를 양산차 개발에 피드백하는 것이 이 프로젝트의 주요 목표이다.

참가 차량이 시빅 e:HEV로 변경된 시점에서, 오쿠야마 타카야 씨를 제외한 프로젝트 팀의 멤버들은 모두 교체되었다. 새로 구성된 팀은 젊은 직원들로 이루어져 있었으며, 자발적으로 참여 의사를 밝힌 기술자도 있었고, 제안을 받은 뒤 프로젝트에 동의해 참여하게 된 기술자도 포함되어 있었다. 파워 유닛 개발 부서에 소속된 한 기술자는, 범퍼 개구부의 사양 변경안을 제시하며 개발 방향을 설명했다. 취재 당시 차량에는 열교환기에 바람이 보다 효율적으로 도달하도록 개구부를 확장한 덕트가 장착되어 있었고, 이는 양산을 염두에 둔 설계였다. 그럼에도 불구하고 주행 테스트 결과, 차량에 공급되는 풍량이 충분하지 않다는 평가가 내려졌다.

이에 따라 풍량을 늘리기 위한 방안으로 풍도판을 새롭게 설계하게 되었다. 설계된 풍도판은 CFD(Computational Fluid Dynamics: 전산유체역학) 시뮬레이션을 통해 효과를 사전에 검증하였으며, 이후 사내 3D 프린터를 활용해 직접 제작한 뒤 실제 주행 환경에 맞춰 적용할 계획이라고 밝혔다. 이 작업은 단순한 성능 개선에 그치지 않고, 젊은 엔지니어들에게는 분석 능력을 기를 수 있는 실습 기회도 겸하고 있다는 점을 해당 기술자가 직접 언급하였다. 이어 오쿠야마 타카야 씨가 이야기를 이어갔다.

오쿠야마 타카야 씨는 양산차 개발과 레이싱 개발의 차이에 대해 다음과 같이 설명했다.

양산차 개발은 체계화되고 분업화된 구조로 진행되며, 초기 단계에서 목표가 명확히 설정된다. 목표가 달성되지 않으면 그에 대한 대책을 수립하고, 목표를 달성한 시점에서는 그 이상을 추구하지 않는 것이 일반적이다. 이는 양산 개발이 매우 다양한 요소를 고려해야 하는 복합적인 작업이기 때문에 어쩔 수 없는 측면이 있다. 반면, 레이싱 개발에서는 무엇보다도 '빠름'이 요구된다. Joy 내구성 레이스의 경우, 속도와 연비를 동시에 추구해야 하며, 차량을 운전하는 행위 자체가 즐거워야 한다는 조건도 따른다. 이러한 환경에서는 누가 시키지 않아도 스스로 아이디어가 끊임없이 떠오르게 된다고 그는 덧붙였다.

Joy 내구성 프로젝트에서는 하나의 항목만을 시도하는 것이 아니라, 여러 요소가 동시에 추가되거나 변경되기 때문에 개별적인 효과를 명확히 분리해 추출하는 것은 쉽지 않다. 그럼에도 불구하고, 전체적인 주행 시간이 단축되었다면 그것은 곧 자신이 참여한 개발이 효과를 발휘했다는 증거이므로,

이는 기술자들에게 큰 동기 부여로 작용한다. 이 프로젝트는 단순한 차량 개발을 넘어, 젊은 기술자들을 실전 경험을 통해 육성하는 데에도 중요한 목적이 있다.

Fit e:HEV로 참여했던 Joy 내구성 프로젝트에서는 배터리의 운용 방식에 대해 중요한 학습이 이루어졌다. 핵심은 저장된 에너지를 어떻게 효율적으로 차량의 속도로 전환할 것인가에 관한 것이었다. 랩 타임에 민감한 상황에서는, 특히 코너 탈출 시 배터리 전력을 이용해 차량을 어시스트하고, 일정 속도에 도달한 이후에는 어시스트를 중단하여 에너지를 절약하는 전략이 사용되었다. 극단적으로 말하면, 이러한 방식이야말로 배터리를 효율적으로 활용하는 핵심이라 할 수 있다.

## 모테기 서킷 예선 주행 중의 배터리 관리 전략

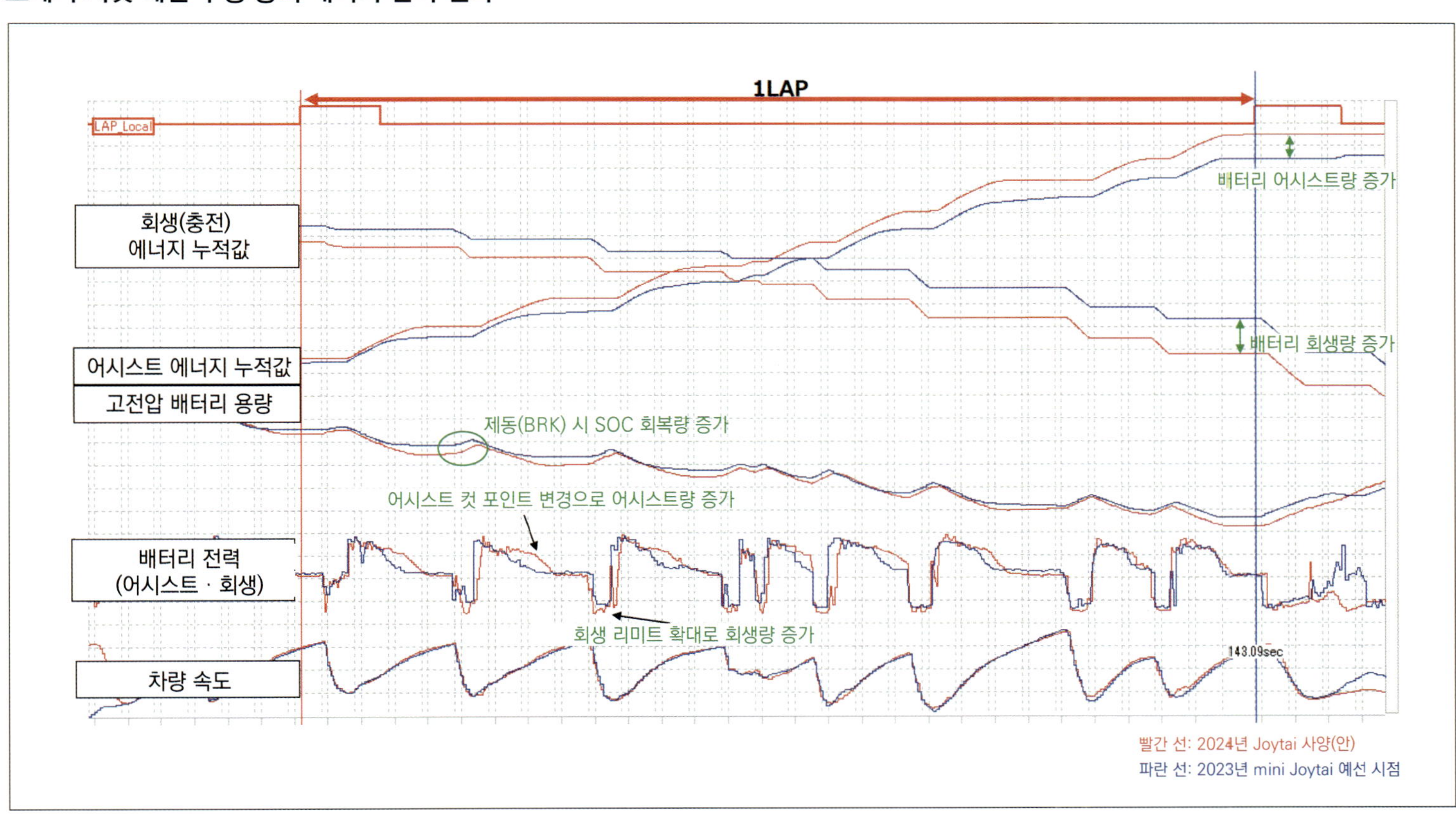


예선 1회의 타임 어택에서 잠재력을 최대한 이끌어내기 위한 전력 매니지먼트 전략을 나타낸다. 파란 선은 2023년 미니 Joytai(120분), 빨간 선은 2024년 Joytia(7시간)에서의 제어 전략을 의미한다. 어택 랩(계측 주행)에 들어가기 전에 충전 모드를 선택해 주행하면서 배터리 잔량(SOC: State of Charge)을 가득 채운 뒤, 계측 랩에 진입한다. 회생 제동 측의 출력 향상도 있어, 브레이킹 시 SOC 회복량이 증가하였다. 양산형 시빅 e:HEV의 IPU(Intelligent Power Unit)는 20년 이상 축적된 시장 데이터를 바탕으로, 배터리 열화를 방지하기 위한 마진을 줄이고, SOC의 상한과 하한 모두에서 사용 가능 범위를 확대하고 있다. Joytai 시빅 e:HEV에서는 이 SOC 사용 영역을 더욱 확대하였다. 예선에서는 결승 레이스처럼 다음 주행쯤 고려할 필요가 없기 때문에, 어택 랩에서는 SOC 하한까지 남김없이 사용한다.

Fit e:HEV로 모테기 서킷에서 첫 주행을 했을 당시의 랩 타임은 약 4.8km 구간을 2분 46초에 주파한 기록이었다. 이후 1년에 두 차례씩 진행된 레이스와 테스트 주행을 통해 차량의 속도를 지속적으로 다듬은 결과, 최종적으로는 2분 24초의 베스트 랩 타임을 달성할 수 있었다. 이에 대해 오쿠야마 타카야 씨는 "큰 성과"라고 평가하였다. Joy 내구 레이스를 통해 얻은 이러한 실전 지식은 2022년 10월에 소형 변경을 거쳐 새롭게 추가된 핏 "RS" 모델의 제어 시스템에 그대로 반영되었다.

새로운 참가 차량인 시빅 e:HEV는 Fit e:HEV와 동일한 2모터 하이브리드 시스템을 기반으로 하고 있다. 그러나 시스템을 구성하는 부품은 서로 다르다. 시빅에 탑재된 '스포츠 e:HEV'는 배기량이 더 큰 엔진과 더 큰 용량의 배터리를 갖추고 있다. Fit의 경우, 1.5ℓ 직렬 4기통 자연 흡기 엔진을 사용하지만, 시빅은 2.0ℓ 직렬 4기통 자연 흡기 엔진을 탑재하고 있다. 주행용 모터의 최대 출력 역시 다르다. Fit은 90kW, 시빅은 135kW로, 시빅이 훨씬 강력한 출력을 제공한다. 또한 제어용 ECU 등을 일체화한 배터리 팩, 즉 IPU(Intelligent Power Unit: 지능형 파워 유닛)에 내장된 LIB(Lithium Ion Battery: 리튬이온 배터리)의 셀 수도 차이가 있다. Fit은 48개 셀이 사용되지만, 시빅은 72개 셀이 탑재되어 있다. 자동차 급이 다르기 때문에 차량 중량에도 차이가 있지만, 시빅 e:HEV는 더 강력한 모터와 대용량 배터리를 탑재함으로써 성능 면에서 우위를 가진다.

양산형 시빅에 IPU를 탑재하는 과정에서는, 거주 공간을 최대한 확보하기 위해 높이가 낮은 셀과 모듈이 새롭게 개발되었다. 또한, 탑재 방식에도 다양한 아이디어가 적용되어, 배터리 팩은 뒷좌석 시트 아래에 수납되도록 설계되었으며, 동시에 충분한 쿠션 두께도 확보되어 탑승자의 착석감 역시 고려되었다.

양산형 시빅에 탑재된 IPU는 기존의 60셀 구성을 가진 차량에 비해 EV(Electric Vehicle: 전기 주행) 모드의 주행 거리가 약 80% 연장되었다. 구체적으로는 1.0km에서 1.8km로 늘어났으며, 이에 따라 배터리 발열량도 그만큼 증가하게 되었다. 기존에도 IPU 내부에는 냉각 팬이 설치되어 있었지만, 시빅의 IPU는 팬의 배치와 덕트 형상을 최적화함으로써 냉각 성능을 더욱 향상시켰다. 이로 인해 EV 주행 거리 증가에 따른 발열량 증가의 문제에도 안정적으로 대응할 수 있게 되었다고 설명하고 있다.

그러나 이러한 냉각 대책을 마련하더라도, 서킷 주행 환경에서는 냉각이 충분하지 않다는 사실은 이미 Fit e:HEV의 Joy 내구 레이스 경험을 통해 확인된 바 있다. 배터리의 발열을 억제하기 위한 안전 모드는 약 50℃에서 작동하도록 설정되어 있으며, 이는 양산형 IPU와 동일한 기준이다. 별도의 냉각 조치 없이, 기본 사양의 시빅 e:HEV로 전체 길이 약 4.8km의 모테기 서킷을 주행할 경우, 4랩째에서 안전 모드가 작동하게 된다. 이는 서킷 주행에서는 에너지의 입출력이 매우 크고, 그에 따른 열 부하도 상당하다는 것을 의미한다.

20바퀴 이상을 안전 모드에 진입하지 않고 안정적으로 주행하기 위해서는, 그에 상응하는 수준의 냉각 성능이 반드시 필요하다. Joy 내구 레이스에 참가 중인 시빅 e:HEV는 경량화를 위해 시트를 제거한 상태에서 주행하며, IPU 냉각 방식은 Fit e:HEV와 동일한 구조를 채택하고 있다. 즉, 에어컨의 차가운 공기를 일부는 운전석 쪽으로 보내고, 나머지는 덕트를 통해 대부

**레이스 중 조작을 고려한 패널 레이아웃 변경**

버튼식 변속 셀렉터는 양산형 시빅 e:HEV(오른쪽 사진)의 부품을 재활용했지만, 4점식 안전벨트로 몸이 시트에 고정된 상태에서도 조작이 쉽도록, 조작 패널을 세운 상태로 설치하였다. 예선에서는 D 버튼을 두 번 누르면 충전 모드로 전환되며, 계기판의 'EV' 표시가 깜박거려 모드 전환이 이루어졌음을 운전자에게 알린다.

분 IPU로 유도하는 방식이다.

시빅 e:HEV는 Fit e:HEV에 비해 배터리 용량이 증가했음에도 불구하고, 계속해서 모터 어시스트를 사용하는 경우에는 한 바퀴도 주행하지 못하고 배터리가 방전되는 현상이 발생한다. 이 점 역시, Fit e:HEV를 통해 이미 경험을 통해 파악한 사실이다. e:HEV 시스템은 주행용 모터와 발전용 모터, 그리고 엔진과 직접 연결되는 클러치를 갖추고 있으며, 기본적으로는 전기 모터로 차량을 구동하는 직렬 하이브리드 방식이다. 양산차에서는 출발 시 모터로 주행을 시

### 모터 저널리스트가 팀을 꾸려 Joytai에 도전하다

출전 드라이버는 하시모토 요헤이(사진)를 비롯해 이시이 마사미치, 가츠라 신이치 등, 모터 저널리스트 3명으로 팀을 구성하였다. 새로운 제어나 장비의 효과를 직접 확인한 뒤, 프로젝트 리더 오쿠야마를 비롯한 기술진에게 피드백을 전달한다. 애초에 피트 e:HEV의 Joytai 출전 자체가, "레이스에 한번 참가해보는 게 어떻겠느냐"는 모터 저널리스트의 제안이 계기였다고 한다.

### 결승 레이스에서 연비와 속도를 모두 고려한 배터리 관리 전략

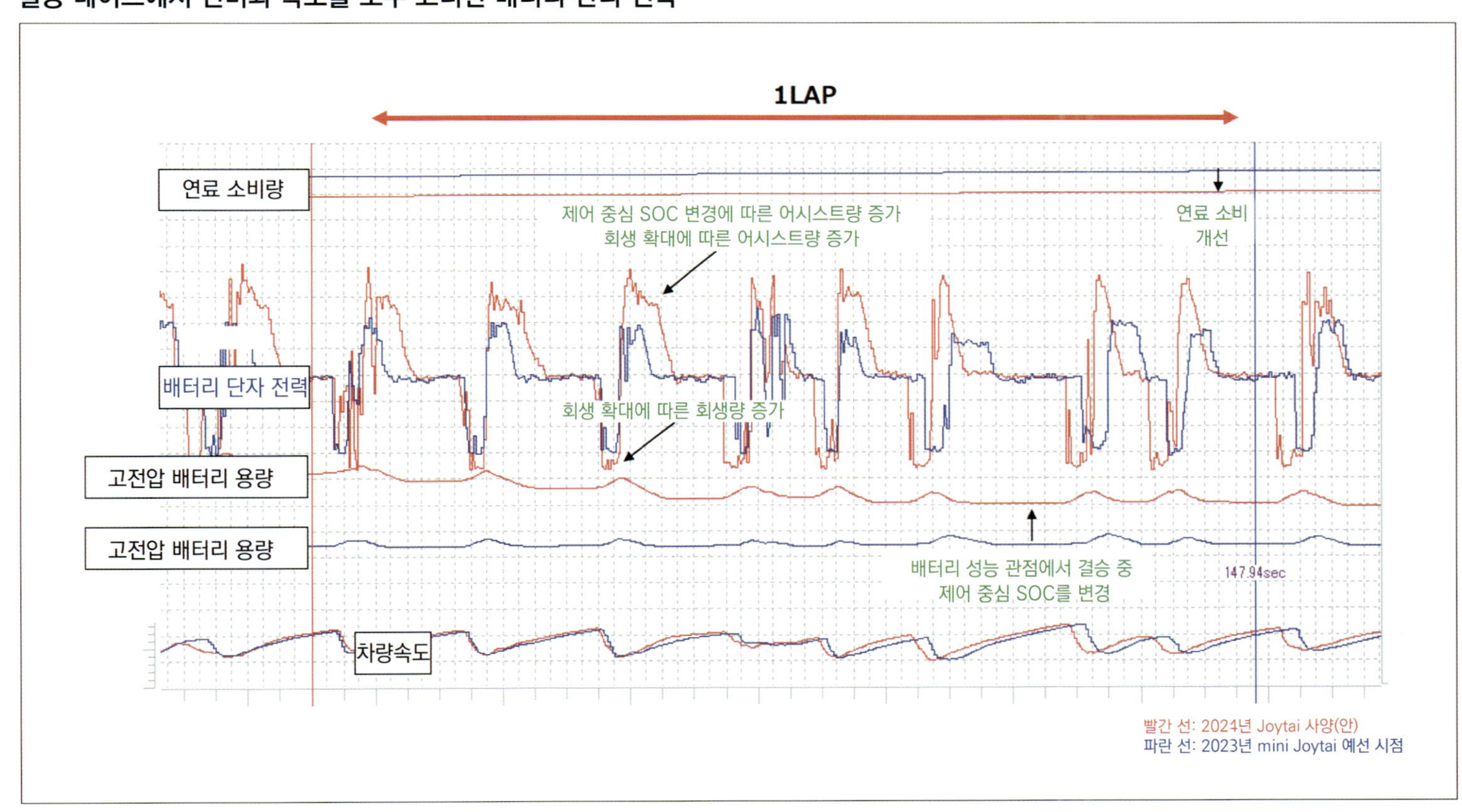


(서킷 주행에서는 드문 경우지만) 가속 페달을 밟지 않을 때도, 양산형 e:HEV와 마찬가지로 엔진 브레이크에 해당하는 감속 G를 발생시키며 회생 제어를 수행하고 있다. 결승전에서는 예선과 달리 다음 바퀴를 고려해야 하기 때문에, 한 바퀴에서 전기 에너지를 모두 소모하지 않도록 제어한다. (모두 소진하면 다음 바퀴에서 속도를 확보하기 어려워진다.) 코너 진입 시 전기 에너지를 사용하고, 다음 브레이킹에서 회생 제동으로 SOC(State of Charge)를 회복하는 사이클을 반복하여, SOC가 일정한 범위 내에서 유지되도록 제어하고 있다. 또한, 엔진은 전 영역에서 이론공연비(스토키오메트릭) 운전을 수행하고, IPU 냉각은 배터리 온도가 높을 때만 에어컨 컴프레서를 작동시키는 방식으로 최적화함으로써, 연비 향상도 함께 도모하고 있다.

작고, 배터리 잔량이 설정된 임계값 이하로 떨어지면 엔진이 시동되어 발전기를 통해 전기를 생산한다. 또한 운전자가 요구하는 구동력이 클 경우에도 엔진을 시동하여 전력을 생산하고, 이 전력을 배터리 전원과 병행해 주행용 모터를 보조한다. 즉, e:HEV는 기본적으로 모터 구동 기반의 직렬 하이브리드 주행을 전제로 하고 있다. 다만 고속 주행과 같이 엔진을 차량의 구동축에 직접 연결하는 것이 더 효율적인 상황에서는 병렬 방식으로 전환되며, 연비를 향상시키는 역할을 한다. 하지만 서킷 주행의 경우, 이러한 고속 주행의 조건을 초과해 지나쳐버리는 경우가 많기 때문에, 엔진의 직결 구동이 발생하지 않고 하이브리드 주행 방식이 기본으로 작동하게 된다.

코스 전체 구간에서 배터리에 저장된 에너지를 모두 소모하게 되면, 이후에는 배터리의 보조 없이 엔진에서 발전한 전력만으로 차량을 주행시켜야 한다. 이 경우, 주행용 모터는 실제 성능의 약 70% 수준에 해당하는 출력과 토크만을 발휘할 수 있게 된다. 그러나 앞서 언급한 것처럼, 서킷 주행에서는 엔진과 구동축을 직접 연결하는 '엔진 직결' 구동 방식이 작동할 조건이 성립되지 않으며, 속도가 해당 구간을 지나쳐버리기 때문에 직결 전환이 발생하지 않는다. 따라서 서킷 주행 환경에서는 기본적으로 직렬 하이브리드 방식으로 주행이 이루어진다.

배터리에 저장된 에너지를 코스 전반에서 모두 소모하게 되면, 이후 주행은 배터리의 보조 없이 엔진에서 발전한 전력만으로 이루어지게 된다. 이러한 상황에서는 주행 모터가 가진 실제 성능 중 약 70% 수준의 출력과 토크만 발휘되며, 그 결과 차량의 속도는 자연스럽게 느려질 수밖에 없다.

제한된 전기 에너지를 어떤 구간에서 사용하는 것이 랩 타임 단축에 가장 효과적인가에 대한 분석 결과, 계산과 실제 주행 모두에서 코너 진입 시에 사용하는 것이 가장 유효한 것으로 나타났다. 반면, 고속 주행 영역에서는 전기 에너지의 활용 효과가 상대적으로 떨어지는 것으로 알려져 있다. 결국 랩 타임을 단축하는 데 중요한 것은 최고 속도에 도달하는 데 걸리는 시간을 줄이는 것이며, 이를 위해서는 전기 보조를 적절한 타이밍에 집중적으로 사용하는 전략이 필요하다.

오쿠야마 타카야 씨는 코너 진입 구간이 모터 구동의 가장 큰 장점이 발휘되는 지점이라고 설명했다. 내연기관은 가속 페달을 밟았을 때 공기가 실린더로 유입되고, 연료가 분사되어 점화되는 일련의 과정을 거치기 때문에, 구조적으로 가속 응답에 지연이 발생할 수밖에 없다. 이와 달리, 전기 모터는 이러한 지연 없이 즉각적인 구동력을 발휘할 수 있다는 점에서 명확한 강점을 가진다. 이러한 특성이 바로 e:HEV 시스템의 장점이 가장 잘 드러나는 부분이다. 반면 직선 구간에서는 전기 에너지를 아껴야 하므로,

## 엔진뿐만 아니라 전동 유닛을 위한 냉각도 강화

냉각 시스템은 엔진의 라디에이터, ATF 쿨러(모터 냉각), HEV 라디에이터(PCU 냉각)의 3계통으로 구성되어 있다. 범퍼 하단에 GReddy 로고가 있는 라디에이터(트러스트 제작 제품)는 ATF 쿨러에 해당하며, 냉각 효율을 높이기 위해 도풍판을 개발해 적용하였다. 또한, 냉각 성능 강화를 위해 좌측에 서브 쿨러를 추가하였다. 보닛은 경량화를 위해 MUGEN사의 카본 소재로 교체하였고, 테일게이트도 FRP(섬유 강화 플라스틱) + 아크릴 유리로 변경하였다. 이미지의 중앙은 양산형 시빅 e:HEV이다.

## 서킷 주행에서는 공공도로에서 주로 사용하는 회전수 범위를 벗어난 고속회전을 자주 활용

엔진이 어느 영역을 사용하는지를 측정하여 시각화한 지도이다. 서킷 주행에서는 고속회전·고부하 영역이 자주 사용되고 있으며, 이는 연비가 우수한 영역에서 벗어난다. 물론, 이러한 사용 조건을 전제로 설계된 엔진이 아니기 때문에 당연한 결과이지만, 아우토반과 같은 초고속 구간에서의 크루징이나 스포츠 주행을 고려한다면, 무시할 수 없는 요소이다. 이러한 주행을 염두에 두었을 때는, 출력을 높이는 것이 아니라 연비 향상을 목적으로 배기량을 키우고 회전수를 낮춰, 연비가 좋은 영역에서 운용하도록 하고 싶은 요구가 생길 수 있다.

오히려 인내심을 요구하는 운용 방식이 필요하다고 그는 덧붙였다.

배터리 전력은 주로 코너 진입 구간에 한정하여 사용되며, 에너지 소비를 제어하기 위해 최고 속도를 약 130~135km/h로 상한 제한하고 있다고 한다. 이러한 설정 덕분에 결승 레이스에서는 전체 코스를 배터리 에너지로 안정적으로 주행할 수 있게 된다. 결승 레이스에서는 이와 더불어 '연소 모드'와 '오버테이크 모드'라는 주행 모드도 설정되어 있다. 특히 '오버테이크 모드'는 Joy 내구 레이스 초기에는 존재하지 않았던 새로운 기능으로, 배터리에서 소비할 수 있는 전력이 일시적으로 상한을 초과할 수 있도록 제한을 해제한다. 그 명칭에서 알 수 있듯, 이 모드는 추월이 필요한 결정적인 순간에 사용하는 전략적 기능이다.

예선 주행에서는 먼저 충전 모드를 선택하여 배터리에 충분한 에너지를 축적한 뒤, 일반 모드로 전환하고 타임 어택에 들어가게 된다. 이때는 배터리 보조가 우선적으로 작동하며, 결승 레이스와는 달리 1랩에서 배터리 에너지를 모두 소모하도록 제어된다. 또한, 이 타임 어택 중에는 에어컨이 자동으로 꺼지도록 설정되어 있다. 이는 에어컨 압축기의 구동에 필요한 약 2.5kW의 전력을 발전 측으로 돌려, 전체 에너지 효율을 극대화하기 위한 조치이다.

Joy 내구 레이스에는 총 10개의 클래스가 있으며, 각 클래스마다 연료 보급 시 피트 체류 시간이 별도로 정해져 있다. 랩 타임이 빠른 차량일수록 피트 체류 시간이 더 길게 설정되고, 반대로 느린 차량은 짧게 설정되어 있다. 이러한 구조는 마지막까지 승부의 향방을 예측할 수 없도록 하여, 레이스 자체의 긴장감과 재미를 높이기 위한 장치이다. 시빅 e:HEV는 이 중에서도 최소 피트 체류 시간이 11분으로 정해져 있다. 이처럼 정해진 시간 내에서 '로스트 타임'을 줄이기 위해서는, 급유 횟수를 가능한 한 줄이는 것이 중요하며, 이를 위해서는 연비가 좋은 주행 전략이 필수적이다. 따라서 발전 효율, 즉 연비가 중요한 요소로 작용하게 되는데, 현재 시빅 e:HEV의 발전 시 연비가 낮다는 점은 팀에게 고민거리로 작용하고 있다.

연비가 낮은 이유에 대해, 담당자는 시빅 e:HEV가 약 6000rpm 수준에서 회전하기 때문이라고 설명한다.

이는 양산형 시빅이 본래 더 낮은 회전수 영역에서 높은 효율을 내도록 설계되어 있기 때문이며, 레이스 환경에서는 이 설계 조건이 제대로 반영되지 않아 연비가 저하되는 결과로 이어진다.

모터 역시 마찬가지지만, 서킷 주행 환경에서는 차량이 일반도로나 고속도로에서 사용하는 운전 영역을 벗어나게 된다. 엔진으로 예를 들면, 이와 같은 상황에서는 일반적으로 연비가 가장 좋은 회전수와 부하 조건인 '연비의 핵심 구간'을 벗어난 영역에서 운행하게 된다. 그렇다면 이러한 영역에서도 연비를 높이기 위해서는 어떻게 해야 할까? 그에 대한 해답은 의외로 단순하다. 배기량을 늘리고, 회전수를 낮추면 되는 것이다.

레이스에서 연비를 향상시키는 방법뿐만 아니라, 향후 자동차 개발 방향에 대해서도 전망이 제시되었다. 무거운 차량이나 아우

## 레이스 현장을 통해 엔지니어도 성장

Joytai 시빅 e:HEV 프로젝트에는 혼다의 젊은 기술자들이 팀원으로 참여하고 있다. 7월 7일 Joytai 결승 레이스를 앞두고 6월 중순에 열린 공개 연습회에서는, 주행 중 수집한 데이터를 추출하거나 제어를 변경하는 테스트가 진행되었다. 본업에서는 좀처럼 경험하기 어려운, 한 사람이 여러 기술 영역에 걸쳐 작업을 수행하는 배움의 장이기도 하다.

## 현재 판매중인 피트의 부분 개선에 Joytai 레이스에서 얻은 경험을 반영

2022년 10월에 새롭게 설정된 등급 'RS'(좌측)와 Joy耐 피트 e:HEV. 주행 품질에 집중한 'RS'는 e:HEV와 가솔린 두 가지 타입으로 구성되어 있으며, 가속 페달에서 발을 뗐을 때의 감속력을 4단계로 선택할 수 있는 감속 셀렉터, 그리고 3가지 드라이브 모드를 갖춘 e:HEV 'RS'의 코너 탈출 시 힘 있는 주행감에는, Joytai 피트 e:HEV에서 얻은 지식과 경험이 반영되어 있다.

토반과 같은 고속도로에서 장시간 주행하는 차량의 경우, 배기량이 큰 엔진을 하이브리드 시스템에 조합하는 방향으로 나아갈 가능성이 높다고 본다. 이미 그러한 흐름이 서서히 나타나고 있다는 점을 강조했다.

혼다의 미토 사장은 본격적인 전기화 시대에도 '운전하는 즐거움'을 계승하겠다고 밝히고 있다. 이러한 발언을 바탕으로 볼 때, Joy 내구 레이스에서 시빅 e:HEV를 통해 축적된 다양한 기술적 지식과 경험이 향후 혼다의 하이브리드 모델에 반영될 것이라고 예상하는 것은 결코 무리한 해석이 아니다.


PROFILE

**오쿠야마 타카야**
Takaya OKUYAMA

혼다 자동차 주식회사
사륜사업본부
사륜개발센터 LPL실
LPL 수석 엔지니어

**히로토 스즈키**
Hiroto SUZUKI

혼다 자동차공업 주식회사
사륜사업본부 사륜개발센터
파워 유닛 개발 총괄부
파워 유닛 개발 2부
에너지원 개발과

**미토가와 테루마사**
Terumasa MITOGAWA

혼다자동차공업 주식회사
사륜사업본부 사륜개발센터
파워 유닛 개발 총괄부
파워 유닛 개발 일부
중대형 파워 유닛 성능 개발과

**오쿠야마 칸타**
Kanta OKUYAMA

혼다 자동차공업 주식회사
사륜사업본부 사륜개발센터
파워 유닛 개발 총괄부
파워 유닛 개발 2부
구동 모듈 개발과

**가네카스 마사시**
Masashi KANEKASU

혼다자동차공업 주식회사
전동화사업개발본부 BEV개발센터
BEV 완성차 개발 총괄부
BEV 차량 3부
다이나믹 완성 성능 개발과

# CHAPTER **03** CATALOGUE

## 신형 BEV의 배터리는 어떻게 만들어지는가?

### >>> 배터리 팩 구조와 생산 라인 살펴보기 <<<

보급이 정체기에 접어들었다고도 말해지는 BEV이지만, 유럽 제조사들의 적극적인 신형 모델 투입은 여전히 계속도 고 있다.
이번 글에서는 최근 출시된 신형 BEV들의 배터리 및 탑재 레이아웃의 특징, 생산 공장의 현장 상황과 주요 이슈 등에 대해 설명한다.
본문 : MFi   사진 & 그림 : BMW／AUDI／VOLVO／VOLKSWAGEN／RENAULT／MERCEDES-BENZ／BYD／NISSAN／TOYOTA

## ● MINI COUNTRYMAN

미니 컨트리맨

**다양한 브랜드 차량을 동시에
생산하는 BMW의 차세대 생산 라인**

**SPEC.**

**배터리 용량** : 66.45kWh
**종류** : 삼원계
**WLTC 모드 1회 충전 주행거리** : 482km/451km
(미니 컨트리맨 E/SE ALL4)

내연기관(ICE)을 탑재한 컨트리맨의 생산이 시작된 지 4개월 후인 2024년 3월, BMW 라이프치히 공장에서 배터리 전기차(BEV) 컨트리맨의 생산이 시작되었다. 이 공장은 약 16억 유로를 투자하여 유연한 생산 시스템을 구축, BMW와 미니(MINI)의 다양한 파워트레인 차량을 혼류 생산할 수 있도록 설계되었다. 또한, 5세대 고전압 배터리의 셀 코팅, 모듈 생산, 조립 공정이 모두 이 라이프치히 공장에서 수행되며, 연간 최대 30만 개의 배터리를 생산할 수 있는 능력을 갖추고 있다.

# AUDI Q6 e-tron

아우디 Q6 e-tron

**차세대 BEV 플랫폼의 탁월한 성능**

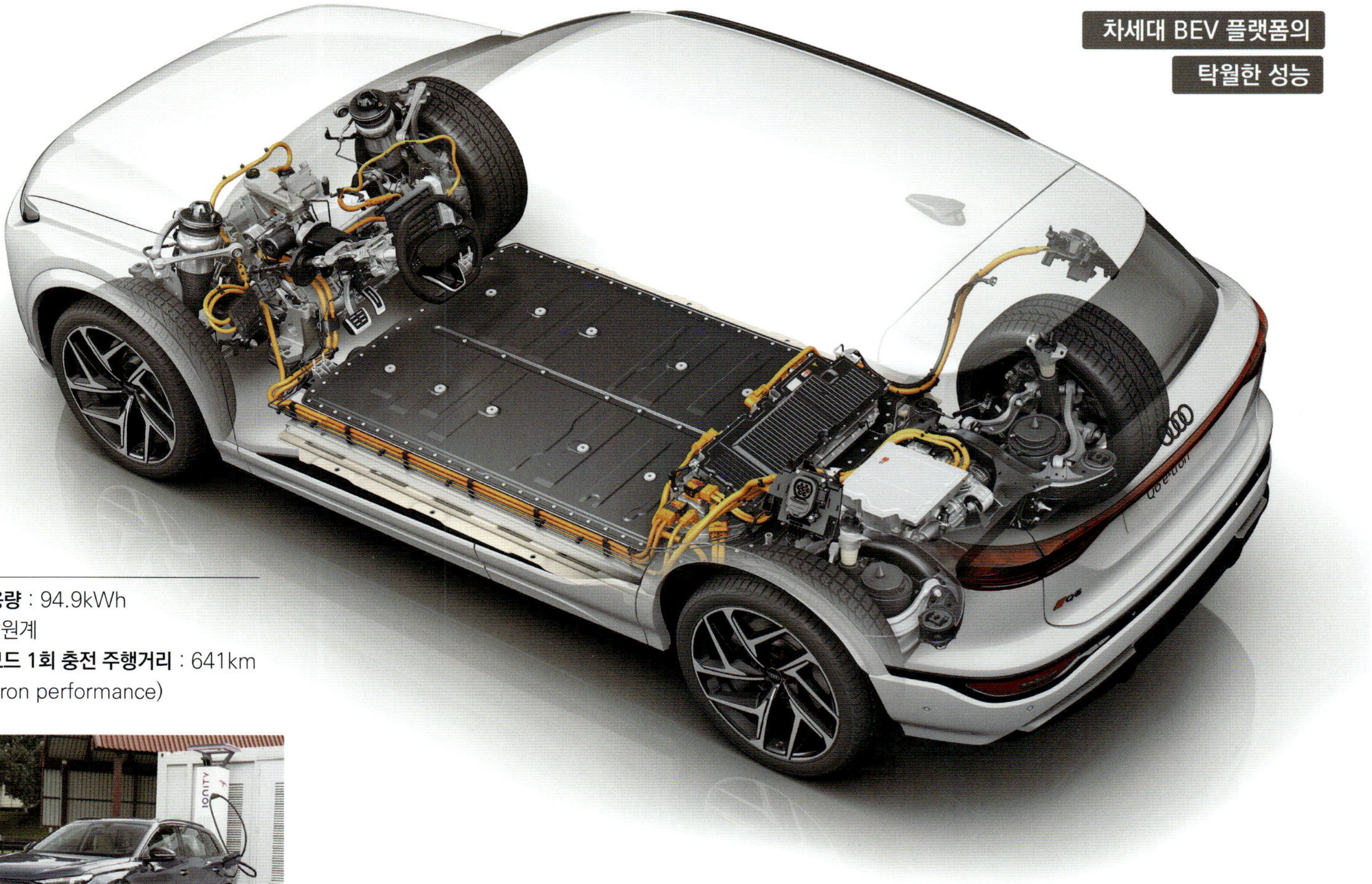

SPEC.

**배터리 용량** : 94.9kWh
**종류** : 삼원계
**WLTC 모드 1회 충전 주행거리** : 641km
(Q6 e-tron performance)

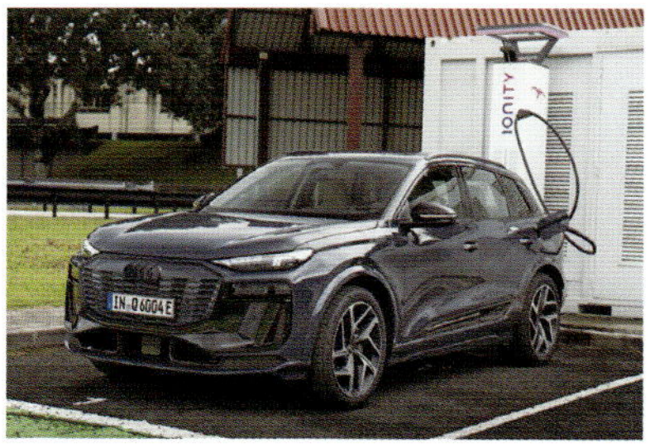

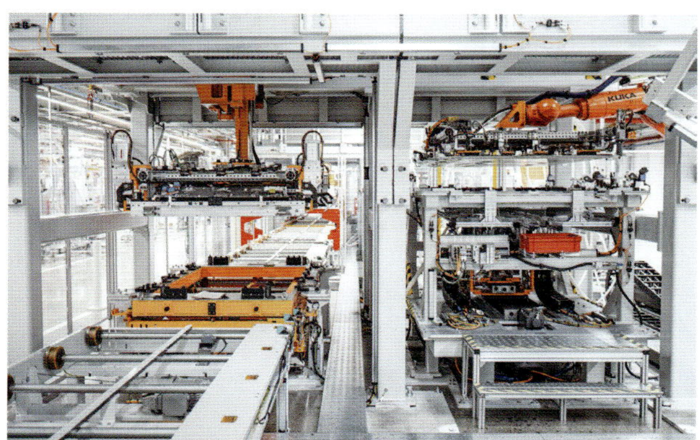

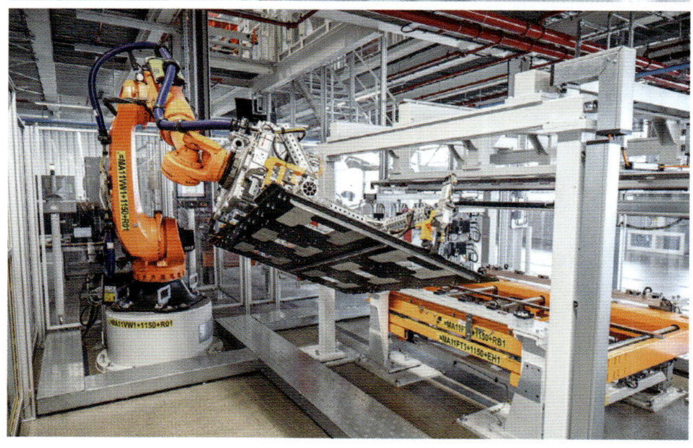

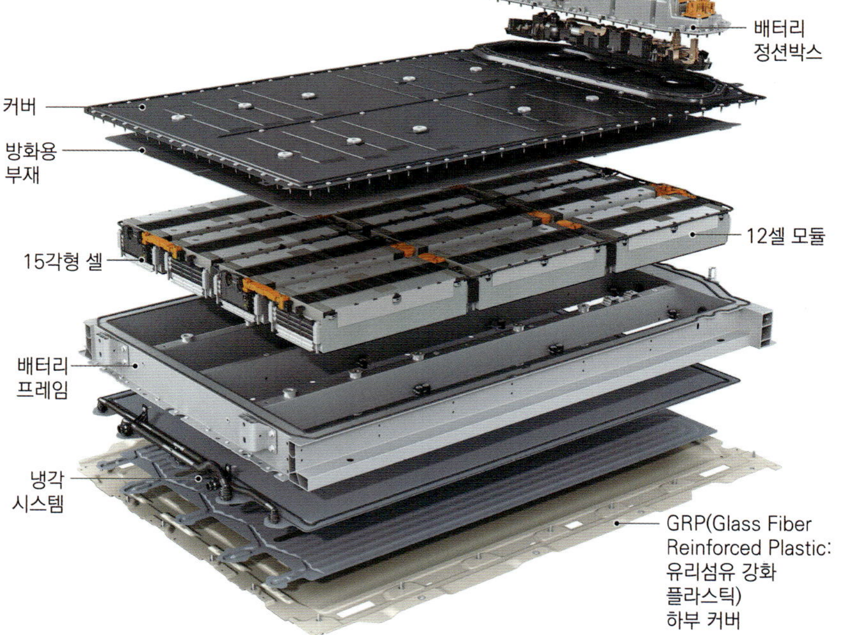

PPE(Premium Platform Electric)로 명명된 아우디/포르쉐 공동 개발의 차세대 BEV 아키텍처, 그 아우디의 첫 번째 모델이 신형 Q6 e-tron이다. 포르쉐에서는 신형 마칸에 사용된다. 배터리 생산은 잉골슈타트 공장에서 이루어지며, 셀은 중국 CATL이 공급한다. 고도의 열 관리와 최대 충전 출력 270kW의 급속 충전을 지원하여 긴 항속거리와 단시간 충전으로 프리미엄급 BEV에 요구되는 편의성을 확보했다.

SPEC.

**배터리 용량** : 111kWh
**종류** : 삼원계
**WLTC 모드 1회 충전 주행거리** : 600km
(사전 설정된 목표치 기준 수치)

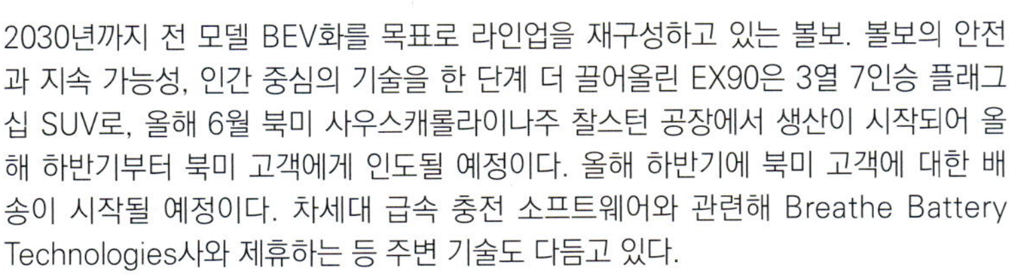

2030년까지 전 모델 BEV화를 목표로 라인업을 재구성하고 있는 볼보. 볼보의 안전과 지속 가능성, 인간 중심의 기술을 한 단계 더 끌어올린 EX90은 3열 7인승 플래그십 SUV로, 올해 6월 북미 사우스캐롤라이나주 찰스턴 공장에서 생산이 시작되어 올해 하반기부터 북미 고객에게 인도될 예정이다. 올해 하반기에 북미 고객에 대한 배송이 시작될 예정이다. 차세대 급속 충전 소프트웨어와 관련해 Breathe Battery Technologies사와 제휴하는 등 주변 기술도 다듬고 있다.

# VOLKSWAGEN ID.Buzz GTX

폭스바겐 ID.Buzz GTX

SPEC.

**배터리 용량** : 77kWh／85kWh
**종류** : 삼원계
**WLTC 모드 1회 충전 주행거리** : ---

오랫동안 폭스바겐의 아이콘으로 사랑받아온 '타입 2'를 BEV로 부활시킨 'ID.Buzz'. 1모터 RWD의 표준 ID.Buzz와 달리 앞뒤 2모터 AWD에 토잉까지 고려한 전용 익스테리어/인테리어를 채용한 GTX가 올해 3월에 발표되었으며, 일본에서는 올해 9월부터 출시될 예정이다. 앞서 판매 중인 ID 시리즈와 동일한 MEB 플랫폼을 채택하고 배터리도 같은 계열의 배터리를 사용하며, 대형과 소형 2가지 사이즈로 출시될 예정이다.

# RENAULT 5 E-TECH ELECTRIC

르노 5 E-테크 일렉트릭

**과거의 명작 해치백이**
**컴팩트 BEV로 부활**

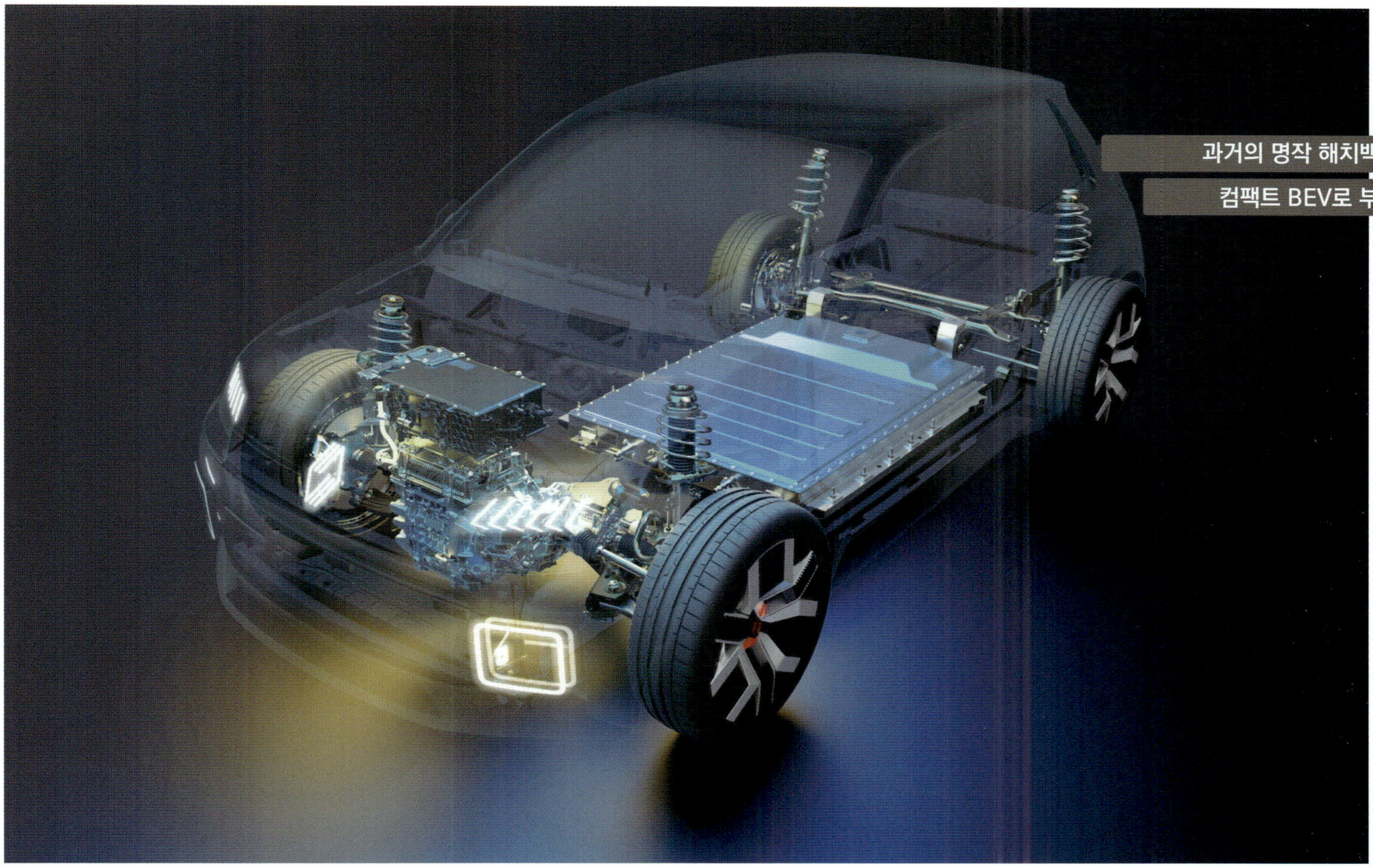

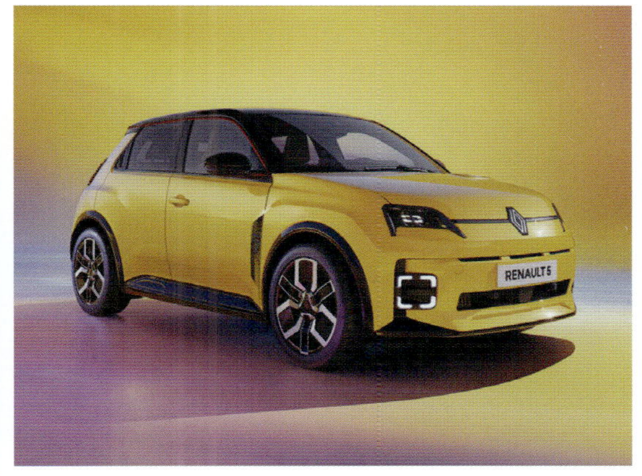

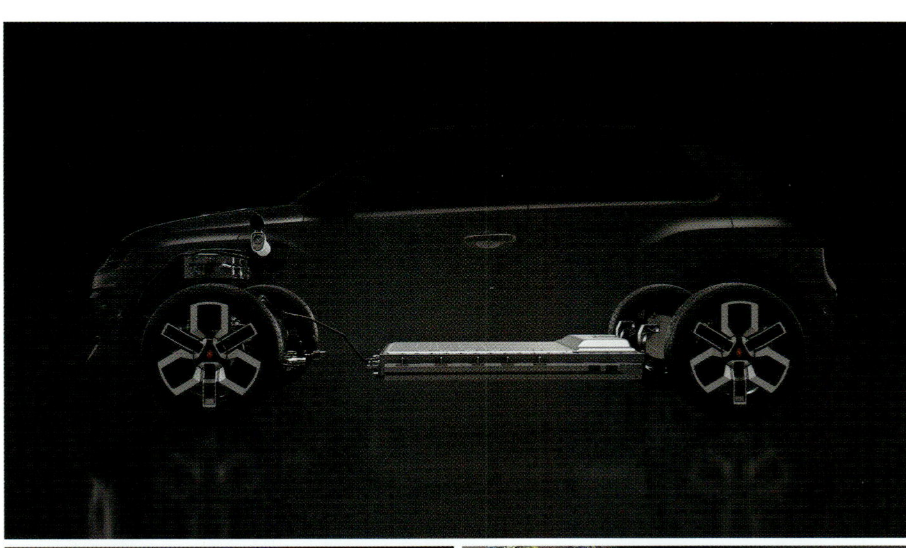

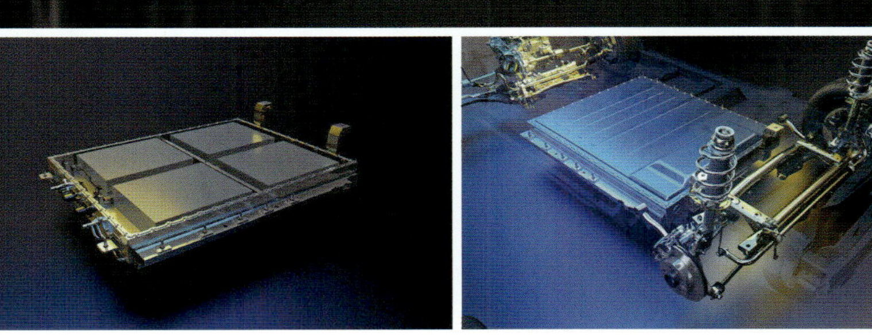

SPEC.

**배터리 용량** : 40kWh/52kWh
**종류** : 삼원계
**WLTC 모드 1회 충전 주행거리** : 300km/400km

2021년에 발표된 르노 5를 전기차르 부활시키는 프로젝트가 드디어 시판 시기를 맞이했다. 외관은 과거의 '5'를 모티브로 한 닛산-미쓰비시-르노 얼라이언스의 AmpR Small 플랫폼을 채택한 FWD로 전장 3920mm, 전폭 2540mm의 콤팩트한 차체다. 전기 파워트레인은 선행 모델인 메간/세닉 E-TECH 보다 소형화를 추진하며, 배터리도 구조가 단순하고 가벼운 차세대 배터리를 탑재한다.

# MERCEDES-BENZ G-Class with EQ Technology

메르세데스-벤츠 G-Class with EQ Technology

**'변하지 않는 것'을 옳다고 여겨온**
**G 클래스에도 밀려오는 전동화의 흐름**

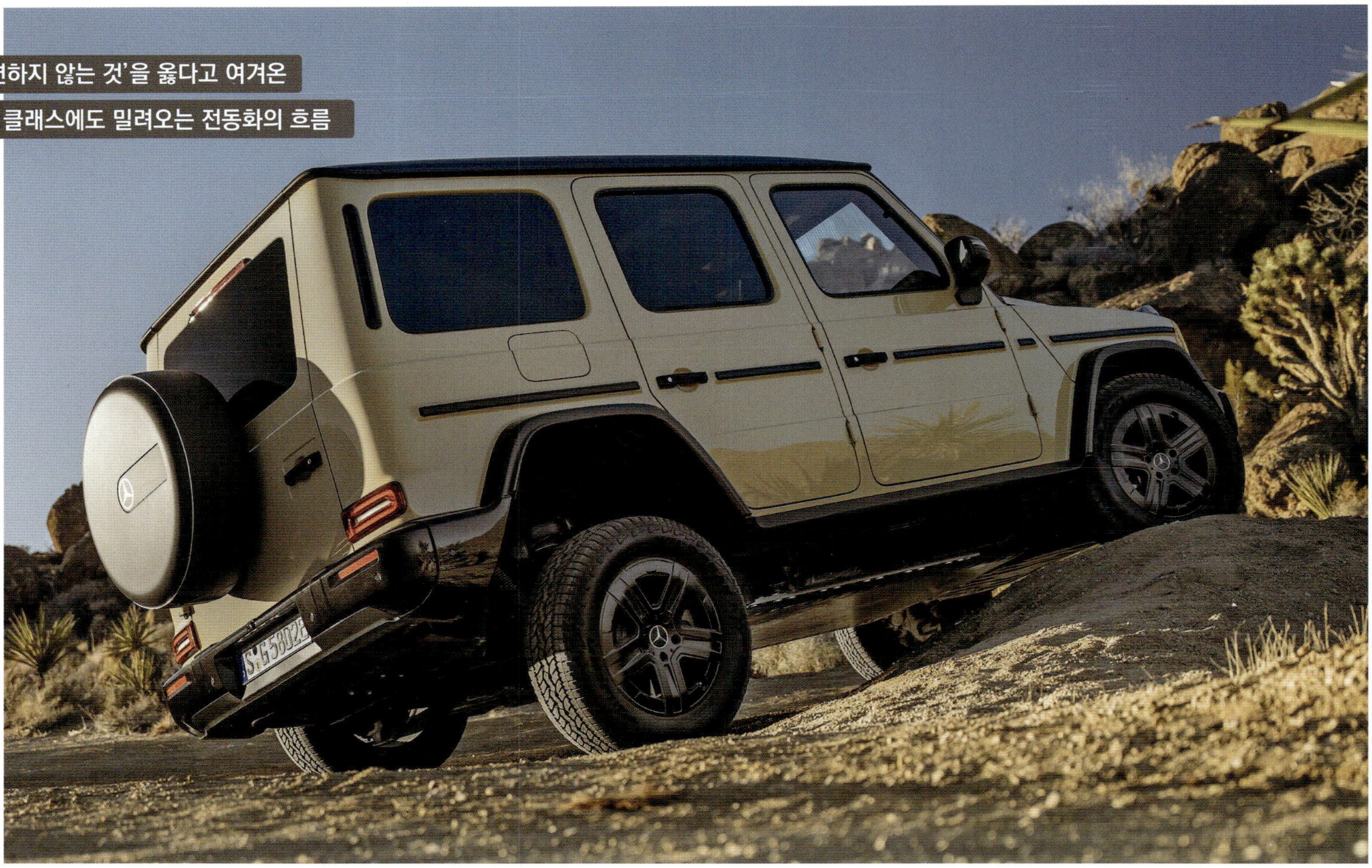

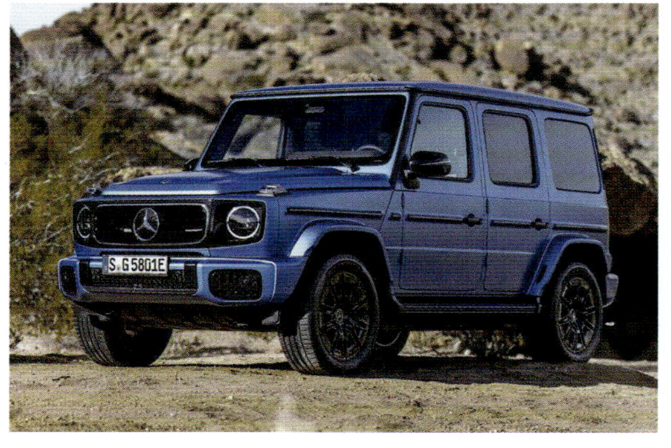

SPEC.

**배터리 용량** : 116kWh
**종류** : 삼원계
**WLTC 모드 1회 충전 주행거리** : 473km (G580)

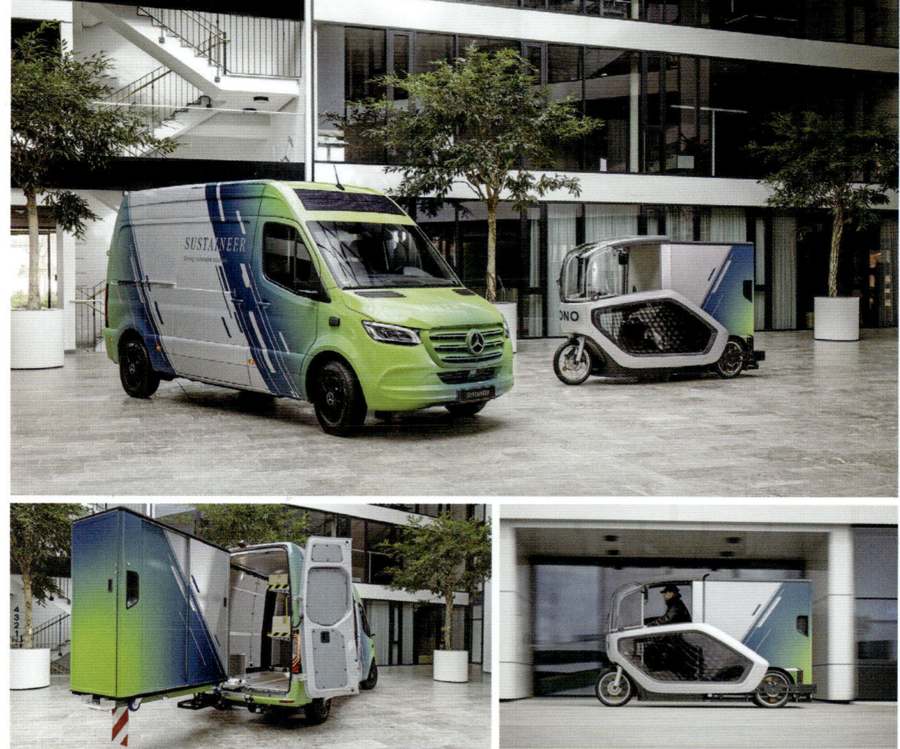

드디어 BEV 사양의 G-Class의 양산형 모델이 발표되었다. 콘셉트 모델 'EQG'에서 'G-Class with EQ Technology'가 정식 명칭이 되었으며, ICE 차량과 마찬가지로 골격은 래더 프레임, 4륜 각각에 모터를 조합하여 오프로드에서는 탱크처럼 정해진 구역의 선회가 가능하다. 이 밖에도 지난 4월에는 BEV 밴과 전기 오토바이를 결합해 짐을 운반하는 'SUSTAINEER'라는 콘셉트(오른쪽 사진)도 발표했다.

# ● **BYD** SEAL / ATTO3

BYD 씰/아토3

**SPEC.**

**배터리 용량** : 82.56kWh
**종류** : 인산철
**WLTC 모드 1회 충전 주행거리** : 640km/575km
(SEAL / SEAL AWD)

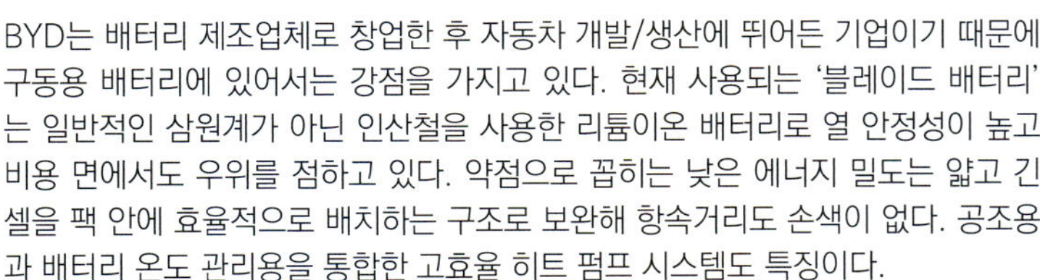

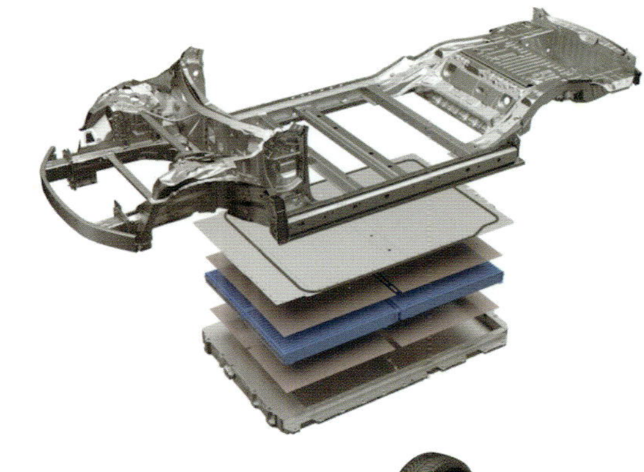

BYD는 배터리 제조업체로 창업한 후 자동차 개발/생산에 뛰어든 기업이기 때문에 구동용 배터리에 있어서는 강점을 가지고 있다. 현재 사용되는 '블레이드 배터리'는 일반적인 삼원계가 아닌 인산철을 사용한 리튬이온 배터리로 열 안정성이 높고 비용 면에서도 우위를 점하고 있다. 약점으로 꼽히는 낮은 에너지 밀도는 얇고 긴 셀을 팩 안에 효율적으로 배치하는 구조로 보완해 항속거리도 손색이 없다. 공조용과 배터리 온도 관리용을 통합한 고효율 히트 펌프 시스템도 특징이다.

## > **NISSAN** SAKURA

닛산 사쿠라

**SPEC.**

배터리 용량 : 20kWh
종류 : 삼원계
WLTC 모드 1회 충전 주행거리 : 180km

리프에 탑재된 배터리와 동일한 라미네이트 타입의 셀을 사용하며, 얇은 형상을 활용하여 적층 개수를 달리하여 모듈의 크기를 세밀하게 조정하여 경차의 좁은 실내 공간에 효율적으로 탑재할 수 있도록 했다. 셀 사이에 끼워진 구리 전열판을 에어컨 냉매로 직접 냉각하는 배터리 냉각 시스템도 채택했다. 냉각 공기의 통로가 필요 없어 공간 면에서도 유리하다.

## > **TOYOTA** b Z4X

토요타 bZ4X



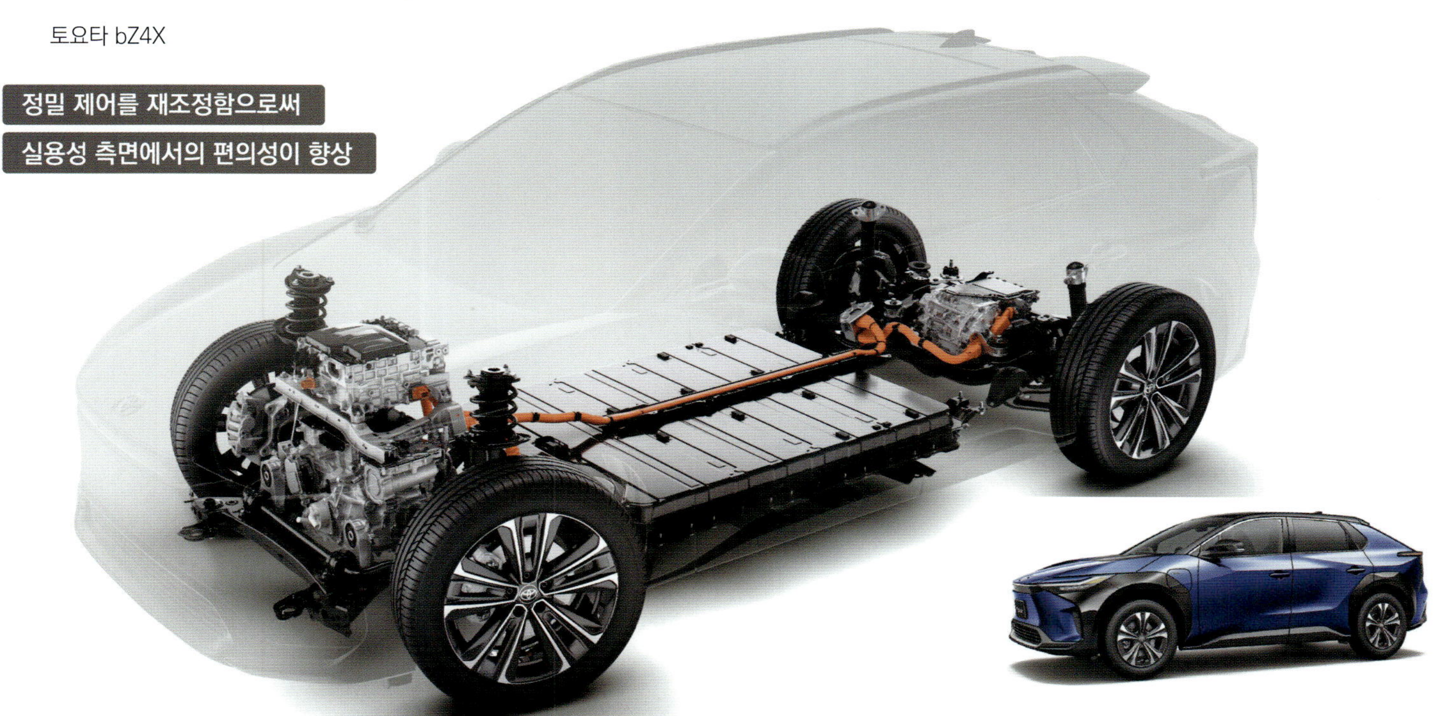

**SPEC.**

배터리 용량 : 71.4kWh
종류 : 삼원계
WLTC 모드 1회 충전 주행거리 : 567km / 551km
(G FWD / G E-Four)

토요타와 스바루의 협업으로 개발된 BEV로, 2023년 일부 개선을 통해 배터리 열 관리를 개선하고, 냉간 시 워밍업 성능 향상 등으로 저온에서의 급속 충전 시간을 최대 30%까지 단축했다. 에어컨 의존도를 낮추고 시트/스티어링 히터를 더 많이 활용하는 공조 제어의 재검토도 실시해 겨울철 실주행거리 연장을 실현했다.

# 철도의 주행용 배터리 사용법


도해 특집
배터리 최신 동향 2024
**Column**


철도에서의 모터 구동 차량은, 전차선에서 전기를 공급받는 전동차나 디젤 발전기를 탑재한 전기식 기동차가 일반적이었다. 그러나 현재는 주행용 대용량 배터리를 탑재한 하이브리드 차량이나 축전지 전동차가 등장하고 있다.

본문 & 사진 : 마츠누마 타케루

**← 히타치제 하이브리드 차량용 주회로 배터리**

히타치 오토모티브 시스템즈(당시)가 제조한 고출력 밀도형 리튬이온 배터리 모듈 MA2a(48셀 직렬 연결)를 1량당 8대를 직렬 2군 구성으로, 총 16대를 탑재하고 있다. 2군 구성으로 한 이유는 이중화(冗長性: redundancy)를 확보하기 위함이다. 전압은 680V, 총 에너지 용량은 15.2kWh

**↑ 히타치제 차량 탑재 축전 시스템**

게이오 전철 5000계에 탑재된 차량 탑재 축전 시스템은 하이브리드 시스템을 응용한 것이다. 회생 제동 시 전차선으로 되돌릴 수 없는 전력을 충전하고, 주행 시 방전하여 주행을 보조한다. 공행이나 정차 시에는 전차선으로부터 다른 차량의 회생 잉여 전력도 흡수할 수 있으며, 정전 시에도 자력 주행이 가능

**← 히타치제 교류 축전지 전동차용 배터리**

히타치 화학(당시)이 제조한 고에너지 밀도형 리튬이온 배터리 CH75-6(6셀 직렬 연결)을 72개 직렬로 연결하여 1598V·75Ah(약 120kWh)의 축전지 뱅크를 구성하였다. 이 뱅크를 3개(총 216개 셀) 사용하여 총 에너지 용량은 약 360kWh에 달한다. JR 큐슈 BEC819계, JR동일본 EV-E801계에 탑재

모터로 구동하는 대부분의 철도 차량은 전차나 전기 기관차로 분류되며, 이들은 가선이나 제3궤도 등 전차선을 통해 외부로부터 전력을 수집하여 주행한다. 반면, 전기식 동력차와 전기식 디젤 기관차는 자체에 탑재된 디젤 발전기로 전기를 생산하고, 이 전기를 이용해 모터를 구동하는 방식을 취한다. 이러한 구조에서는 외부에서의 전력 공급이 필요 없기 때문에, 일반적으로 주행용 배터리는 사용되지 않는다.

물론 철도 차량 중에도 주행용 배터리를 탑재한 사례가 존재하며, 현재는 자동차의

HEV(Hybrid Electric Vehicle: 하이브리드 전기차)에 해당하는 직렬 방식의 하이브리드 철도 차량(기관차)과, 자동차의 BEV(Battery Electric Vehicle: 배터리 전기차)에 해당하는 축전지 전차가 실용화 단계에 있다. 이들 차량은 모두 전철이 설치되지 않은 구간에서 운행되던 액체식 동력차와 액체식 디젤 기관차를 대체하기 위해 개발된 것이다. 개발 목적은 디젤 엔진의 폐지 또는 부하 경감을 통한 환경 개선, 액체 변속기 등 오일계 부품의 제거, 그리고 모터 구동 방식으로의 전환을 통한 전차와 부품의 공용화를 실현하여 비용 절감을 도모하는 데 있다. 또한 디젤 발전기를 연료 전지로 대체한 연료 전지 하이브리드 차량에 대한 시험도 현재 진행 중이다.

하이브리드 차량과 축전지 전차는 모두 주 축전지로 LIB(Lithium Ion Battery: 리튬이온 배터리)를 탑재하고 있다.

세계 최초로 하이브리드 철도 차량을 도입한 JR 동일본의 하이브리드 시스템은 히타치 제작소가 개발한 기술이다. 이 시스템에 사용된 하이브리드 차량용 배터리는 당시 히타치 그룹의 계열사였던 히타치 오토모티브 시스템즈가 자동차용으로 개발한 고출력 밀도형 LIB이다. 이 배터리는 축전지 출력의 균형성과 더불어 회생 제동 시 생성되는 전력을 단시간에 고속으로 충전할 수 있는 성능이 특징이다. 현재 이 배터리는 JR 동일본의 키하 E200계, HB-E210계, HB-E300계를 비롯하여 JR 규슈의 YC1계 차량에도 채택되고 있다.

히타치는 교류 방식의 축전지 전차에 적용하기 위한 축전지 시스템도 개발 중이다.

이러한 축전지 전차에서는 긴 주행 거리를 확보하기 위해 대용량의 배터리가 필수이며, 이를 위해 히타치는 그룹사였던 히타치 화학(당시)이 제조한 고에너지 밀도형 LIB를 채택하였다. 이 배터리는 소형이면서도 대용량 시스템의 구성이 가능하다는 장점이 있으며, −20℃와 같은 저온 환경에서도 출력 성능의 저하를 크게 억제할 수 있는 것이 특징이다. 현재 이 배터리 시스템은 JR 큐슈의 BEC819계, JR 동일본의 EV-E801계 차량에 채택되어 운용되고 있다.

히타치는 하이브리드 시스템의 기술을 응용하여 차량용 축전 시스템을 개발하고, 이를 게이오 전철 5000계 차량에 탑재하였다. 이 시스템은 VVVF(Variable Voltage Variable Frequency: 가변 전압 가변 주파수) 인버터 장치와 연동되어 주행, 즉 가속

### GS 유아사제 리튬이온 배터리 시스템

← JR화물의 하이브리드 기관차 HD300형은 입환 작업에 특화된 것이 특징이다. 리튬이온 배터리 시스템은 GS 유아사의 산업용 리튬이온 배터리 모듈 LIM30H-8A를 26셀 직렬 × 3열 병렬 구성으로 구성하였다. 정격 전압은 748.8V, 용량은 90Ah, 총 에너지 용량은 67.4kWh

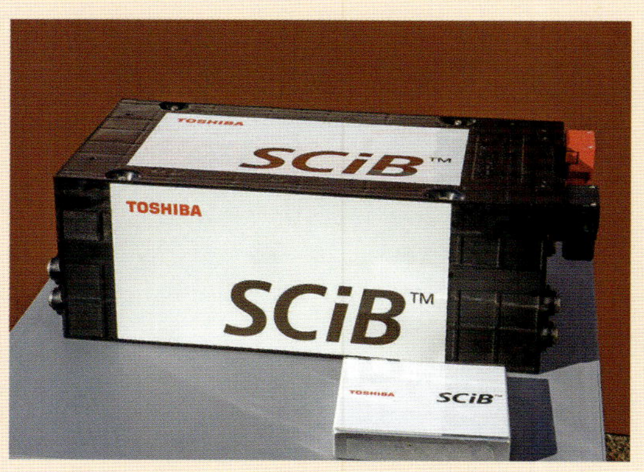
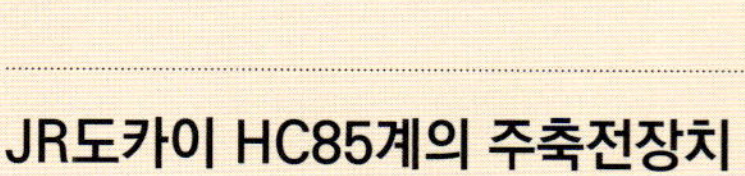

### 도시바 인프라시스템즈제 리튬이온 2차전지 SCiB

← 음극에 리튬 타이타네이트(티탄산리튬)를 채용하여 안전성, 수명, 급속 충전 성능, 높은 입출력 성능, 저온 특성, 넓은 유효 SOC(State of Charge: 충전 상태) 범위에서 우수하다. 사진 전면에 보이는 것이 셀이며, 모듈은 1셀 × 12셀 직렬 × 2열 병렬 구성

### JR도카이 HC85계의 주축전장치

→ JR도카이의 하이브리드 차량 HC85계의 주축전장치는 도시바 인프라시스템즈의 SCiB 모듈을 18셀 직렬 × 3열 병렬 구성으로 탑재하고 있다. 1량당 총 에너지 용량은 40kWh

### GS 유아사제 직류 축전지 전동차용 배터리

↑ JR동일본의 직류 축전지 전동차는 HD300형에도 탑재된 GS 유아사제 리튬이온 배터리 모듈 LIM30H-8A를 22셀 직렬 ×2군 구성으로 탑재하고 있다. 1량에는 1군 분량의 축전지 박스 5개가 탑재되며, 2량으로 시스템이 구성된다. 정격 전압은 633.6V, 총 에너지 용량은 190.1kWh

**소고차량제작소 ECOMO**

이른바 축전지 기관차 형태로, 보닛 부분에 SCiB를 22셀 직렬×5열 병렬×2세트 구성으로 탑재하고 있다. 용량은 225Ah이다. 최고 속도는 25km/h이며, 평탄 구간에서 1000톤, 20‰(퍼밀) 구배에서는 350톤의 견인력을 갖는다.

**신칸센 N700S의 자력주행용 배터리**

N700S에는 정전 시 등 비상 상황에서 대피하기 쉬운 장소까지 자력으로 이동할 수 있도록 자력주행용 배터리가 탑재되어 있으며, 약 30km/h 속도로 주행이 가능하다. 2026년도부터는 정전 시에도 공조 장치를 가동할 수 있는 기능이 추가될 예정

시에는 전력을 보조하여 전차선에서 소비하는 전력을 줄이는 역할을 수행한다. 또한 회생 제동 시 발생하는 전력의 일부를 흡수함으로써 전차선의 전압을 안정시키는 기능도 갖추고 있다. 더불어, 정전이 발생한 경우에는 저속·단거리의 긴급 이동이 가능하도록 설계되어 있다.

GS 유아사는 산업용 LIB 모듈인 LIM30H-8A를 사용한 축전지 시스템을 공급하고 있다. 이 시스템은 JR 화물 철도의 하이브리드 기관차 HD300형과 JR 동일본의 직류 축전지 전차 EV-E301계에 탑재되어 운용 중이다.

Toshiba Infrastructure Systems가 전개하고 있는 리튬 이온 2차 전지 SCiB(Super Charge ion Battery)는 철도 차량 분야에서도 채택이 점차 확대되고 있다. 하이브리드 차량에서는 JR 서일본의 87계 'Twilight EXPRESS Mizukaze'와 JR 도카이의 HC85계에 SCiB가 사용되고 있다. 또한 철도 차량 제조업체인 소고 차량 제작소 요코하마 사업소가 제작한, 리튬이온 배터리를 탑재한 견인차 ECOMO에도 SCiB가 채택되어 있다.

도시바의 SCiB는 비상 주행용 전원 장치에도 폭넓게 사용되고 있다. 도쿄 메트로 2000계 차량의 비상 주행용 전원 장치를 비롯하여, JR 도카이·JR 서일본·JR 큐슈의 신칸센 N700S에 탑재된 배터리 자행 시스템, JR 도카이 315계의 비상 주행용 축전 장치, 그리고 JR 동일본 E235계(요코스카·소부 쾌속선)의 비상 주행용 전원 장치에도 SCiB가 사용되고 있다. 이러한 시스템들은 주로 정전이 발생했을 때 철교나 터널 내에서 정차한 차량을 대피가 용이한 위치로 이동시키기 위한 목적으로 운용된다. 또한, 도쿄 메트로 2000계의 비상 주행용 전원 장치는 평상시에도 주행을 보조하는 기능을 수행한다.

이 외에도 오다큐 전철 5000계는 회생 제동이 작동하지 않는 상황에 대비하여 SCiB를 사용한 축전지를 탑재하고 있다. 이는 주변에 전철이 없어 회생 전력을 전차선으로 되돌릴 수 없는 경우를 위한 조치이며, 흡수된 전력은 차량 주행에는 사용되지 않고, 보조 전원 장치의 전력 공급을 보조하는 용도로 활용된다.

하이브리드 차량과 축전지 전철을 통해 발전한 배터리 기술은 앞으로도 다양한 분야에서 더욱 폭넓게 응용될 것으로 예상된다.

CHAPTER **04** **ADVANCED**

# 분자의 입장이 되어 재료를 생각한다

**효고현립대학** >>> **마츠오 요시아키 교수**

이온이 양극과 음극 사이를 이동하면서 충방전을 수행하는 화학 전지의 과제 중 하나는,
이온이 "드나들기" 쉬우면서도 이온과 적당한 친화성을 지닌 소재로 견고한 "선반"을 만드는 일이다.
이러한 과제를 독창적인 발상으로 해결하고자 하는 차세대 전지를 연구하는 대학 연구자를 취재했다.

본문: 마키노 시게오(牧野茂雄)

이 잡지에서 마쓰오 교수의 연구에서 특히 주목한 부분은, 배터리의 음극재로 일반적으로 사용되는 흑연을 '배터리에 적합한 구조로 만드는' 두 가지 접근 방식이다. 첫 번째는 그래핀과 유사한 구조를 갖는 '그래핀 라이크 흑연'이며, 두 번째는 풀러렌 구조에 간격을 두어 층을 형성한 '필라화 풀러렌'이다.

그래핀 유사 흑연(GLG: Graphene-Like Graphite)은 결정 구조 자체는 흑연과 동일한 3차원 구조를 가지지만, 내부에는 산소 원자가 불규칙하게 분포해 있으며, 시트 구조 곳곳에 구멍이 뚫려 있는 것이 특징이다. 저자는 이 구조를 처음 웹상에서 발견했을 때, 놀라움과 감탄을 표현하며 "와~"라고 느꼈다고 서술하고 있다. 일반적인 층상 흑연 구조는 밀푀유처럼 겹겹이 쌓인 시트 형태를 이루며, 양극에서 이동해 온 이온은 이 시트들 사이의 틈에 저장된다. 이는 마치 바닥이 많은 건물과 같은 개념이다. 반면, GLG는 그 바닥면 또는 천장에 해당하는 시트에 구멍이 나 있어, 보다 효율적인 이온의 출입이 가능하다. 이 구조의 개발은 국립 연구개발법인 과학기술진흥기구가 추진한 첨

단 저탄소 기술 개발(ALCA) 프로젝트의 일환으로 진행되었으며, 다수의 공동 연구자의 협력을 통해 탄생한 연구 성과라고 소개되어 있다.

이 연구의 계기는 지금으로부터 약 30년 전으로 거슬러 올라간다. 당시 연구팀은 산소를 포함한 흑연 재료를 다루고 있었는데, 현재는 '산화 그래핀'으로 불리는 이 물질은 당시에는 '산화 흑연'이라고 불렸다. 이를 실험 도중 우연히 가열한 결과, 시트 구조에 구멍이 뚫린 새로운 구조가 형성되었고, 이 구조를 배터리의 극재로 사용하면 리튬 이온 수용량을 증가시킬 수 있다는 사실이 밝혀졌다. 일반 흑연과 비교했을 때, 이 구조는 최대 1.7~1.8배에 달하는 리튬 이온을 흡수할 수 있으며, 전압은 다소 낮아지지만 에너지 밀도의 기준으로는 약 1.5배 향상된 성능을 보인다고 설명하고 있다.

마쓰오 교수는 그래핀 유사 흑연(GLG) 의 제조 방법에 대해 다음과 같이 설명하였다. 먼저, 진공 상태에서 산소를 주입한 뒤 그래파이트를 가열하면 산소가 제거되는데, 이때 산소는 탄소와 결합되어 일부는 물($H_2O$), 또는 CO(일산화탄소)와 $CO_2$(이산화탄소)로 전환된다. 이 과정에서 탄소 분자의 일부가 제거되면서 시트 구조에 미세한 구멍이 형성된다. 반응 환경은 반드시 진공일 필요는 없으며, 질소와 같은 불활성 가스를 주입한 조건에서도 동일한 구조를 얻을 수 있다. 생성되는 구멍의 양과 크기는 주입한 산소의 양과 가열 온도에 따라 달라지며, 전극재로 사용할 경우에는 배터리의 요구 성능에 맞춰 산소량을 조절하여 구멍의 크기와 밀도를 조절하게 된다.

형성된 구멍의 크기는 약 1~5나노미터 정도라고 한다. 이러한 미세한 구멍이 시트 구조에 존재함으로써, 리튬 이온이 층 사이를 보다 자유롭게 이동할 수 있게 되며, 이온은 자신이 들어가기 쉬운 '구멍이 있는 위치'를 선택하여 흡수된다. 결과적으로, 일반 흑연 구조보다 더 많은 이온을 수용할 수 있는 구조가 형성된다. 저자는 이와 같은 이온의 이동 모습을 머릿속에 자연스럽게 그려보게 되었다.

다만, 이 기술에는 개선이 필요한 과제가 남아 있다. 대량 생산을 위해서는 먼저 산화제를 사용하여 흑연어 산소를 주입하는 공정을 거치게 되는데, 이 과정에서 폐기물이 발생하며 작업 환경과 안전에 대한 고려가 필요하다. 또한, 현재의 연구 단계에서는 가능한 한 고성능의 전해질을 사용하여 실험을 진행하고 있지만, 실제 실용화 단계에서 어떤 전해질이 가장 적합한지는 아직 충분히 검증되지 않았다.

또 하나의 연구 대상인 기둥형 풀러렌은, 그 이름처럼 기둥 형터를 띠는 풀러렌 구조이다. 풀러렌(Fullerene)은 탄소 원자들이

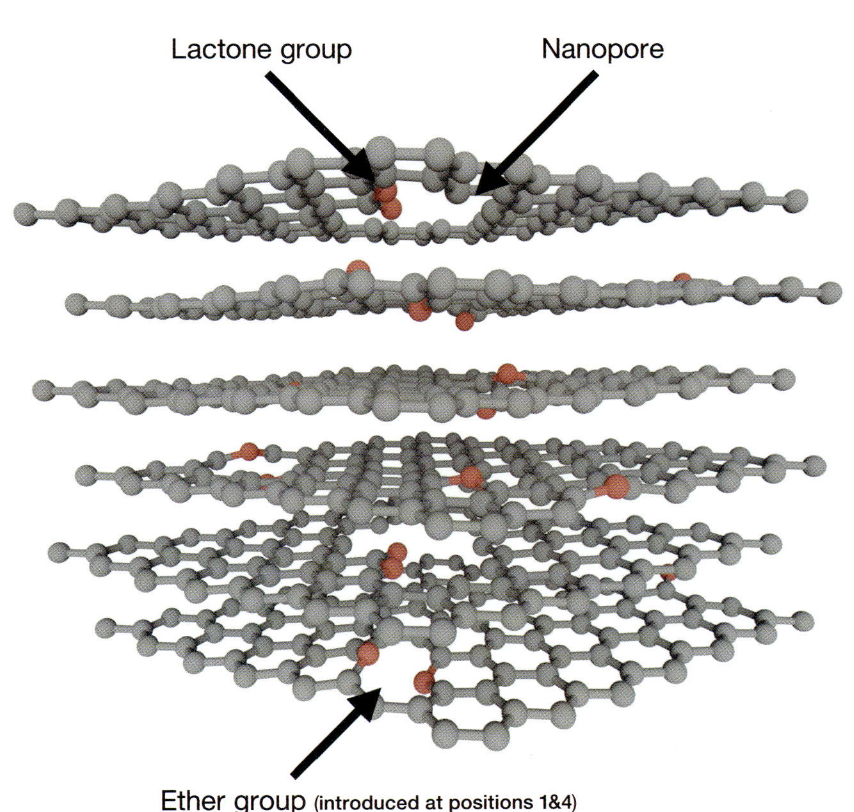


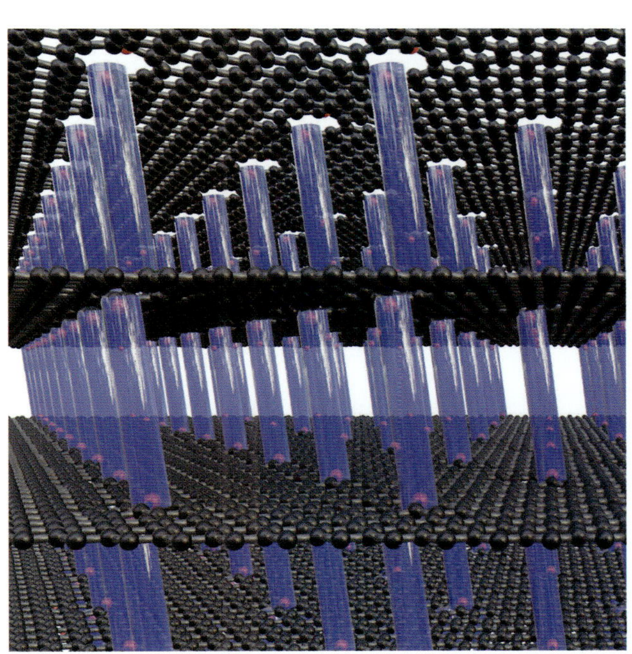

**그래핀 유사 그래파이트와 필러화 풀러렌의 조합**

좌측은 GLG(그래핀라이크 그래파이트)로, 건축물처럼 층상 구조를 이룬 그래파이트에 군데군데 구멍이 나 있고 동시에 산소도 점재해 있다. 이동해온 이온은 이 층상의 틈새에 수용된다. 하단은 탄소와 실리콘으로 기둥(필러) 구조를 형성한 필러화 풀러렌이다. 이 두 가지를 따로따로가 아닌 하나로 결합하면, "윗층에서 아랫층으로 이동하기 쉽고 견고한 건물"을 떠올릴 수 있다.

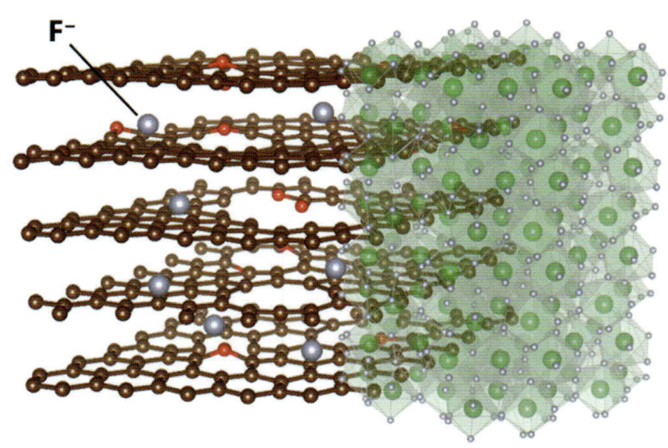



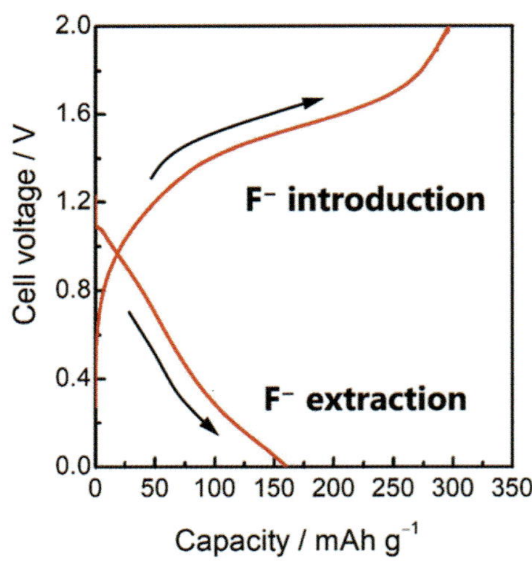



미국에서 발표된 논문에서는, 그래파이트 산화물을 열처리한 GLG(그래핀라이크 그래파이트)를 극재로 사용하고, 플루오르 이온(F-), 란타넘(La), 바륨(Ba)의 조합을 통해 유입(introduction) 및 유출(extraction) 시의 전압과 용량(Ah: 암페어시)을 측정하였다. 다른 논문들을 살펴보면, GLG의 산소 함유량, 층간 간격, 전해질의 종류 등 다양한 요소들의 균형을 실험한 내용이 확인된다.

결합하여 구형을 이루는 화합물로, 이 구조를 기둥 모양으로 변형한 것이 기둥형 풀러렌이다. 처음에는 탄소 분자들을 마치 탄소 나노튜브처럼 엮어 파이프 형태로 만들 것이라고 상상했는데, 실제 구조는 그 예상과 거의 일치하였다.

기둥형 풀러렌의 구조적 역할에 대해 연구자는 다음과 같이 설명하였다. 흑연 구조의 층 사이에 기둥을 세워 고정하는 방식이며, 이 구조는 LIB(Lithium Ion Battery: 리튬이온 배터리)에서 리튬 이온이 이동할 수 있도록 매개체 역할을 하는 전해질과 밀접한 관계가 있다. 현재 LIB에 사용되는 전해질은 대부분 액체 상태이지만, 이를 고체로 바꾼 것이 SSB(Solid State Battery: 전

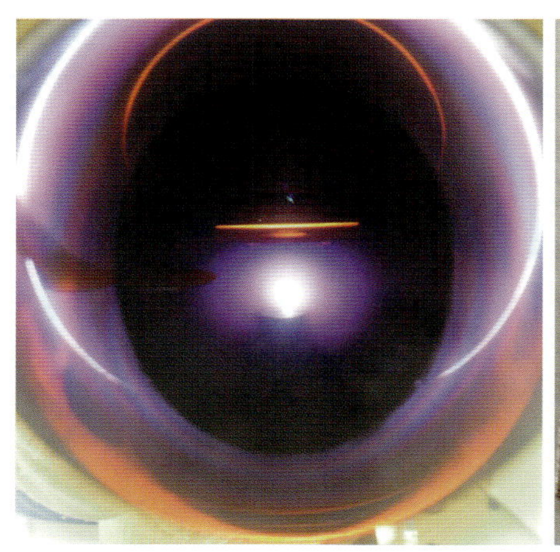

**시험용 모델 전극을 제작**

↑ 좌측은 펄스 레이저 증착법(Pulsed Laser Deposition)을 이용한 새로운 공기 중 박막 제조 장치의 내부 모습이다. 이 장치를 통해 모델 전극을 제작하고, 각종 전기화학 분석법과 분광법을 활용해 표면 상태를 분석하며, 다양한 이온의 삽입 반응 속도 분석을 수행하고 있다. GLG(그래핀라이크 그래파이트)와 필러화 풀러렌은 이러한 모델 전극을 통해 기능과 효과가 확인되었다. 우측은 실제로 제조된 박막이다.

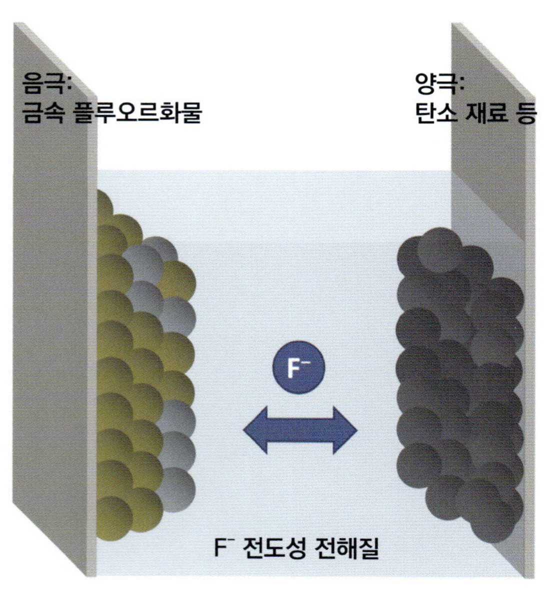



**플루오르화물 셔틀 전지**

↑ 전하 운반체로 리튬이온 등의 양이온이 아니라, 플루오르화물 음이온(마이너스 이온)을 이용한다. 이 모식도를 보면, 플루오르화물 셔틀 전지가 현재의 리튬이온 배터리(LIB: Lithium Ion Battery)와 동일한 구조를 가지고 있음을 알 수 있다. 마쓰오 교수는 이러한 이차전지의 전극 재료로 새로운 탄소 소재를 활용하는 연구를 진행 중이다.

고체 배터리)이다. SSB에서는 이온의 출입에 따라 전극 재료가 팽창하거나 수축하는데, 층과 층 사이의 간격이 줄어들면 이온의 이동이 어려워진다. 따라서 흑연 층 사이에 기둥형 탄소 구조를 삽입하면 신축을 억제할 수 있어, SSB에 적합한 음극 재료가 될 수 있다. 전극은 여러 입자가 모여 구성되며, 일반적인 액체 전해질은 이 입자들 사이 틈새까지 스며들어 이온의 이동을 가능하게 한다. 반면 SSB의 고체 전해질은 극재 입구에만 밀착되어 있기 때문에, 이온이 전극 내부 깊숙이 이동하기 위해서는 층간 구조의 안정성이 더욱 중요해진다. 이를 위해 층의 신축을 억제하는 구조가 요구되며, 기둥형 풀러렌이 이에 적합하다고 본다.

이러한 구조적 발상은 기둥형 풀러렌의 기본 아이디어로 이어진 것이다. 마쓰오 교수에 따르면, 이 아이디어는 원래 그래핀 층 사이의 좁은 틈에 수소 원자를 다량으로 저장하기 위한 수단으로 고안된 것이었다. 그

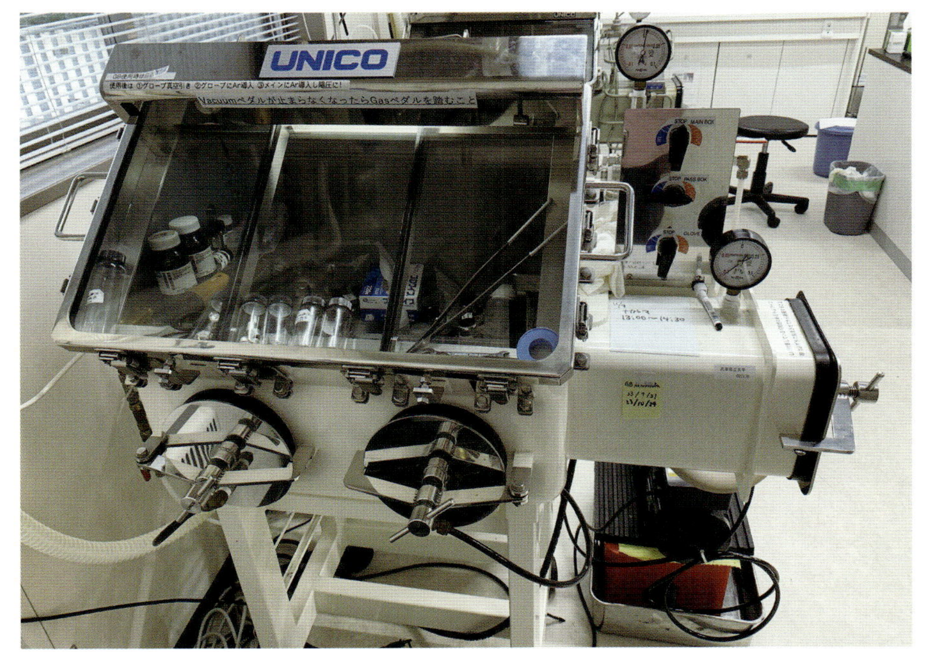



## 무기공업화학이라는 분야

← 마쓰오 교수의 연구 분야는 무기공업화학이라고 불린다. 무기화합물을 전지 재료로 사용할 때의 구조 분석 등을 수행해 왔다. 위 사진과 같은 장비를 사용한다. "전지를 연구하고 싶어 하는 학생도 있고, 그렇지 않은 학생도 있다. 현재 일본 전체적으로 보면 전지 관련 연구를 하는 연구실은 많다"라고 마쓰오 교수는 말한다. 연구실에는 15명의 학생이 재적 중이라고 한다.

## 필자가 제작한 '화학 전지 내부의 붕괴' 모식도

↓ 충방전을 반복하면 양극이든 음극이든 극재가 붕괴되기 시작하고, 수용할 수 있는 이온의 양이 감소한다. 생성된 침전물이 세퍼레이터를 관통하면 단락 사고로 이어진다. 따라서 극재의 선반 구조가 무너지지 않는 것이 매우 중요하다.

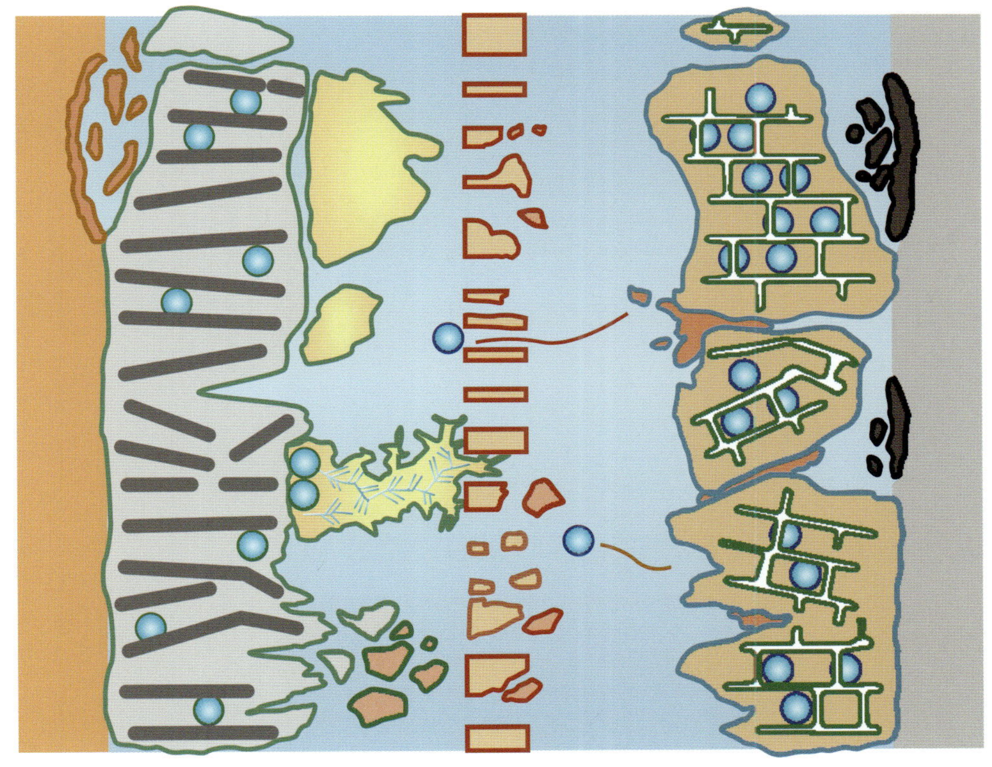

래핀 층의 간격을 넓히고, 그 간격을 안정적으로 유지하기 위해 기둥 구조를 삽입하는 방식을 떠올렸다고 한다.

이 기둥형 구조는 실리콘과 산소로 구성되어 있다. 탄소 측 구조에는 원래 산소가 존재하던 위치에 실리콘을 결합시켜 기둥을 형성하며, 기둥의 길이는 약 $2\mu m$ 정도이다. 이러한 틈 구조가 형성되면, 그 사이의 공간이 리튬 이온을 충분히 흡수할 수 있는 유효한 층으로 작용하게 된다. 기초가 되는 탄소 시트 조각의 크기는 약 $50\mu m$이며, 이 조각을 자세히 관찰하면 내부에 구멍이 뚫려 있고 산소 원자가 산재되어 있는 것을 확인할 수 있다. 이 상태에서 산소만을 포함한 채로 가열하면 GLG가 형성되며, 산소에 미리 실리콘을 결합한 뒤 가열하면 기둥형 탄소 구조가 생성된다.

마쓰오 교수에 따르면, 연구 과정에서 가장 어려웠던 점은 실리콘의 적정 투입량을 파악하는 것이었다고 한다. 실리콘의 양이 부족하면 원하는 기둥 모양의 구조가 형성되지 않기 때문에, 기둥 구조를 안정적으로 만들기 위해서는 정확한 투입량이 중요했다. 실리콘의 최적 비율을 찾는 데 많

은 시행착오와 실험이 필요했다고 교수는 설명한다.

마쓰오 교수는, 실제로 기둥형 구조를 제작하여 이를 음극의 극재로 사용한 결과, 이온의 수용 용량이 증가했다고 설명한다. 실험에서는 기존 구조에 비해 약 3배에 달하는 리튬 이온이 흡수되었으며, 이는 기둥 구조를 형성할 때 약 500℃의 고온에서 가열하여 구조가 견고하고 안정적으로 유지되기

때문이라고 한다. 기존과 마찬가지로 탄소를 음극의 활물질로 사용하면서도 이와 같은 방식으로 용량을 효과적으로 증가시킬 수 있으며, 짝을 이루는 양극 재료는 어떤 종류라도 상관없고, 전압 역시 큰 영향을 주지 않는다고 덧붙였다.

아마추어적인 발상이기는 하지만, GLG와 기둥형 풀러렌을 조합하면, 이온의 출입 속도가 빠르고 동시에 수용 능력도 뛰어난

## 작은 조각 하나하나에 '선반' 구조

아래의 전자현미경 사진에 보이는 작은 조각들은 각각이 극재이다. 일반적인 그래파이트계 전지에서는 위의 일러스트처럼 선반 구조가 존재하며, 선반과 선반 사이에 이온이 수용된다. 이러한 작은 조각들이 다수 모여서 '○○이온 전지'가 작동하게 된다. GLG(그래핀라이크 그래파이트)를 사용하면, 각각의 조각을 구성하는 '겹쳐진 층'에 미세한 구멍이 생겨 이온의 출입 속도가 빨라지고, 이온의 수용 능력도 증가한다.

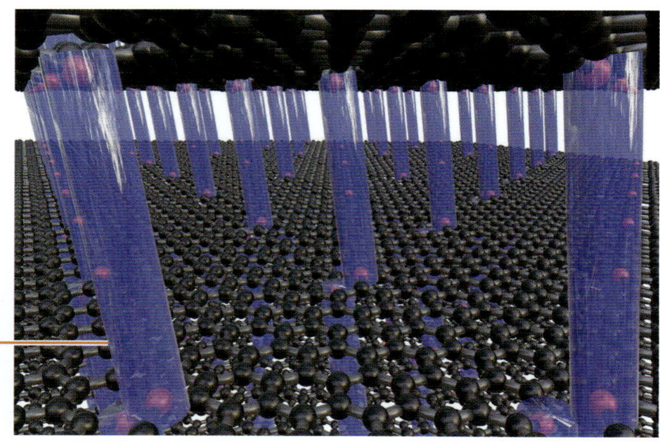

### 선반을 기둥으로 보강

그래파이트 층 사이에 필러화 풀러렌으로 기둥을 세우면, 이온의 출입에 따라 발생하는 층간 간격의 수축을 억제할 수 있다. 다시 말해, '선반'의 초기 상태가 오랫동안 유지된다. 각각의 탄소 조각은 약 50μm 크기이며, 그 내부의 각 층에 실리콘(Si)과 산소로 이루어진 필러(기둥)를 형성시킨다. 필러의 길이는 약 2나노미터로, 이온을 수용하기에 충분한 선반 간 공간이 확보된다.

화학 전지라는 분야는 이처럼 미세한 물질을 다루는 영역이다. "충방전을 반복하는 동안 전지 내부 구조가 얼마나 변하는지를 보는 것이 중요하다. 팽창과 수축이 적은 소재라면 꽤 오래 사용할 수 있다. 이 부분을 개선하면 수명은 더 길어질 수 있다고 생각한다. 그런 의미에서 그래파이트에 소량의 실리콘을 혼합한 필러화 흑연은 매우 유망하다고 본다."라고 마쓰오 교수는 말한다.

음극 재료가 될 가능성이 있다고 생각된다.

마쓰오 교수에 따르면, 극재로 사용되는 흑연을 전자 현미경으로 관찰하면, 작은 층상 파편들이 다양한 방향을 향하고 있는 것을 확인할 수 있다. 이러한 각 파편 하나하나에 기둥 구조를 형성하고, 고체 전해질과 밀착시킨다면 이온의 출입에 따른 신축을 효과적으로 억제할 수 있으며, 흑연과 고체 전해질 간의 접촉이 끊어지지 않게 유지할 수

있다. 이러한 구조를 통해 고체 전해질의 특성을 더욱 효과적으로 발현시킬 수 있을 것으로 기대하고 있다.

이 GLG와 기둥형 풀러렌이 실제로 효과적인지를 어떻게 입증했을까?

마쓰오 교수는 이온이 이동하여 전기를 저장할 수 있지만, 그 과정에서 여러 가지 장애물이 존재한다고 말했다. 그 중에서 가장 큰 장애물이 무엇인지에 대해 고민했다

고 한다. 배터리 상태에서 이를 관찰하려면 다양한 혼합물이 존재하므로, 이를 단순화하기 위해 막 형태로 생각해보았다고 했다. 이 박막은 진공 상태에서 극재에 레이저를 쬐어 증기로 만든 후, 기판 위에 증착시켜 형성한다고 설명했다.

그 결과로 만들어진 것이 이 페이지 위에 있는 사진이다. 이 방법으로 GLG를 막 형태로 만들어 시험했다고 한다.

마쓰오 교수는 GLG가 빠르게 충전 및 방전이 가능하다고 설명했다. 그 원인을 '구멍이 뚫려 있기 때문'이라고 특정할 수 있었던 것은 막 형태로 만들어 실험한 결과였다고 말했다. 또한, 양극 재료의 막도 만들 수 있으며, 다양한 재료를 박막으로 만들 수 있다고 덧붙였다. 현재 필라화 탄소도 이 방법으

로 검증하고 있다고 말했다.

이 박막화 시험 방법은 마쓰오 교수의 전문 분야인 무기 공업 화학 분야에서 사용되어 온 방법이라고 한다. 평소 본지 취재에서는 양극재에 대한 이야기를 듣는 경우가 대부분이어서 음극재에 대해서는 잘 알지 못했다. 탄소를 이렇게 자유롭게 배열하여 사용하는 아이디어를 처음 접했다.

마쓰오 교수는 원래 탄소 재료를 사용해왔기 때문에 다양한 전지에 탄소 재료를 적용할 수 있을지 연구하고 있다고 말했다. 전지에는 이온을 저장하는 방식이 여러 가지가 있으며, 이온이 바뀌면 전지도 그에 맞춰 변한다고 설명했다. NIB(나트륨 이온 전지)와 LIB(리튬이온 배터리)도 이와 같은 방식이라고 덧붙였다. 또한, 불화물 셔틀 배터리라는 또 다른 종류도 존재한다고 했다. NIB는 나트륨 이온을 저장하거나 방출하는 방식으로 작동하지만, GLG는 나트륨 이온을 넣고 빼낼 수 있기 때문에 NIB에 사용할 수 있을 것이라고 생각한다고 밝혔다. 불화물에서의 불소 이온도 넣고 빼낼 수 있지 않을까 하는 가능성에 대해서도 연구하고 있다고 말했다. 마찬가지로, 필라화 풀러렌으로 보강한 구조를 NIB와 불화물에도 적용하고 싶다고 덧붙였다. 현재 이러한 방법을 시험 중이라고 전했다.

그는 또, 불소가 탄소에 저장될 수 있지만, 사실 불소와 탄소는 너무 잘 어울린다고 말했다. 일단 불소가 탄소에 결합하면 쉽게 빠져나오기 어렵기 때문에 그 부분을 개선할

방법을 고민하고 있다고 설명했다. 불화물 셔틀 배터리는 리튬이온 배터리(LIB)에 비해 이론적으로 더 많은 에너지를 추출할 수 있다는 점이 가장 큰 장점이라고 덧붙였다. 극재는 금속 불화물로, 어떤 금속을 사용하느냐에 따라 전압을 계산할 수 있다고 설명했다. 현재는 고체 전해질을 고려하고 있지만, 전해질 내에서 $F^-$(불소 이온)의 이동성을 높이는 것이 쉽지 않다는 점이 그의 의견이라고 말했다.

'분자의 입장에서 재료를 생각하라'는 발상은 마쓰오 교수에게 중요한 개념이라고 언급됐다. 불소와 탄소는 서로 너무 친밀한 관계를 가지고 있어, 적당한 거리를 두면 탄소 극재에서 불소가 오래 머무르지 않게 된다고 설명했다. 또한 그는 '반응이 빠르다는 것은 그만큼 친밀하다는 의미'라고 말하면서, 지나치게 친밀한 관계가 문제를 일으킬 수 있다는 생각을 전했다.

불화물 셔틀 전지에 대해 마쓰오 교수는 다음과 같이 말했다. 작동 온도를 높이면 이온의 움직임이 활발해지기 때문에 실험적으로는 100℃ 정도를 사용하고 있다고 설명했다. 그러나 이를 실온에서 구현하는 것이 연구자들의 주요 과제라고 덧붙였다. 불소 이온이 이동하기 쉬운 고체 전해질을 개발하는 것이 그 과제 중 하나이며, 액체 전해질도 검토하고 있지만, 고체 전해질보다 액체 전해질이 더 어렵다고 생각한다고 말했다. 불화물 셔틀 배터리는 셀당 약 3볼트 정도의 전압을 제공하지만, 사용 시간이 길다

는 특징이 있다. 그는 이 배터리가 저전압 지속형이라는 인상을 주며, 전압과 시간을 곱한 에너지 밀도에서 큰 결과를 얻을 수 있다고 설명했다. 또한 고체 전해질을 사용할 경우 팽창과 수축 문제가 존재하며, 팽창과 수축이 적은 재료라면 배터리 수명을 상당히 늘릴 수 있다고 언급했다. 그런 의미에서 필라화 탄소가 유망한 재료라고 생각한다고 말했다.

마쓰오 교수는 현재 배터리 프로젝트 RISING3에 참여하고 있으며, 일본에서 차세대 배터리를 연구하는 연구원 중 한 명이다. 불화물 셔틀 배터리가 실용화되어 자동차의 동력 배터리로 사용되기 시작하는 시점은 아마도 2030년대가 될 것으로 예상된다. 만약 양산에 들어간다면, 순수한 연구 단계와는 다른 여러 가지 문제가 발생할 것이다. 이러한 문제들을 극복할 수 있기를 바란다.

PROFILE

**마츠오 요시아키 교수**
효고현립대학 대학원 공학연구고·
응용화학 전공
응용물리화학연구그룹

탄소 소재를 중심으로 이차전지용 신소재 설계 및 합성 연구에 종사하고 있다. 국가의 선진 배터리 프르젝트인 RISING3에도 참여하고 있다.

# 배터리 영역을 보완하는 차세대 커패시터 기술

## 제이텍트　>>>　Libuddy

베어링 등 정밀기계 부품에 강점을 가진 제이텍트가 처음으로 선보인 축전 디바이스 제품은, 끓는 물 속에서도 동작 가능한 고내열 리튬이온 커패시터 'Libuddy'이다. 업계를 술렁이게 만든 이 놀라운 성능의 배경에는, 실로 흥미로운 이야기가 숨겨져 있었다.

본문 : 다카하시 잇페이(髙橋一平)

"원래는 화학자였다. 그러나 대학에서 전공한 분야는 의약품 합성이었고, 자동차와는 전혀 관련이 없었으며, 전기 화학에 대한 경험도 전혀 없었다."

제이텍트에서 리튬이온 커패시터를 다루고 있는 미오 씨가 말하는 개발 스토리는 '진실은 소설보다 이상하다'는 표현을 그대로 구현한 듯 흥미롭고 통쾌했다. 이미 'Libuddy'라는 상품명으로 2019년부터 양산되고 있는 이 리튬이온 커패시터는 본지에서도 여러 번 소개한 바 있지만, 그 획기적인 성능을 어떻

### ＼ 제이텍트·ELibuddy

고내열 리튬이온 커패시터 Libuddy의 셀 단일 모습. 우측은 현재 판매 중인 제품이며, 좌측은 더욱 고출력을 실현한 차세대 제품이다. 파우치 패키지에서 전극 탭이 외부로 돌출된 형태는 리튬이온 배터리와 거의 동일하다. 두 제품 모두 용량은 1000F이며, 전압 범위 2.2~3.8V에서 4800줄(J)의 에너지(전력량으로 환산하면 약 1.3Wh)를 저장할 수 있다.

### ╱ 주 전원으로서의 적용 사례

다카르 랠리 2022 트럭 클래스에 출전한 히노 팀 스가와라의 차량에는, 33장의 셀을 하나로 구성한 커패시터 모듈이 탑재되어 있었다. 이 모듈 4개를 사용해 500V 하이브리드 시스템의 주 전원으로 활용되었다. 사실 이 장치는 철도 분야의 연구를 바탕으로 개발된 기술을 기반으로 하고 있다.

게 실현했는지에 대해서는 자세히 다룰 수 없었다. 이번에는 그 부분을 좀 더 깊이 파고들고 싶다는 생각으로 취재에 임했지만, 그 과정에서 나온 것이 바로 미오 씨의 첫 마디였다. 지금까지 기술 전시회 부스 등에서 이 제품에 대해 '외부인이라서 가능한 기술'이라고 들었지만, 그 말은 과장된 것이 아니라 '진실'이었다.

수많은 전문가들이 치열한 경쟁을 벌이는 가운데, 어느 날 다른 분야의 외부인이 상황을 바꾸는 일이 발생하는 것은 판타지나 격언에서 흔히 볼 수 있는 이야기지만, 현실에서는 그런 일이 일어나지 않는다. 고도로 발전한 현대의 엔지니어링 세계에서는 더욱 그렇다. 그러나 제이텍트의 리튬이온 커패시터 개발에서는 실제로 그런 일이 발생했다. 하지만 동시에 그것은 문외한이라는 말에서 연상되는 '초보자의 행운' 같은 것이 아니었다. 이 점이 바로 이 이야기의 가장 흥미로운 부분이다.

핵심은 재료 기술이다. Libuddy의 특징 중 하나인 고내열성 성능에서, 커패시터 내부에 사용되는 재료들 간의 호환성은 매우 중요하다. 예를 들어, 단일 재료로 200℃의 내열성을 가진 재료가 있더라도, 그 재료와 결합하는 다른 재료와의 궁합이 좋지 않으면 200℃ 내열성의 잠재력을 발휘할 수 없다. 이로 인해 기존 장치(배터리 및 커패시터)와 동일한 60℃, 경우에 따라서는 50℃에서 성능 저하가 시작되는 일이 발생한다. 이러한 현상은 Libuddy 개발 과정에서 시행착오를 거쳐 알게 된 사실이다. 이후 이 호환성의 좋고 나쁨을 화학적으로 정의하고, '화학 규칙'이라는 일반적인 해답으로 정리했다. 이 규칙에 따라 재료를 선정하면 각 재료가 가진 내열성을 끌어낼 수 있다는 것을 실제로 확인했다. 이를 통해 개발이 크게 진전되었으며, 이 화학 규칙의 개념은 미오 씨가 전문으로 다뤄온 의약품 및 화장품 분야에서는 당시 최첨단이었지만, 이미 사용되기 시작했다. 그러나 축전지 업계에서는 그 시기가 아니었다. 현재 그 화학 규칙에 대해서는 특허도 출원 중이라고 덧붙였다.

이 재료 선택에 대해서도, 다양한 재료를 '축전지 업체에서는 생각지도 못했던 조합'(기술 전시회 부스에서 설명)으로 시행착오를 거치며 검증해온 개발 과정은 예전부터 들었지만, 사실 그곳에 의약품 합성이라는 다른 업종의 개념이 도입되었다는 사실은 이번에 처음 듣는 새로운 사실이었다. 커패시터에 한정되지 않고, 화학 기술을 응용한 제품에서 중요한 것은 바로 재료의 조합을 찾는 것이며, 그 과정어 는 막대한 수고와 시간이 소요된다는 것이 일반적인 상식이다. 하지만 이 '새로운 개념'을 통해 다양한 재료의 조합을 무턱대고 시도하는 것이 아니라, 어느 정도 목표를 설정하고 범위를 좁히는 방식으로 접근할 수 있게 되었다고 한다. 베어링 등으로 대표되는 기계 부품을 주로 취급하는 제이텍트가 처음으로 개발한 리튬이온 커패시터가 획기적인 성능을 달성한 것에 대해서는, (무례하기도) 예전부터 의아하게 생각했었지만, 이 이야기를 듣고 나서 모든 것이 이해되는 듯한 기분이 들었다.

리튬이온 커패시터는 전기 이중층 커패시터(EDLC)의 음극을 리튬이온 배터리와 동일한 흑연으로 대체하고(EDLC의 전극은 양극과 음극 모두 활성탄을 사용), 전해액에 리튬 이온을 추가한 방식이다. 이로 인해 작동

| | 리튬이온 이차전지 | 전기 이중층 커패시터 | 리튬이온 커패시터 | 리튬이온 커패시터 Libuddy |
|---|---|---|---|---|
| 내부구조도 | | | | |
| 충방전 메커니즘<br>물리적 반응<br>화학 반응 | 양극: 리튬 화학반응<br>음극: 리튬 삽입/탈리 | 양극: 전해질 이온 흡착/탈착<br>음극: 전해질 이온 흡착/탈착 | 양극: 전해질 이온 흡착/탈착<br>음극: 리튬 삽입/탈리 | 양극: 전해질 이온 흡착/탈착<br>음극: 리튬 삽입/탈리 |
| 에너지 밀도 (Wh/L) | 200~400 | 3~6 | 10~20 | 13 |
| 출력 밀도 (W/kg) | 500~2000 | 1000~4500 | 1000~3500 | 7000 |
| 사이클 수명 (cyc.) | 1000~3000 | 10만 이상 | 10만 이상 | 100만 이상 |
| 사용 온도 범위 (℃) | -20~60 | -30~70 | -3060 | -40~85 |

## ／각종 축전 디바이스의 동작과 특성

구조와 재료가 서로 다른 양극과 음극을 가지고, 전기 에너지를 화학 반응으로 변환하여 저장하는 것이 배터리인 반면, 커패시터는 양극과 음극 모두에 활성탄을 사용하고, 그 표면에서 일어나는 이온의 흡착과 탈착이라는 물리적 현상을 활용한다. 이 둘을 결합하여, 커패시터이면서도 구조와 작용이 비대칭인 것이 리튬이온 커패시터이다.

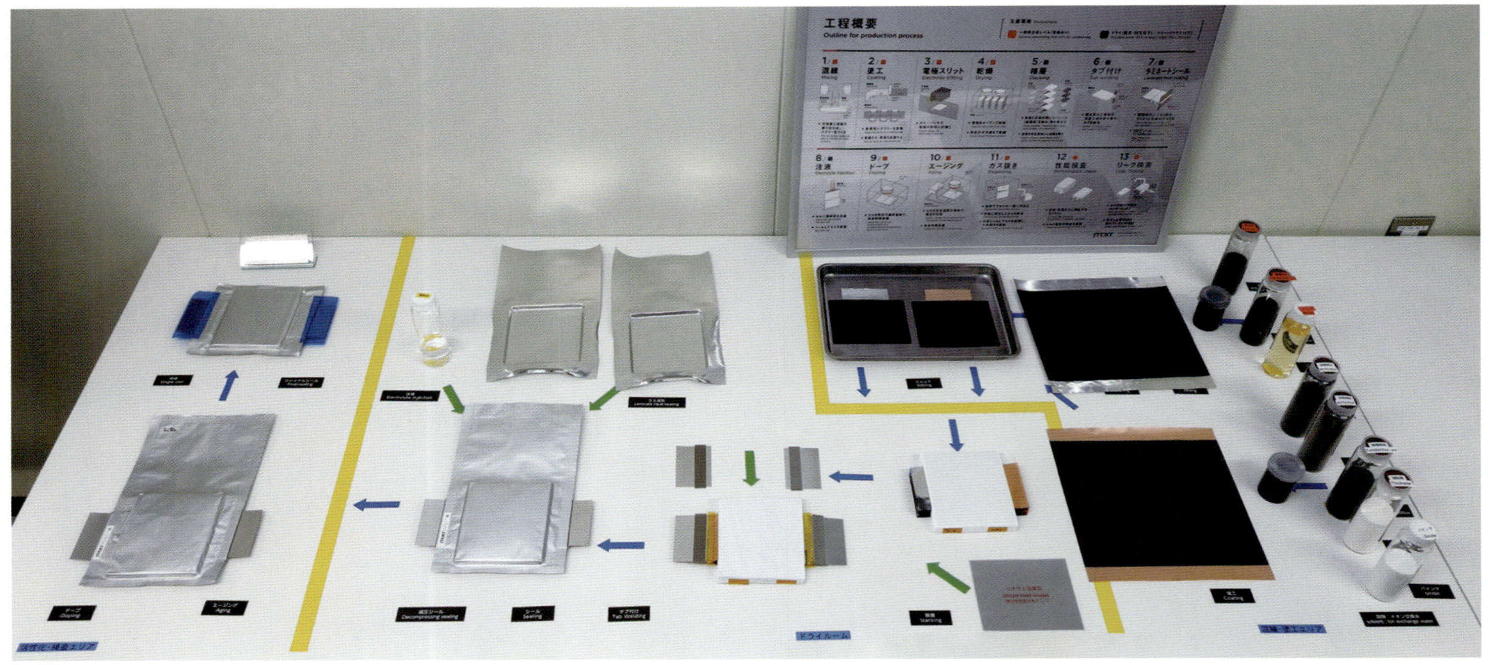

## Libuddy의 구조

Libuddy의 구조는 기존에 존재하는 리튬이온 커패시터, 더 나아가 리튬이온 배터리와 거의 동일하다. 높은 내열성으로 대표되는 그 특유의 성능에서 중요한 역할을 하는 것은, 유기 용매의 혼합 비율이나 전해질의 종류 등과 같은 전해액의 조성, 그리고 음극 (그래파이트)에 리튬을 도핑하는 방법이나 그 양과 같은 화학적 구성이다.

### ╱ 어떻게 커패시터를 만들 수 있었는가

Libuddy가 등장하기 전까지 제이텍트는 리튬이온 커패시터와 같은 축전 디바이스의 생산 실적이 없었다. 그러나 실제로는 리튬이온 배터리의 전극판(집전체)에 페이스트 형태의 전극 재료를 도포하는 생산 설비를 오랜 기간에 걸쳐 개발해 왔다. 금속 박판으로 된 전극판 위에 전극을 정밀하고 균일한 두께로 도포하는 기술에는, 동사의 핵심 역량인 베어링 기술이 반영되어 있다.

전압의 상한, 즉 충전 전압이 EDLC의 2.7V에 비해 3.8V로 증가하여, 리튬이온 배터리와 동일한 고전압화가 가능하다. 커패시터가 저장할 수 있는 에너지는 전압의 제곱에 비례하므로, 이 전압 차이는 대폭적인 고에너지화, 즉 대용량화로 이어진다. 그러나 음극과 전해액에 리튬이온 배터리와 동일한 재료가 사용되는 리튬이온 커패시터는 내열성 면에서도 리튬이온 배터리와 거의 동일한 제한을 받기 때문에, 고온에서 작동이 어렵다는 점이 일반적인 상식이다.

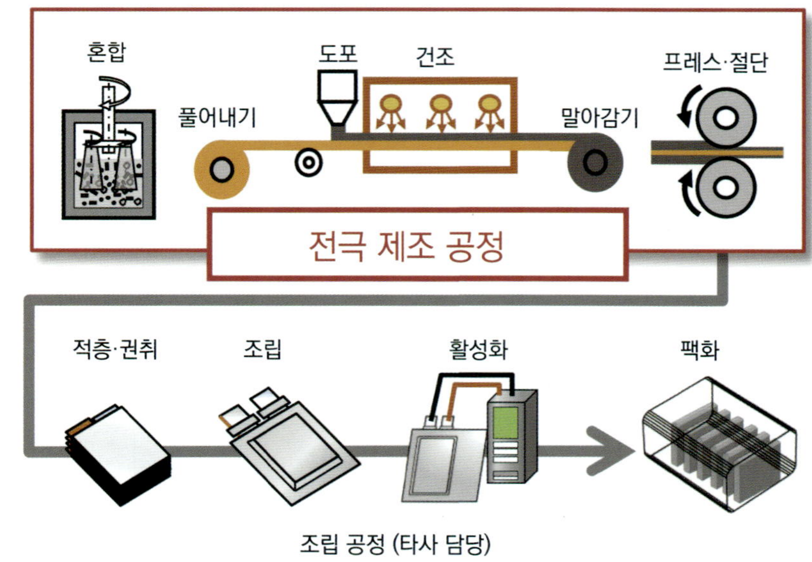

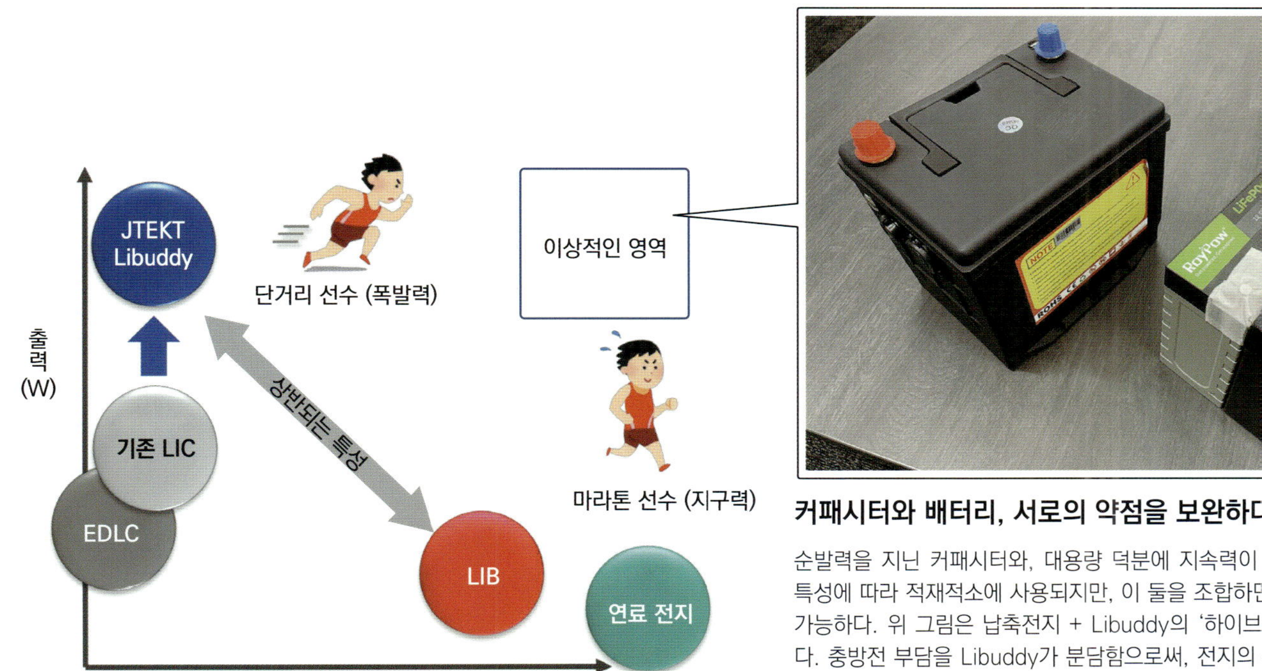



### 커패시터와 배터리, 서로의 약점을 보완하다

순발력을 지닌 커패시터와, 대용량 덕분에 지속력이 뛰어난 배터리는 각각의 특성에 따라 적재적소에 사용되지만, 이 둘을 조합하면 '장점만을 살린' 사용도 가능하다. 위 그림은 납축전지 + Libuddy의 '하이브리드' 보조장치용 전원이다. 충방전 부담을 Libuddy가 분담함으로써, 전지의 수명을 크게 향상시킬 수 있다. Libuddy는 주식회사 제이텍트의 등록상표입니다. LIC는 주식회사 스바루의 등록상표입니다.

### 무정전 전원장치(UPS) 적용 사례

Libuddy를 축전용으로 내장한 PC용 UPS(무정전 전원장치). 지금까지 이러한 용도는 주로 리튬이온 배터리가 맡아왔지만, 커패시터인 Libuddy는 그보다 훨씬 긴 수명을 자랑하여 10년 이상 무정비 운용이 가능한 성능을 실현했다. 정전 시에는 최대 100초간(출력 18W 기준) 전원을 공급할 수 있는 능력을 갖추고 있다.

일반적인 리튬이온 커패시터에는 리튬이온 배터리와 거의 동일한 전해액이 사용되고 있으며, 이 전해액이 내열성에서 가장 큰 병목 현상을 일으킨다. 전해액에 용해된 리튬 염인 $LiPF_6$(수화 인산리튬)는 약 60℃에서 분해되기 시작하기 때문이다. 이 인계 리튬염을 사용할 경우 열분해를 피할 수 없기

때문에, 내열성이 뛰어난 이미드계 리튬 염으로 전환했다. 이와 같은 근본적인 부분을 재검토하고 있다고 설명했다. 이 고내열 리튬이온 커패시터의 개발은 제 선배인 니시코지 씨의 제안으로 비공식 연구팀 3명의 소규모 팀에서 시작되었으며, 전해액은 또 다른 팀원인 코마모토 유키히로 씨가 혼자

서 개선했다. 그는 −50℃에서도 얼지 않고, 100℃에서도 끓지 않는 전해액을 만들었지만, 전해액을 개선하면 배터리 성능이 좋아진다는 당시 축전지 업계의 통용된 이론과는 달리, 처음에는 전혀 성능이 나오지 않았다고 밝혔다. 이후 시행착오를 거쳐 니시가 재료의 상성 문제를 발견했으며, 자신이 가

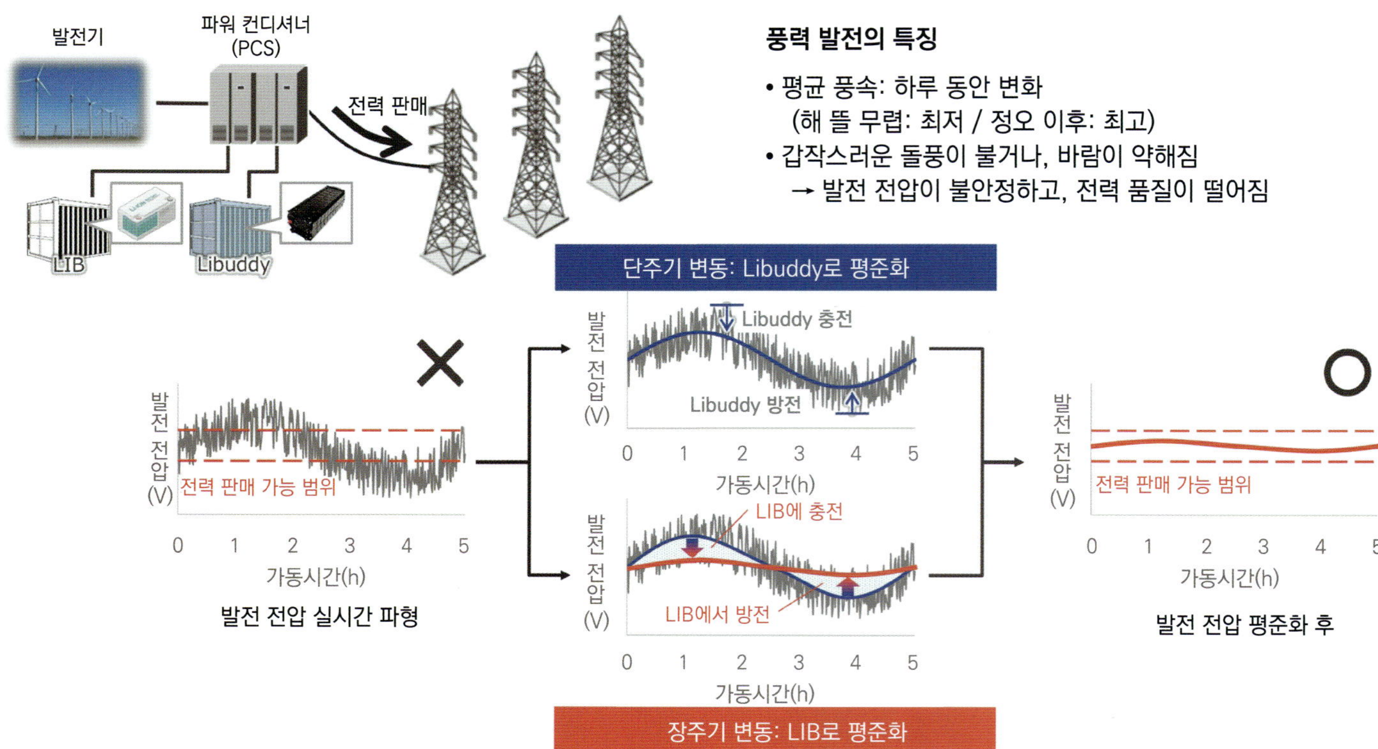


## 발전 전압의 평준화에 기여

풍력 발전은 출력 변동이 크기 때문에, 전력 그리드에 전기를 공급할 때는 일정 범위 내로 전압을 조절해야 하며, 이로 인해 실질적으로 활용되지 못하는 전력도 적지 않다. Libuddy를 활용해 이러한 출력을 평준화(평활화)하면, 전력 손실을 최소화할 수 있을 뿐만 아니라, 전력 판매 측면에서도 수익 증가 효과를 기대할 수 있다.

져온 다른 업종의 노하우가 잘 맞았다는 것을 알게 되었다고 말했다. 처음 성능이 나오지 않았을 때는 임원들로부터 크게 혼났다고 웃으며 이야기했다.

덧붙여, 커패시터와 콘덴서는 같은 전자 부품을 가리키는 말이지만, pF(피코패럿)이나 μF(마이크로패럿)으로 표시되는 작은 용량의 경우 콘덴서라는 명칭이 많이 사용된다. 커패시터가 저장할 수 있는 무게 또는 부피당 에너지, 즉 에너지 밀도는 배터리에 비해 일반적으로 1/100도 되지 않는 수준이지만, 리튬이온 커패시터는 앞서 언급한 고전압화 덕분에 1/10 정도까지 도달할 수 있다. 그래도 한 자릿수 단위의 차이가 있지만, 원래 커패시터의 본질은 용량이 아닌 출력 밀도라는 점을 강조할 수 있다. Libuddy의 출력 밀도는 무려 7000W/kg이다. 일반적인 리튬이온 배터리는 수백 W/kg 정도이며, HEV 등에 사용되는 '출력형' 최신 세대 제품 중에는 수천 W/kg급의 제품도 있지만, 이러한 제품과 비교해도 Libuddy는 몇 배나 우위를 차지하고 있다. 그럼에도 불구하고 −40~85℃의 넓은 온도 범위에서 사용할 수 있다. 이는 자동차 전장 부품의 요구 사항을 충족하는 것은 물론, 냉각이 필요 없다는 점에서 큰 장점이다.

"원래 당사는 리튬이온 배터리의 혼합 도장 공정을 담당하는 제조 설비도 취급하고 있다. 이 설비는 배터리의 핵심인 전극을 만드는 설비지만, 커패시터의 핵심 부품도 같은 제조 방법으로 생산된다."고 안도 씨는 말했다.

미오 씨와 소수의 정예 팀에 의한 기초 연구에서 시작된 Libuddy의 개발은 이렇게 양산 기술이라는 '마지막 퍼즐'을 완성하며 일단락되었다. 현재 이 부서의 인원은 55명이며, 지금도 Libuddy는 계속해서 진화하고 있다.


PROFILE

**안도 준지**
Junji ANDO

주식회사 제이텍트
사업개발 영역 영역장
기업전략실 실장
JTEKT TORSEN EUROPE S.A. 사장

**미오 타쿠미**
Takumi MIO

주식회사 제이텍트
축전 디바이스 사업부 부장
축전 디바이스 개발실 실장

**쿠키 켄이치**
Ken-ichi KUKI

주식회사 제이텍트
사업개발 영역
사업개발총괄부 총괄실 실장

# 애초에 동력 배터리는 '정답'일까?

현재 중국 업체들은 차량용 동력배터리 분야에서 약 70%의 세계 시장 점유율을 차지하고 있다.
차세대 배터리에서는 올해 안에 양산차용 NIB(나트륨이온 배터리)의 공급이 시작될 것으로 보인다.
"일본 기업들이 반격할 수 있을까"는 중요한 화두지만, 그렇다면 전지는 과연 완벽한 '정의'인가?

본문: 마키노 시게오(牧野茂雄)

JAMA(일본 자동차산업협회)는 'OEM(자동차 제조업체)은 계통 전원의 방식에 관여할 수 없다'는 입장을 고수하고 있다. 경제산업성 자원에너지청과 종합 자원에너지 조사회가 정리한 2030년도 연비 기준은, BEV(배터리 전기 자동차)의 '전기비'를 가솔린 차량의 '연비'로 환산하는 공식을 만들 때, 일본 국내의 전력 상황을 반영하여 기존보다 전기비 계산을 더 엄격하게 설정했다. 이에 대해 EU(유럽연합) 위원회는 "OEM에게 책임을 지우는 방식이며, 무의미하다"고 논평했다. 그럼에도 불구하고 JAMA는 "우리는 계통 전력에 대해 언급할 입장이 아니다"라는 태도를 유지하고 있다. 경제산업성 자원에너지청 등의 예측을 그대로 반영한 환산 수식을 받아들이고 있는 상황이다.

한편, ACEA(유럽 자동차산업협회)는 "충전소가 부족하다", "소형이고 저렴한 BEV를 일본의 경차처럼 우대해야 한다"고 EU 위원회에 요구했다. JAMA의 절제된 태도와는 달리, ACEA는 훨씬 더 도전적인 입장을 보이고 있다. 그러나 이러한 태도에는 분명한 배경이 있다. 2019년, 폰 데어 라이엔 전 독일 국방부 장관이 근소한 차이로 EU 위원장에 선출되었을 때, 취임 연설에서 '다시 강한 유럽을'이라는 구호를 내걸며 자동차 산업을 BEV 중심으로 전환하겠다는 방침을 천명했다.

동시에 보조금도 부활시켰다. EU는 그동안 '정부 보조금은 민간 부문의 공정한 경쟁을 저해한다'는 이유로 일관되게 보조금 정책을 부정해 왔지만, 이번에는 어쩔 수 없는 상황이었다. 한편 중국에 대해서는, 'BEV에 대한 보조금이 EU 내 OEM이 본래 얻어야 할 이익을 빼앗고 있다'며 반보조금 조사를 실시했고, 결국 중국산 BEV에 대해 추징 관

본지 어드바이저·라이터　**마키노 시게오**

| 에너지 | 용도 | 〈현시점에서의 평가〉 그 이유, 혹은 그렇게 판단하는 조건 | | 〈10년 후 예상되는 평가〉 그 이유, 혹은 그렇게 판단하는 조건 | | 〈20년 후 계상되는 평가〉 그 이유, 혹은 그렇게 판단하는 조건 | |
|---|---|---|---|---|---|---|---|
| 배터리 | HEV (대량) | ○ | 차량 중량이 가벼운 카테고리, 특히 소형차로의 활용 등, 도심 주행이 조건. | ○ | 배터리가 상당히 발전하지 않는 한, 현재와 입지는 거의 변하지 않는다. | △ | 핵융합 발전이 실용화된다면 굳이 배터리를 만들 필요는 없다. 배터리에 대한 자원 부담이 줄어들 것이다. |
| | HEV (중량) | △ | 외부 충전이 가능한 HEV로서 사용하면 배터리 탑재량을 억제 가능. | △ | 위와 같음 | ○ | 두 가지 에너지를 사용하는 것이 일반화되면, 수요지의 인프라에 좌우되지 않게 된다. 배터리 발전에도 기대할 수 있다. |
| | HEV (소량) | ◎ | BEV 한 대분의 전지로 HEV 20대를 만들 수 있다면, 환경 부담을 줄일 수 있을 것. | ○ | 화석연료에 어느 정도의 CN 연료(탄소중립 연료)를 혼합할 수 있는지가 관건. 30% 혼합이라면 10년 후에도 유효. | △ | 핵융합 발전이 실용화된다면 굳이 배터리를 만들 필요는 없다. 다만 그렇게 되기까지는 아직 멀다. |
| 수소 | ICE 연료 | ○ | 대량 수송용으로는 비효율적. 배터리 탑재는 넌센스. | ○ | 기술 발전이 기대된다. | ◎ | 핵융합 발전과 수소 전해를 이용한 재생 에너지 조합으로 자유롭게 수소 연료를 생산할 수 있는 세상이 온다는 전제. |
| | FCEV | ○ | 수소를 사용하는 과정에서 에너지 소비가 크므로 이를 억제할 수 있는 수단이 필요. | ○ | 위와 같음 | ◎ | 위와 같음 |
| e-Fuel | ICE 연료 | △ | 기존 연료와 섞어서 사용할 수 있는 드롭인(dropping-in) 연료를 목표로 함. | ○ | 연료 제조 수단의 발전과 제조 원가의 하락 등, 상당한 기대를 전제로 한 평가. | ◎ | DAC(Direct Air Capture)와 핵융합 발전의 실용화가 조건. 다만 발전 사고에 따라 CK가 아닐 가능성도 있다. |

세를 부과하기로 결정했다. 이에 따라 EU 감사 기관은 '미집행 보조금이 존재한다'는 내용의 권고안을 내놓았다. 6월에 치러진 EU 의회 선거에서 많은 의원이 교체된 것도 이러한 흐름을 반영한 결과라고 할 수 있다.

한편, OEM들은 폰 데어 라이엔 EU 위원장의 발언에 따라 BEV 투자에 속도를 내기 시작했다. 유럽에 진출한 OEM만 해도 이미 1조 엔 규모의 투자를 진행한 상황이다. 그러나 정작 BEV는 판매 부진에 시달리고 있으며, 과거에는 일제히 'ICE(내연 기관)에서 철수'를 선언했던 각 사들이, 메르세데스 벤츠의 '더 이상 하지 않겠다'는 입장을 계기로 PHEV(플러그인 하이브리드 차량)와 HEV(하이브리드 차량)로 방향을 되돌리기 시작했다.

ACEA(유럽 자동차산업협회)의 루카 데 메오 회장(르노 CEO)은 "우리는 막대한 투자를 계속해 왔다. 이제는 ICE(내연 기관)로 돌아갈 수 없다. 그러니 EU가 BEV가 판매될 수 있는 환경을 만들어야 한다"고 강한 어조로 말했다. 원격으로 진행된 회장의 기자회견은 실제로 매우 엄격한 분위기였다. 이후 EU 위원회는 일본의 '전기 요금을 연비로 환산하는 계산식'에 대해 이의를 제기했지만, 정작 '인프라와 제도에 제대로 관여하라'는 비판을 받았다. 그 이유는 막대한 돈을 쓴 쪽은 OEM이기 때문이다.

세간에서는 '결국은 BEV가 주류가 될 것'이라고 말하는 경우가 많다. BEV를 적극적으로 지지하지 않는 사람들조차도 그런 방향으로 흘러갈 것이라는 인식을 공유하고 있다. HEV나 PHEV는 '지금까지의 과도기일 뿐'이라는 식으로 받아들여지는 경우도 흔하다. BEV 추진파는 '대기 중의 $CO_2$를 DAC(Direct Air Capture: 직접 공기 포집



| 에너지 | 용도 | | 〈현시점에서의 평가〉 그 이유, 혹은 그렇게 판단하는 조건 | | 〈10년 후 예상되는 평가〉 그 이유, 혹은 그렇게 판단하는 조건 | | 〈20년 후 예상되는 평가〉 그 이유, 혹은 그렇게 판단하는 조건 |
|---|---|---|---|---|---|---|---|
| 배터리 | HEV (대량) | △ | 대량의 배터리를 만들기 위해, 또한 송전 인프라 건설을 위해 막대한 에너지와 자원이 필요하다. 지금 상태로 계속되면 전력 요금의 대폭 인상으로 이어지고, 산업 활동의 정체와 같이 타이어 마모, 도로 손상 등은 HEV보다 크다. HEV는 비현실적이지만, BEV의 대량 보급 및 인프라 구축을 강행하는 것은 중국의 세계 지배를 허용하는 것이다. | △ | 제조 및 보급에 필요한 에너지와 자원이 문제이며, 국가 차원의 전력 생산의 문제가 계속해서 영향을 끼친다. | △ | 국가 전체의 총 에너지 관점에서, 공급 가능한 전력량으로 보면 그다지 높은 수준에는 도달하지 않는다. |
| | HEV (중량) | ○ | 연료를 HEV보다 많이 사용하며, 제조 비용도 비싸기 때문에 HEV보다 비현실적이다. 차량 중량의 증가에 따른 타이어 마모, 도로 손상 등은 HEV보다 크다. | ○ | 비용과 성능 면에서 BEV, HEV와 항상 비교된다. | ○ | 왼쪽과 같음 |
| | HEV (소량) | ◎ | 일반 승용차의 구동용으로는 문제가 없는 수준까지 기술이 향상되어 있다. EV용 송전 인프라 구축은 불필요하다. | ◎ | Prius적인 기믹(gimmick)에서 벗어나, 역사가 축적되어 온 일반적인 자동차에 가까워진다. | ◎ | 자동차 구동 방식의 표준(Standard)이 될 것이라고 생각한다. |
| 수소 | ICE 연료 | △ | 출력이 부족하고, 미래의 누설 문제도 여전히 존재한다. 수소를 제조하는 데에도 막대한 에너지가 필요하며, 열 이용이 어렵다. | △ | 왼쪽과 같음 | △ | 왼쪽과 같음 |
| | FCEV | × | 신뢰성의 확보와 저비용으로의 소형 장치 실현이 어렵다. 고가의 장비가 필요하며, 이를 실현하는 데에도 막대한 에너지와 자원이 필요하다. 전혀 지속 가능(sustainable)하지 않다. | × | 왼쪽과 같음 | × | 왼쪽과 같음 |
| e-Fuel | ICE 연료 | × | 연료를 만들기 위해 막대한 에너지와 자원이 필요하다. 결코 지속 가능한 것은 아니다. | × | 왼쪽과 같음. e-연료는 결코 휘발유를 이길 수 없다. | × | 왼쪽과 같음. e-연료는 결코 휘발유를 이길 수 없다. |
| 휘발유 (Petrol) | | ○ | 현재 기술로도 충분하다. 천연가스 외에는 문제가 없다. | ○ | EV의 수가 증가함에 따라, 내연기관차(ICE 차량)의 수가 감소한다. | △ | EV의 수가 증가한 만큼, 내연기관차(ICE 차량)의 수는 줄어든다. |
| 디젤 (Petrol) | ICE 연료 | ○ | 위와 같음 | △ | 위와 같음 | △ | 위와 같음 |
| 천연가스 (지하가스) | | △ | 출력이 부족하다. 휘발유 연료보다 배출 가스는 적지만, 현 상황에서의 절대 수는 칭찬할 수준은 아니다. | △ | 어쩌면 e-연료 차량이나 수소 연료 차량보다도 문제가 없을지도 모른다. | △ | e-연료 차량이나 수소 연료 차량보다도 문제가 없을지도 모르지만, 절대적인 수는 그렇게 많이 늘어나지 않는다. |

| 에너지 | 용도 | 〈현시점에서의 평가〉<br>그 이유, 혹은 그렇게 판단하는 조건 | | 〈10년 후 예상되는 평가〉<br>그 이유, 혹은 그렇게 판단하는 조건 | | 〈20년 후 예상되는 평가〉<br>그 이유, 혹은 그렇게 판단하는 조건 | |
|---|---|---|---|---|---|---|---|
| 배터리 | HEV (대량) | △ | CN(Carbon neutral : 탄소 중립) 관점에서는 △. 고출력(150kW) 급속 충전기와 이에 대응하는 BEV가 증가하고 있어, 장거리 주행의 장벽은 상당히 낮아지고 있는 느낌이다. 실용성 관점에서는 ○. | ◎ | 재생 가능 에너지 전기로 운행된다면 ◎ 전국적으로 배터리의 실용화도 이루어져 BEV의 실용성도 향상될 것이다. | ◎ | 그 시점에는 단독 주택뿐만 아니라 공동 주택에도 충전 설비가 상당히 보급되어 있을 것으로 예상된다. |
| | HEV (중량) | △ | CN 관점에서는 △. 모터 구동 특유의 주행 감각을 잘 살릴 수 있다는 점에서, 시리즈 방식 HEV라면 ○. | △ | BEV(즉 배터리)의 진화로 인해 존재 가치를 잃어가고 있다. | × | BEV로 장거리 주행이 가능해지기 때문에, 존재 ㄱ·치를 잃는다. |
| | HEV (소량) | ◎ | 현시점에서 CN의 최적 해답 | ◎ | 전기의 주행 성능을 살린 배터리 중량의 직렬 HEV로 이동할지도 (기대 포함). | ◎ | 고에너지 밀도의 배터리 가격이 낮아지면서, 중량급 직결 HEV에 수렴될 것이다. |
| 수소 | ICE 연료 | × | 개발 중이므로. | △ | 수소를 사용하는 차량이 늘어나면, 충전소(수소 스테이션)도 함께 증가할 것이다. | △ | 멀티패스웨이의 선택지 중 하나로 자리잡을까. |
| | FCEV | △ | 주행 감각은 BEV와 동일. 과제는 패키징과 충전소 부족. | ○ | 정책에 달려 있다. 승용차분만 아니라 장거리용 트럭의 보급도 진행될 가능성 있음. | ○ | 대형 배송은 수소, 소형 배송은 BEV로의 전환이 진행될 것이다. |
| e-Fuel | ICE 연료 | × | 구할 수 없기 때문에. | △ | 실용화되기를 기대하고 있다. 그 무렵, 보급 초기 단계에 진입할 것으로 예상. | ○ | e-연료가 합리적인 가격으로 구매 가능해질 것으로 기대된다. |



| 에너지 | 용도 | 〈현시점에서의 평가〉<br>그 이유, 혹은 그렇게 판단하는 조건 | | 〈10년 후 예상되는 평가〉<br>그 이유, 혹은 그렇게 판단하는 조건 | | 〈20년 후 예상되는 평가〉<br>그 이유, 혹은 그렇게 판단하는 조건 | |
|---|---|---|---|---|---|---|---|
| 배터리 | HEV (대량) | △ | 배터리의 무게(주행 성능에 미치는 영향)와 크기(디자인에 미치는 영향)를 감안할 때, 억지로 끼워 넣고 있다는 인상을 지울 수 없다. BEV 전체를 고급차로 생각하면서 어쩔 수 없이 써야 하는 것이라는 이미지도 부정할 수 없다. 맨션이나 임대주택에서는 일반적인 완속 충전이 비현실적이다. | ○ | "막상 필요할 때 의외로 괜찮다"고 느끼기 때문에, 이 정도 주행 거리로도 충분하다고 생각하게 되고, 장거리 운행이 늘면 충전 활동이 익숙해지는 상황으로 바뀐다. 자가용으로 사용하는 사람들을 위해 자가 충전이라는 방식도 보급되었으면 한다. 배터리 탑재량이 많고 BEV가 전국적으로 급속 충전기를 쓰지 않으면 안 되는 상황이 아니라면, 탈것으로서 무난하다고 본다. | ○ | 전국적인 급속 충전망이나 초급속 충전 인프라가 구축될 수 있을까. 배터리 가격이 내려갈까. BEV의 특성에 맞는 행동 양식이 기업이나 개인에게 정착할 수 있을까. 앞으로 20년 정도 지나면 해답이 나올지도… |
| | HEV (중량) | ◎ | "평소에는 EV지만, 유사시에는 엔진이 있다"는 사용 방식이 많은 사람들의 라이프스타일에 잘 맞는다고 생각한다. 특히, 자주 다인승을 하지 않는 사람이 7인승 미니밴을 갖는 것과 같은 소비층(자주 쓰지 않지만 풀 옵션을 갖춘 차량을 보유)을 고려하면 딱 맞는 것이 아닐까. | ◎ | 배터리 중심에서 엔진 중심으로의 전환에서, PHEV의 다양한 모델이 늘어난다면 여전히 많은 사람들에게 잘 맞을 것이다. | △ | 이 시점에서 PHEV의 위치는 BEV의 기능이나 성능에 크게 좌우될 것으로 보인다. BEV가 주류가 된다면, PHEV는 유사시의 엔진이 필요한 용도 한정의 마이너 차량이 되는 것일까? |
| | HEV (소량) | ◎ | 출발 시의 부드러움과 고속 주행 시 연비의 개선 등으로, 에코카(Eco Car)로서 가장 현실적으로 접근하기 쉬운 방식이었다. | ◎ | BEV의 비용 절감이 순조롭게 이루어진다면, PHEV는 과도기적인 역할을 하고, 그런 상황이 되지 않는 한 HEV는 여전히 독자적인 매력을 가질 것으로 보인다. | ○ | 기업 입장어서는 최후의 엔진 차량이 될지도 모른다. HEV가 아니면 안 되는 이유가 안정성 외에 남아 있지 않다는 점도 있다. |
| 수소 | ICE 연료 | ○ | 트럭은 일정 크기를 넘어서면 모터보다는 내연기관이 더 유리하게 보인다. 승용차나 작은 차량에서의 가능성은 어느 정도 검증되고 있다고 생각되며, 트럭에 사용하기 위해서는 인프라 정비가 과제다. | ○ | FCEV도 마찬가지로, "수소 스테이션이 더 늘어나고", "수소 차량이 더 늘어나면"이라는 인프라 측과 차량 측 양쪽의 균형이 맞는 상태가 되면 개선될 가능성이 있다. | ◎ | 대형 트럭이나 대형 바이크 등, BEV가 적합하지 않은 분야에서 수소 엔진의 입지가 확보되기를 바란다. |
| | FCEV | △<br>○ | 승용차로 FCV를 계속 사용하는 회사도 소수이지만 존재한다. FCV는 주로 법인용 차량이다. 드론이나 자전거 등에서 연료전지를 탑재하려는 시도도 있지만, 전지를 사용하지 않고 연료를 사용하는 방식은 일반 소비자용으로 보급되기에는 어려움이 많다. | △<br>○ | 프로판가스와 같은 형태로 수소를 다루는 환경(서플라이 체인)이 필요하며, 다양한 용도로 연료 전지를 사용하는 콘셉트가 점점 현실적으로 다가오고 있다. | ○ | 프로판가스와 같은 형태로 수소가 사회에서 널리 보급된다면, FCEV로 국한되지 않더라도 연료전지의 활용이 기대된다. |
| e-Fuel | ICE 연료 | × | 연료 생산 기술의 진보가 전제 조건이다. 또, 자주 말해지는 바와 같이 e-연료 1리터를 제조하는 데 전기 300Wh가 필요하다면, 국내에서 만든다고 해도 공통 전원(재생 가능 에너지) 기반에서 생각하면, 기존 휘발유 감각으로 사용하는 것은 어렵다. | △ | 합성 연료의 대규모 생산이 어느 정도 이루어질지. 기존 인프라와 연료 유통망을 활용할 수 있다는 점이 장점으로 평가되지만, 연료 제조 설비나 공장 부지 등의 확보를 포함한 인프라 및 유통 측면에서 아직 과제가 많다. | △<br>○ | 합리적인 가격 실현(또는 현재의 가격을 유지하면서도 일정 수준의 주행 거리를 확보할 수 있다면), 연료 제조 기술이 계속 발전한다는 전제하에, 용도에 따라 보급될 수 있는 환경이 마련될 수 있다. |

| 에너지 | 용도 | 〈현시점에서의 평가〉<br>그 이유, 혹은 그렇게 판단하는 조건 | 〈10년 후 예상되는 평가〉<br>그 이유, 혹은 그렇게 판단하는 조건 | 〈20년 후 예상되는 평가〉<br>그 이유, 혹은 그렇게 판단하는 조건 |
|---|---|---|---|---|
| 배터리 | HEV<br>(대량) | △ 리튬이온 배터리와 파워 반도체의 기술 덕분에 항속 거리나 출력 등은 겨우 실용적인 수준의 성능을 갖추게 되었지만, 그것도 거대하고 무게가 많이 나가는 배터리를 바닥 전체에 깔아 넣은 끝에 겨우 도달한 수준이다. 여전히 "무리해서 키를 키운" 단계라는 인상이 강하다.<br>또한, 원래는 "한 쌍"으로 고려되어야 할 에너지 공급원인 전력망(충전 설비가 아니라 그리드)의 변화와 대응이 아직 따라가지 못하고 있는 점도 문제. 그 밖에도 사용 후 폐기나 리사이클 등 앞으로 점차 표면화될 것으로 보이는 문제들이 산적해 있다. 장점이라 할 수 있는 부분은 차량 단독으로 보았을 때의 에너지 효율뿐이다. | △ 액체 전해액을 사용하는 현재의 '액체 리튬이온 배터리(LIB)'보다 열 관리에 관해서는 더 유연한 전고체 배터리의 등장 등, 배터리 기술의 향상과 파워 일렉트로닉스 기술의 진보에 따라 배터리의 소형·경량화는 꾸준히 진행될 것이다.<br>다만, 배터리 기술의 발전은 동시에 HEV(하이브리드 차량)의 장점 또한 강화시킬 것이며, 그런 의미에서 EV(전기차)의 존재 의의와 평가는 현재 수준에 머무를 것으로 본다. | △ EV 문제의 '또 다른 한 축'인 전력 그리드의 '개혁'에 있어, 진정한 해결책이라 할 수 있는 핵융합 발전이 현재보다 현실성을 띠게 될 것으로 보이지만, 아직 실현에는 이르지 못한 이 시기는 어떤 의미에서 EV에게 '힘든 시기'가 될지도 모른다. 다만, 시티 커뮤터나 지속 자율 주행차 등과 같은 용도는 증가할 것으로 예상되므로, 결국 '△' 평가에 머무르게 된다. |
| | HEV<br>(중량) | △ 거대한 배터리라는 EV의 단점을 그대로 짊어진, 어정쩡한 존재. CAFE 규제의 대응을 비롯해 용도에 "딱 맞는" 상황에서는 "위력"을 발휘하지만, 어디까지나 일부에 국한된다는 인상이다. | △ 이 시기에 시작될 것으로 보이는 전고체 배터리의 보급은 PHEV(플러그인 하이브리드 차량)에도 일정한 혜택을 가져다줄 것으로 예상된다. 다만, 이 시기의 전고체 배터리는 아직 고가일 가능성이 높으며, 어떤 형태로 PHEV에 탑재될지는 불확실하다. 경우에 따라서는 배터리의 일부에만 제한적으로 적용될 가능성도 있다. | × 전고체 배터리의 비용 하락이 EV의 성능을 향상시키고, HEV의 시스템 효율이 높아지게 되면, 그 중간적 위치에 있는 PHEV는 점차 존재 의의를 잃어가게 될 것이라고 생각한다. |
| | HEV<br>(소량) | ○ 개인적으로는 현시점에서 탄소중립화의 최적 해답이라고 생각하지만, 저배출화가 진행되었다고는 해도, 현재 이산화탄소($CO_2$)를 배출하고 있다는 사실은 변함없다. 엔진의 열효율을 비롯해 시스템 전체로서 효율 향상의 여지는 아직도 많이 남아 있다. | ◎ 현재 EV(전기차)에 주목이 집중되는 가운데, 대학이나 연구기관 등에서 진행되고 있는 연구 성과들이 점차 결실을 맺고, 여기에 배터리 기술 및 전동 기술의 진보 특히 출력 밀도의 향상과 같은 요소들이 시너지 효과를 일으키며 새로운 국면을 맞이할 것으로 예상된다. 당연히 에너지 효율도 지금보다 더욱 향상될 것이다. 신흥국에서의 본격적인 보급 확대라는 요소도 더해져, EV에 대한 평가와 입지가 크게 재조명될 가능성이 있다. | ◎ e-연료가 현실적인 기술로서 더 널리 알려지게 됨에 따라, '탄소계 연료를 연소시키는 엔진은 나쁘다'는 인식은 물론, 그러한 구도 자체가 변화하기 시작할 것이다. e-연료 등 차세대 연료의 연소에 대한 이해와 분석이 진전됨에 따라, 엔진 자체의 작동이 더욱 효율화되고, 고효율 영역도 확대된다. HEV 기술도 성숙함에 따라 고기능화, 고성능화가 이루어지는 한편, 저비용화도 함께 진행되어 보급 범위가 더욱 넓어지게 될 것이다. |
| 수소 | ICE<br>연료 | △ 탄소를 포함하지 않는 연료인 수소로의 연료 전환은, 지구 온난화의 '주범'이라는 오명을 뒤집어쓰고 있는 엔진의 존재 방식을 크게 바꿀 가능성을 지니고 있다. 하지만 거대한 수소 탱크를 탑재해야 한다는 점에서 FCEV와 동일한 문제를 안고 있다. 게다가 효율 면에서는 당연히 FCEV에는 미치지 못한다. 기존의 엔진 기술을 거의 그대로 활용할 수 있다는 점은 매력이지만, 포트 분사 방식에서는 밀도가 낮은 수소를 밀어 넣기 어렵고, 출력의 확보도 쉽지 않다는 문제가 있다. | △ 트럭 등 대형 차량을 대상으로는, 극저온 상태로 수소를 차량에 탑재하는 기술이 보급될 가능성도 있지만, 어느 쪽이든 이 시기에서는 아직 제한적인 수준에 머물 것으로 보인다. 상온에서 액화가 가능한 암모니아를 차량에 탑재하고, 이를 개질해 사용하는 방식도 활용될 수 있겠지만, 암모니아를 사용할 바에는 오히려 그대로 연소시키는 편이 더 효율적일지도 모른다. | ○ 수소 연소를 사용하는 내연기관(ICE)은 디젤이나 가솔린 엔진과 기본적인 구조가 동일하기 때문에, 비상시에는 경유나 가솔린으로도 주행이 가능한 바이퓨얼화도 가능하다. 장차 수소 저장 합금 등을 활용한 기술이 성숙하게 되면, 가장 큰 문제인 차량 탑재의 어려움도 점차 낮아질 것이다. 다만, 이를 위해서는 FCEV의 보급이 진전되어 수소가 보다 가까운 존재가 되는 것이 전제 조건이다. |
| | FCEV | △ 에너지 원이 되는 수소는 극저온 환경에서만 액화 상태를 유지할 수 있기 때문에, 그 저장 방식이 문제다. 현재처럼 대형 초고압 탱크를 여러 개 탑재하는 방식은 낭비가 많다고 하지 않을 수 없다. 또한 수소를 탱크에 충전할 때 필요한 초고압과, 그 과정에서 소비되는 에너지의 존재 역시 간과해서는 안 된다. | △ 수소는 비중이 가볍고 쉽게 확산되기 때문에 자연계에서는 집합된 형태로 존재하기 어렵다. 따라서 수소를 포함한 화합물을 분해하는 등의 방법으로 인위적으로 생성해야 하며, 이 과정에서 에너지와 비용이 발생한다. 이 부분의 개선분 아니라 유통 등 인프라 정비까지 고려한다면, 아직은 시간이 더 필요할 것으로 보인다. | ○ 배터리나 커패시터 등 전동 기술의 발전은 본래 자동차와 같은 운전 상태에는 그다지 적합하다고 보기 어려운 연료전지를 사용하는 파워트레인에도 분명한 혜택을 가져다줄 것이다. 국가의 정책 방향에 따라 달라지겠지만 수소의 생산까지 포함한 인프라 정비가 추진된다면 연료전지 차량이 '도약'할 가능성은 충분하다. |
| e-Fuel | ICE<br>연료 | × 합성 및 생성에 필요한 에너지와 그에 따른 비용이 큰 문제로 가로막고 있으며, 솔라 패널이나 풍력 터빈 등의 전력을 이용한다는 다소 미약한 해결책밖에 없는 상황이다. 적어도 현재로서는 가격 문제 때문에 현실적인 수단이라고 말하긴 어렵다. | △ 기술의 발전에 따라 합성 과정에서의 저에너지화, 저비용화는 진행될 것으로 보인다. 다만, 생산 및 공급 체제가 충분히 갖춰지기까지는 아직 시간이 더 걸릴 것으로 예상된다. | ○ e-연료 기술에서 '마지막 퍼즐 조각'이라고도 할 수 있는 탄소 포집(Carbon Capture) 기술이 실용에 견딜 수 있는 수준에 도달하거나, 실현이 가시권에 들어올 것으로 보인다. 반대로 말하면, 아직 이 정도의 시간이 더 걸릴 것으로 예상된다는 뜻이기도 하다. 합성 및 생성 기술의 진보와 맞물릴 경우, e-연료는 단번에 현실적인 선택지로 부상할 가능성이 크다. |

| 에너지 | 용도 | 〈현시점에서의 평가〉 그 이유, 혹은 그렇게 판단하는 조건 | | 〈10년 후 예상되는 평가〉 그 이유, 혹은 그렇게 판단하는 조건 | | 〈20년 후 예상되는 평가〉 그 이유, 혹은 그렇게 판단하는 조건 | |
|---|---|---|---|---|---|---|---|
| 배터리 | HEV (대량) | ✕ | 발전소에서 대량의 $CO_2$를 배출. 주행은 쾌적하지만, 비용이 높아 보조금 낭비에 가깝다. | △ | 대량의 BEV에 재생 에너지를 충분히 공급할 수 없어, 발전소에서 $CO_2$를 배출하게 된다. | ◎ | 발전이 탄소중립이 되면, 저비용으로 쾌적한 차량이 되어 가치가 높다. |
| | HEV (중량) | △ | 충전 주행에서도 발전소에서 $CO_2$를 배출한다. BEV 보급을 위해 충전 설비를 확대할 수 있다. | △ | 충전 장소와 시간을 선택하면 $CO_2$ 배출량이 줄어든다. BEV 보급을 위해 충전 설비를 확충할 수 있다. | ✕ | 두 개의 파워트레인을 탑재하기 때문에 중간적이고 어중간한 존재가 된다. 복잡하고 무거워 비용이 높아진다. |
| | HEV (소량) | ◎ | 당시 기준으로는 $CO_2$ 배출량 감축에 효과가 크고, 비용도 적당해 대량 보급이 가능한 차량이었다. | ◎ | 탄소중립 연료(바이오, e-연료)의 보급으로 $CO_2$ 배출량이 더욱 낮아진다. | ○ | 희소 자원의 제약이 없다. 저비용, 바이오 연료나 e-연료의 보급으로 탄소중립 실현 가능. |
| 수소 | ICE 연료 | ✕ | 미래를 위한 준비 및 향후 가능성 평가를 위해 필요하다. 단, 인프라가 갖춰져야 한다. | △ | 탄소중립 수소의 보급에 의한 효과. 수소는 운반·보관이 어려워 이동체에는 적합하지 않다. | ✕ | 열효율 향상에 한계가 있어, 수소 연료를 사용하는 FCEV에는 미치지 못한다. 쾌적성도 떨어진다. |
| | FCEV | ✕ | 위와 같음 | △ | 위와 같음 | △ | 탄소중립 수소가 보급되면, BEV와의 역할 분담으로 대중적인 차량에 널리 보급된다. |
| e-Fuel | ICE 연료 | △ | 미래를 위한 준비 및 가능성 평가를 위해 필요하다. 비용이 높기 때문에 소량부터 시작된다. | ○ | 바이오 연료와 함께 기존 판매 차량의 $CO_2$ 배출량 감축에 효과적. 드롭인 연료로서 보급됨. | ○ | 수소보다 취급이 쉬우며 에너지 밀도가 높다. BEV와의 역할 분담으로 상용차나 오프로드 차량에 보급된다. |



| 에너지 | 용도 | 〈현시점에서의 평가〉 그 이유, 혹은 그렇게 판단하는 조건 | | 〈10년 후 예상되는 평가〉 그 이유, 혹은 그렇게 판단하는 조건 | | 〈20년 후 예상되는 평가〉 그 이유, 혹은 그렇게 판단하는 조건 | |
|---|---|---|---|---|---|---|---|
| 배터리 | HEV (대량) | ○ | 첨단 제품을 소유하는 기쁨이라는 관점에서는 있을 수 있다. 하지만 LCA(Life Cycle Assessment: 생애 주기 평가) 관점에서는 완전히 불합격이다. | ○ | BMS 및 파워 일렉트로닉스가 발전하여 "셀은 그대로지만 처리 및 활용 가능성이 증가"할 것이라는 기대. | ○ | 차세대 전지가 시장에 도입되어, 비용과 성능 양면에서 현재의 HEV처럼 일반화되어 있을 것으로 예상. |
| | HEV (중량) | ✕ | 이런 사용자를 위한 것이든 사회를 위한 것이든, 나는 그런 제품을 알지 못한다. | ✕ | 10년이 지나도 동일. | ✕ | 언제가 되든 동일. |
| | HEV (소량) | ◎ | 성능과 비용의 균형을 생각하면 역시 HEV가 적당하다. 제품 가격으로도 합리적이다. | ○ | 주로 가격 측면에서 BEV의 성능이 향상됨에 따라, 상대적인 가치가 낮아질 것으로 예상. | ○ | "차 하면 HEV"라는 인식으로 일반화되어 있을 것으로 예상. 저가형 차량의 포지션. |
| 수소 | ICE 연료 | △ | 고압 탱크를 쌓는 것 자체가 현실성에서 멀어 보인다. 수소 생산 및 공급 시스템도 마찬가지다. | △ | 상용차에서 현재의 천연가스 차량처럼 일부에 남아 있을 것으로 예상. | ✕ | 차세대 전지의 보급에 따라, 수소 생산 및 관련 장비 개발의 필요성이 낮아져 시장에서 철수할 것으로 예상. |
| | FCEV | △ | 위와 같음 | ✕ | 장비류가 너무 새롭게 개발되어야 하므로, BEV에 흡수되어 소멸될 것으로 예상. | ✕ | 위와 같음 |
| e-Fuel | ICE 연료 | ✕ | 이론적으로는 이해되지만 실제 운용에서는 비용이 너무 많이 든다. 그에 비해 성능은 동일하다. | △ | 상용차에서 현재의 천연가스 차량처럼 일부에 남아 있을 것으로 예상. | ✕ | 위와 같음 |

기술)로 수집하고, 재생 가능 에너지를 사용해 물을 전기 분해해 얻은 수소를 활용하여 e-Fuel(합성 연료)을 만드는 방식은 마치 공상 과학 소설 같은 이야기'라고 말한다. 그들은 재생 가능 에너지를 그대로 BEV에 사용하는 것이 훨씬 효율적이라고 주장한다.

그러나 태양광 발전의 경우, 이 재생 에너지원이 풍부한 지역에는 사람이 많이 거주하지 않는 경우가 대부분이다. 따라서 그 지역에서 얻은 에너지를 현지에서 소비하기는 어렵다. 이 때문에 시간과 장소의 제약을 넘어서 재생 에너지를 저장하고, 필요한 곳에서 사용할 수 있도록 하는 첫 단계로 e-Fuel이 유망한 기술로 주목받고 있다. 한편 풍력 발전은 해상에 풍력 터빈을 설치할 경우 효율이 높다고 평가되지만, 이 역시 생산지와 수요지가 항상 일치하지는 않는다. 더욱이 풍력 터빈의 크기가 커질수록 고장률이 급격히 증가하여, '다시는 관여하고 싶지 않다'며 입찰에서 철수하는 사례가 일본, 유럽, 미국에서도 발생하고 있다. 이런 상황에서 '역발상'도 등장하고 있으며, 관계자들 사이에서는 "도박에 가까운 상황이었다"는 평가도 나오고 있다.

OEM은 발전에 관여할 수 없다. 정유에도 관여할 수 없다. 결국 '지금 손에 있는 에너지'를 활용해 자동차 사회를 유지해야만 한다. 동시에, 미래를 대비한 에너지 이용에 대한 연구 개발도 병행해야 한다. 이러한 입장에서 보면, 유럽에 진출한 OEM에게 EU가 추진한 BEV 전환 정책은 '기대에 미치지 못했으며', '부족한 지원 속에서 고생만 지속된' 정책이었다고 평가할 수 있다.

그렇다면 연구자와 표현자의 입장은 어떠할까? 이러한 의문을 바탕으로, 본지와 친분이 있는 여러 인사들에게 설문조사를 요청했다. 그 결과를 여기에서 소개한다. 각자의 견해는 다르지만, 공통된 입장은 '선택지는 하나만이 아니다'라는 점이다. EU는 이를 BEV로 한정지어, BEV 중심의 일방적인 체제를 구축하려 했다. 한편으로는 중국산 완성차 수입을 견제하는 모습을 보이면서도, 중국 기업의 유럽 진출과 현지 생산은 받아들이는 모순된 태도를 보이고 있다. 미국은 '우호국 이외는 적대시'하는 노선을 취하면서, 보조금 지급 조건으로 미국 내에서의 차량 생산과 부품 조달을 요구하고 있다.

현재 BEV는 정체기에 들어섰다. 각 OEM이 결산 기자회견 등에서 밝힌 모델 믹스와 생산 계획을 종합해 보면, 당분간은 PHEV 또는 HEV가 중심이 될 것으로 예상된다. 더 먼 미래는 아직 예측하기 어렵지만, 유럽에서는 '2035년 이후에는 CNF(탄소 중립 연료: Carbon Neutral Fuel) 이외의 사용을 인정하지 않는다'는 EU 의회의 결정을 철회하려는 움직임도 나타나고 있다.

한 가지 분명한 사실은 '정치가 개인의 구매를 규제할 수는 없다'는 점이다. "당신들이 BEV를 사라고 하니까 저렴한 중국산 제품을 살 생각이었다. 그런데 7월 5일에 갑자기 관세가 추가됐다. 보조금은 이미 오래 전에 사라졌다. 도대체 무엇을 하려는 것이냐?" 이처럼 소비자의 혼란과 불만이 표출되고 있다.

이것이 바로 시장의 반응이다. 2019년 말부터 시작된 EU의 BEV 강제 전환 정책은 명백히 실패한 것으로 보인다. 그러나 이것은 'BEV의 실패'가 아니라, 지나치게 성급한 결정이 초래한 결과일 뿐이다. 시간을 들여 기술 개발에 전념하고, 사회 인프라와 환경을 정비하여 보조금 없이도 BEV가 자연스럽게 선택될 수 있도록 해야 한다. 동시에 "지금은 BEV를 충전하지 마십시오"와 같은 형태의 행동 규제는 지양해야 한다. 그런 조치가 필요 없는 시스템을 천천히 구축해 가야 한다고 필자는 생각한다. 그리고 동시에, '과연 배터리가 정말로 정답일까?'라는 질문도 던져야 한다고 본다.

# 1주일간 충전이 필요 없는,
## BYD의 플래그십 모델 「SEAL」의 성능

2024년 6월 25일, BYD는 일본 국내 세 번째 BEV 'SEAL'을 출시했다.
SEAL은 최대 640km의 주행거리를 자랑하는 일본 BYD 라인업의 플래그십 모델이다.
주행과 안전 면에서 다양한 노력을 기울이고 있다. 발표 후 6월 26일 시승 기회를 얻었지만, 단순히 신모델을
시승하는 것만으로는 아쉬움이 남는다.
그래서 BYD 재팬 주식회사 홍보담당 이케바타 히로시 씨의 운전과 함께 동승했다. 신모델의 성능과 기능부터
1주일 동안 충전이 필요 없다는 체험담까지 빠짐없이 들어보았다.


본문 : 이시하라 켄지(Kenji ISHIHARA)  사진 : 히라키 마사히로(Masahiro HIRAKI)


**이** 번 시승의 운전자는 BYD Japan 주식회사의 홍보 담당자인 이케하타 히로시 씨였다. 그는 과거에 대형 자동차 제조업체에서 근무한 경험이 있으며, 엔진 차량과 BEV(배터리 전기 자동차) 모두에 대해 해박한 지식을 갖추고 있다. 편집부에서는 2명이 시승을 함께 진행했다.

맑은 날씨 속에서 시승이 시작되었다. SEAL은 BEV(배터리 전기 자동차) 특유의 매끄러운 가속으로 부드럽게 출발했다. 실내 공간은 고급스러운 분위기를 자아낸다. 위를 올려다보면 천장 전체를 덮는 파노라마 선루프가 시야에 들어오고, 후면 인테리어에는 조명이 은은하게 빛난다. 세세한 부분까지 디자인에 신경을 쓴 흔적이 곳곳에서 느껴진다.

차량 앞쪽 중앙에는 15.6인치 터치 스크린이 눈길을 끈다. 운전석에는 10.25인치 TFT 액정 계기판과 헤드업 디스플레이가 장착되어 있다. 메인 디스플레이 아래에는 스마트폰 무선 충전기가 2개 마련되어 있어,

각종 브레이크 어시스트 기능을 활용하면 브레이크의 부담은 현저히 줄어든다.
"BEV는 차체 중량이 무거워 타이어에 가해지는 부담이 크다고들 말합니다. 하지만 엔진 부품이나 오일, 브레이크 패드 교환 등 가솔린 차량도 유지보수 비용이 적다고는 할 수 없습니다. 개인적으로는 비용 면에서 큰 차이는 없다고 느낍니다. 한편, 승차감이나 사용감에서는 BEV 쪽이 우위에 있지 않을까요?"(이케하타 씨)

메인 디스플레이는 스마트폰과 Bluetooth로 연결되며, 미러링도 지원한다. 화면은 90도 회전이 가능하여, 스마트폰 화면 표시 시에는 세로로, 내비게이션 사용 시에는 가로로 등 용도에 맞게 전환할 수 있다.

편리한 사용이 가능하다.

"먼저 음성 인식을 해보시겠습니까?" 이케하타 씨가 그렇게 말했다. 'Hi, BYD, 창문을 조금 열어줘'라고 지시하자, 동승석 창문만 약 1cm 정도 열렸다. 이케하타 씨는 "BYD의 지능형 음성 제어 기능은 운전자나 동승석 등 지시를 한 사람의 위치를 인식하고, 그에 따라 작동한다. 내비게이션 실행, 음악 재생, 라디오 방송, 전화 걸기, 에어컨 작동 등 차량 내 주요 장비를 음성으로 제어할 수 있다"고 설명했다.

한동안 주행한 후, 이케하타 씨는 차를 길가에 세우고 각종 설정 화면을 보여주었다.

SEAL에는 레인 어시스트, 스티어링 어시스트, 브레이크 어시스트 등 다양한 주행 보조 시스템이 탑재되어 있다. 이케하타 씨는 "브레이크 어시스트에는 '컴포트 브레이크' 설정이 있어, 회생 제동과 함께 사용하면 보다 조용한 제동이 가능하다"고 설명했다.

SEAL의 가속 성능을 체험해 보았다. 이케하타 씨는 먼저 주행 모드를 에코 모드로 설정한 뒤 출발했다. 선행 차량이나 보행자가 없는 완만한 언덕길에서 차체는 힘차게 가속되어 쾌적한 주행감을 전달했다. 이어 스포츠 모드로 변경한 후 다시 가속을 시도하자, 짧은 순간이었지만 더욱 강렬한 가속

감을 느낄 수 있었다. 이케하타 씨는 "물론 여기는 공공 도로, 일반 도로이기 때문에 가속 페달은 조심스럽게 밟았다"고 설명했다. SEAL AWD는 정지 상태에서 시속 100km까지 도달하는 데 3.8초밖에 걸리지 않는다. 이번 시승에서는 그 일부의 성능을 직접 체감할 수 있었다. 주행 중에는 몇 차례 고속도로 합류 구간이 있었지만, 뛰어난 가속 성능 덕분에 원활하게 합류할 수 있었다.

높은 가속 성능을 자랑하는 SEAL이지만, 차축은 단단하게 세팅되어 있어 급가속 시에도 안정적인 주행을 실현한다. 사륜구동 사양에는 BYD의 독자적인 제어 기술인 i-TAC(아이택)이 적용되어 있다. i-TAC은 회전각 0.022도 단위로 바퀴의 슬립을 감지해, 사륜에 전달되는 구동력을 정밀하게 제어하는 시스템이다. 이케하타 씨는 "기존의 제어 기술은 휠에 장착된 ABS 센서를 겸용했기 때문에 회전 각도 7.5도 단위로 제어하는 것이 한계였지만, i-TAC은 훨씬 섬세한 회전력과 토크 제어가 가능하다"고 설명했다. 이 기술은 눈길 주행이나 폭우 시 발생할 수 있는 하이드로플레이닝 현상에도 효과적으로 대응한다. '달리고, 멈추는' 기본 성능에 대한 SEAL의 집착이 곳곳에서 느껴졌다.

SEAL의 배터리 용량은 82.56kWh로, 국내에서 가장 많이 판매되는 BEV(배터리 전기 자동차)인 닛산 사쿠라의 배터리 용량

← "'교통 표지 인식 시스템' 항목을 ON으로 설정하면, 카메라가 속도 제한 표지를 인식하여 운전자에게 과속 경고를 줄 수도 있습니다."라고 이케하타 씨는 설명한다. 그 외에도 일본판 SEAL에는 독자적인 장비로서 '가속 페달 오조작 방지 장치'가 탑재되어 있다.

→ '영유아 방치 감지 시스템'을 기본 장착. "이 시스템은 체구가 작은 아이가 가만히 있어도 미세한 호흡에 의한 신체 움직임을 감지해, 등록된 스마트폰으로 경고음을 보내 알려줍니다. 아이나 소동물이 차량 안에 있을 경우, 실내 온도가 26도 이상이 되면 에어컨이 자동으로 작동해 차내 열사병을 예방합니다 (단, 배터리의 SOC가 10% 이하일 경우에는 경고음만 울립니다)." 2024년 6월 현재, 국내의 다른 자동차 제조사에서는 이러한 보호 시스템이 아직 구현되어 있지 않으며, 이는 유럽의 법제화를 내다보고 탑재된 기능이라고 한다.

에 비해 4배 이상 크다. 완전 충전 시 주행이 가능한 거리는 카탈로그 기준으로 4WD가 575km, 2WD가 640km에 달한다. 그렇다면 실제 주행에서는 어떨까? "지금 배터리 잔량은 40% 미만이지만, 아직 약 230km 정도는 더 주행할 수 있습니다." 이케하타 씨는 남은 주행 가능 거리를 화면으로 보여주며 그렇게 설명했다. "사실 지난 일주일 동안 SEAL을 출퇴근용으로 사용해 보았다. 고속도로도 포함된 왕복 100km의 출퇴근 거리였고, 아침에는 교통 체증도 있었다. 그런데 일주일 동안 급속 충전은 단 한 번, 30분만 했을 뿐이다. 일주일째 되는 날 아침, 회사에 도착했을 때 배터리 잔량은 64%였다. 평소처럼 사용해도 완전 충전 한 번으로 일주일 정도는 충분히 사용할 수 있다는 점을 체감했다."

평소에는 가솔린 차량을 이용하고 있다는 이케하타 씨는 BEV와 가솔린 차량의 연비를 다음과 같이 비교했다. "SEAL과 같은 등급의 세단에 60 ℓ 연료 탱크가 있다고 가정해 봅시다. 아이들링 스톱 기능이 있고, 에어컨을 켠 채 시내 주행을 한다면 하이브리드 차량의 연비는 약 12km/ℓ 정도일 겁니다. 즉, 가득 주유한 상태에서 주행이 가능한 거리는 약 720km입니다. 그런 점에서 에너지 비용 면에서는 BEV와 가솔린 차량이 크게 다르지 않다고 느낀다."

SEAL은 BYD의 라인업 중 가장 큰 배터리 용량을 자랑하며, 급속 충전 시 최대 105kW를 지원한다. 이케하타 씨는 다음과 같이 설명했다. "급속 충전기를 사용할 경우, 90kW 타입에서는 약 30분 만에 45kWh, 즉 완전 충전의 약 50%를 충전할 수 있습니다. 150kW 타입이라면 같은 시간 안에 약 75kWh, 즉 약 80%까지 충전이 가능합니다. 충전 스탠드가 시간제로 요금을 부과하는 방식이라면, 더 저렴한 비용으로 충전할 수 있는 장점도 있습니다." 또한 이케하타 씨는 회생 제동과 브레이크 보조 장치를 적절히 활용하면, 도쿄 도심에서 운전할 경우 정지 직전 외에는 브레이크 페달을 거의 밟지 않아도 된다고 덧붙였다.

시승이 끝난 후, 이케하타 씨는 다음과 같이 말했다. "일본에서는 PHEV(플러그인 하이브리드 차량)도 많이 보급되어 있습니다. 하이브리드 차량을 경험한 분이라면 출발 시의 강력한 가속감과 정숙성 등 모터의 장점을 이미 느끼고 있을 것입니다. '답은 시승에서'라는 것이 BYD가 전달하고 싶은 메시지입니다. 꼭 한번 BEV(배터리 전기 자동차)를 직접 시승해 보시고, 불만이나 불안한 점이 있는지 체험해 보시기 바랍니다."

'답은 시승에서'—이것이 이케하타 씨가 전한 핵심 메시지였다.

# 소형 배송 차량은 전동화가 착실히 진행되고 있다

## 혼다, 경상용 전기자동차 N-VAN e:를 발표

온라인 쇼핑 시장의 대폭적인 확대에 따라, 단거리 배송 업무는 급격히 증가하고 있다.
정차와 출발이 반복되는 이러한 상용 활용 환경에서는 BEV의 장점이 크기 때문에, 혼다는 경상용 밴 개발을 추진해
N-VAN e:를 10월에 출시할 예정이라고 발표했다.

본문 : MFi   사진 & 그림 : HONDA／MFi

### ◐ 다양한 고객 니즈에 대응하기 위한 라인업을 준비

경상용 차량으로 등록되는 N-VAN e:이지만, 개인용도까지 염두에 두고 외관과 좌석 수의 구성은 의외로 다양하다. 왼쪽은 취미나 레저 활동에도 잘 어울리는 외관을 갖춘 최상급 그레이드 「e:FUN」으로, LED 헤드라이트와 CHAdeMO 방식 급속 충전이 기본으로 장착되어 있다. 오른쪽은 상용부터 개인 용도까지 폭넓게 활용할 수 있는 스탠다드 타입 「e:L4」이다. 모터는 고회전화를 통해 소형화와 최대 토크 162Nm를 동시에 실현한 전동 액슬(오른쪽 사진)을 탑재해, 만재 상태에서도 경쾌한 주행을 가능하게 한다.

극히 짧은 거리를 이동하며 엔진 정지와 재시동을 반복하는 소형 배송에서는 내연기관차(ICE 차량)가 불리하다. 예열이 제대로 이루어지지 않고 열효율이 낮은 영역을 자주 사용하는 이러한 주행 환경은 배터리 전기차(BEV)에 적합하다. 하루 주행 거리도 수백 km를 넘는 경우는 드물며, 업무 종료 후 야간에 일반 충전만으로 충분하다는 점

도 포인트다. 이러한 시장의 요구를 반영하여 혼다는 현재 판매 중인 내연기관 경상용 밴 N-VAN을 기반으로 전동화한 N-VAN e:를 올해 6월 13일에 발표하고, 10월 10일부터 판매를 시작할 예정이다.

개발에 있어서는 야마토 운수와 공동으로 2023년부터 실용성 검증을 반복하며, 프로토타입 차량으로 실제 배송 업무를 수행했

다. 도쿄 시내뿐 아니라, 한 번의 배송 거리가 긴 우쓰노미야, 언덕이 많은 고베의 영업소에서도 점검이 이루어졌으며, 배터리 전기차(BEV) 상용차로서의 성능을 상세히 확인했다고 한다. 실제 하루 배송 업무를 도중 충전 없이 충분히 소화할 수 있는 1회 충전 주행 거리를 기준으로 배터리 용량을 결정하였고, 기본 차량의 적재 공간과 편의성은 그

← 초저상 대형 공간에 더해, 동승석 측은 필러리스 구조를 차택하여 1580mm에 이르는 대형 개방구를 실현하는 등, 평탄한 플로어를 통해 적재성과 사용 편의성을 충분히 고려한 ICE 경상용차 N-VAN의 적재 공간 설계를 그대로 계승하고 있다. 또한, 충전구는 차량 측면이 아닌 프런트 그릴에 배치함으로써, 충전 중에도 케이블이 도어를 막지 않도록 하는 등 실용성에도 세심하게 배려하고 있다.

○ **버튼식 변속 셀렉터를 채용**

→ 혼다 경차 최초로, 상급차에서 계승된 전자식 셀렉터(에레크트릭 셀렉터)를 탑재. 전진 주행인 "D"는 푸시 방식이며, 한 번 더 누르면 가속 페달에서 발을 뗐을 때 감속도를 높이는 "B" 모드로 전환된다. 게다가 경상용 밴임에도 불구하고 푸시 스타트 시스템을 전 그레이드에 기본 장착하여, 배송이나 배달 시 잦은 승하차에 따른 시동 온오프도 원활하게 수행할 수 있다.

○ **배터리는 냉각과 난방 기능을 갖춘 온도 관리 시스템으로, 편의성과 안정성을 높였다**

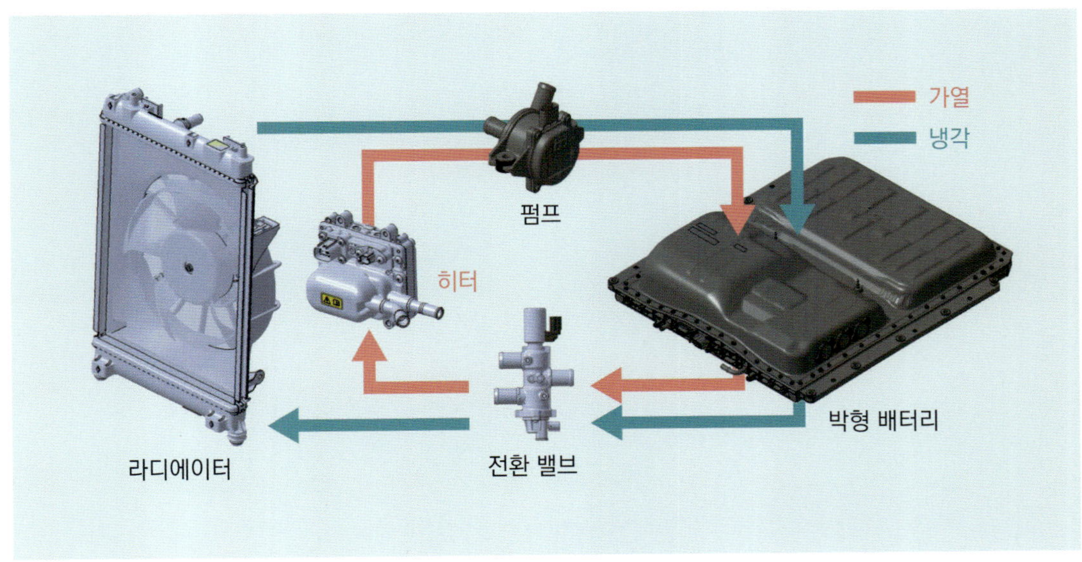


← 플로어 하부에 탑재된 총전력량 29.6kWh의 박형 배터리는 WLTC 모드 기준으로 245㎞의 주행 가능 거리를 실현하며 경쟁 차종을 앞서고 있다. 혼다 차량으로서는 처음으로 파우치 셀 방식을 채택했다. 저은 환경에서는 수랭식 회로를 이용해 배터리를 가열함으로써, 겨울철의 저온 상황에서도 충전 시간을 단축하고 주행 거리 향상을 가능하게 한다. 또한, 일반 충전은 4.5kW의 고출력으로 약 4.5시간 만에 완충이 가능하여, 실제 업무 현장에 대응할 수 있는 다양한 기능이 갖춰져 있다.

대로 유지하면서도, 전력 공급 기능과 모터 주행 특유의 정숙성이라는 가치를 더했다.

N-VAN 역시 주요 타겟은 상용 목적이지만, 취미 용도로도 상당한 비중을 차지하고 있기 때문에, 이 N-VAN e: 또한 개인 사용을 염두에 둔 등급을 포함해 총 4가지 타입으로 구성되었다. 가장 저렴한 등급인 'e: G'는 리스 계약 전용으로 243만 9800엔으로 책정되었으며, 각종 보조금을 적용하면 모든 등급에서 200만 엔 이하의 가격으로 구매할 수 있어 내연기관차(ICE 차량)와의 가격 차이를 크게 줄였다. 경상용 밴으로는 처음으로 사이드 커튼 에어백을 탑재하는 등 안전 장비도 충실하며, 스마트폰이나 태블릿을 통한 원격 충전 및 전력 공급 기능도 지원한다.

혼다는 향후 일본 국내에서의 전동화 전략을 추진하기 위해, N-VAN e:에 이어 2025년에는 경승용 배터리 전기차(BEV)를 출시할 예정이라고 밝혔다. 더불어 2026년에는 두 종의 소형 BEV를 추가로 투입하겠다는 모델 전개 계획도 동시에 발표했다. 일본 내 시장에서 전동화를 가속화하려는 의지를 드러낸 것이다.

혼다는 폐기 범퍼를 분쇄한 재생 소재를 1996년부터 사용해왔지만, 도장막 조각이 이물질처럼 남아 외관 품질 문제가 발생해 오랜 기간 동안 눈에 띄지 않는 부품에만 제한적으로 사용해왔다. 하지만 N-VAN e:의 프런트 그릴은 이 조각들을 오히려 의도적으로 늘려 혼합함으로써, 다양한 색상이 흩뿌려진 듯한 효과를 통해 디자인적 가치를 부여한 소재로 제작되었다.

## ◌ 전동차만의 장점인 전력 공급 기능은 더욱 강화

↑ 프런트 그릴의 우측에는 일반 충전 소켓, 좌측에는 급속 충전 소켓이 탑재되어 있다. 딜러 옵션인 Honda Power Supply Connector를 일반 충전구에 연결하면, 최대 1500W까지의 가전제품을 간편하게 사용할 수 있어 고압 세척기, 임팩트 드라이버, 핫플레이트 등도 아웃도어 환경에서 활용할 수 있다 (상단 사진). 또한 급속 충전구에 Power Exporter를 연결하면, 6000W / 9000W의 고출력 공급이 가능해 재난 대응 거점 등에서의 활용도 기대되고 있다 (하단 사진).

## ◌ 배송 비즈니스 현장에 적합한 다양한 시트 구성

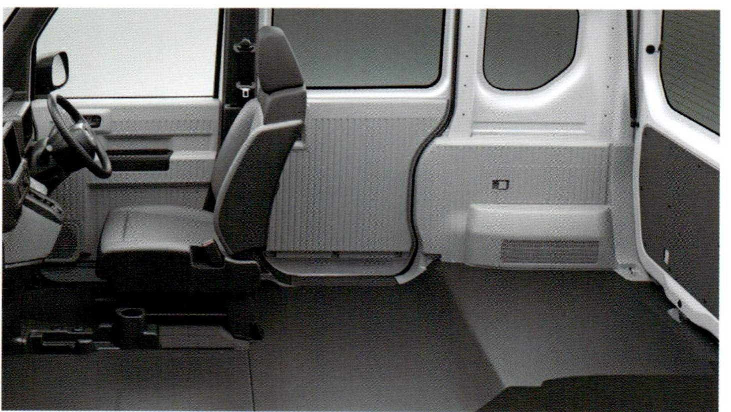

↑ 법인 용도에 특화된 리스 전용 그레이드에서는, 운전석 + 우측 후석이 앞뒤로 배치된 2인승 'e:L2'에 더해, 사진에 보이는 운전석 1인승 'e:G'도 마련되어 있다. 이 모델은 시트가 없기 때문에 적재 공간이 더욱 저상화되었으며, 동승석 쪽 인패널(계기판)을 수직으로 설계해 실내 공간을 정사각형 형태로 만들고, 낭비 없이 짐을 실을 수 있는 공간을 확보했다.

## 슈퍼 타이큐 후지 24시간 레이스 2024

MFi Special Report

# 내구 레이스로 액체 수소 기술을 단련하다

"액체 수소는 탄소 중립의 대안이 될 수 있습니다"
이를 실현하기 위해 토요타는 2023년 대비 3가지 기술을 발전시켰다.
액체 수소 탱크와 액체 수소 펌프, $CO_2$ 회수 장치이다.

본문 & 사진 : 세라 코타

토요타는 2021년부터 슈퍼 내구 시리즈에 GR 코롤라를 출전시켜 수소 엔진 관련 기술을 연마하고 있다. 2021년과 2022년에는 기체 수소를 연료로 사용하였다. 연료전지차 미라이에 사용된 고압 탱크(70MPa)를 개조하여 수소를 탑재하였으며, 탱크 용량은 180ℓ, 수소 탑재량은 7.3kg이다. 이 구성으로 전체 길이 4.563km의 후지 스피드웨이에서 약 12바퀴를 주행할 수 있었다(2022년 실적 기준). 사용된 엔진은 G16E-GTS형 1.6ℓ 직렬 3기통 터보 엔진이다.

2023년에는 연료를 액체 수소로 전환하였다. 액체 수소의 장점 중 하나는 충전 스테이션의 구조가 콤팩트하다는 점이다.

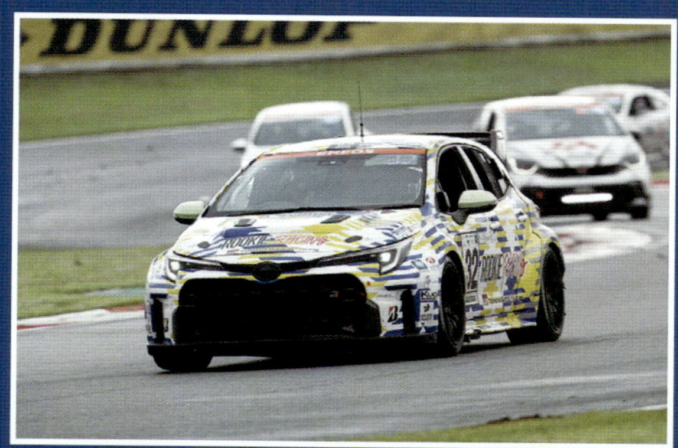

**← 액체 수소 엔진 GR 카롤라**

가솔린 엔진을 수소 엔진으로 전환해 4 시즌째를 맞이하고 있다. 기술자는 "연소의 기초적인 부분은 어느 정도 완성 단계에 도달했다는 느낌이 있다"고 말한다. 상품화에 있어 액체 수소 펌프의 신뢰성 향상이 주요 과제 중 하나이며, 이번 시즌에서는 그 과제에 본격적으로 착수했다.

**↓ 비정형(이형) 탱크를 채택**

개발팀은 "지금 하지 않으면 미래는 바뀌지 않는다"는 마음가짐으로 개발에 임하고 있다고 한다. 비정형(타원형) 탱크에 대해서는 "이제 막 출발선에 섰다"는 인식이다. 섭씨 -253℃에서 액체가 되는 수소를 진공 이중층 구조로 단열하여 저장하고 있다.

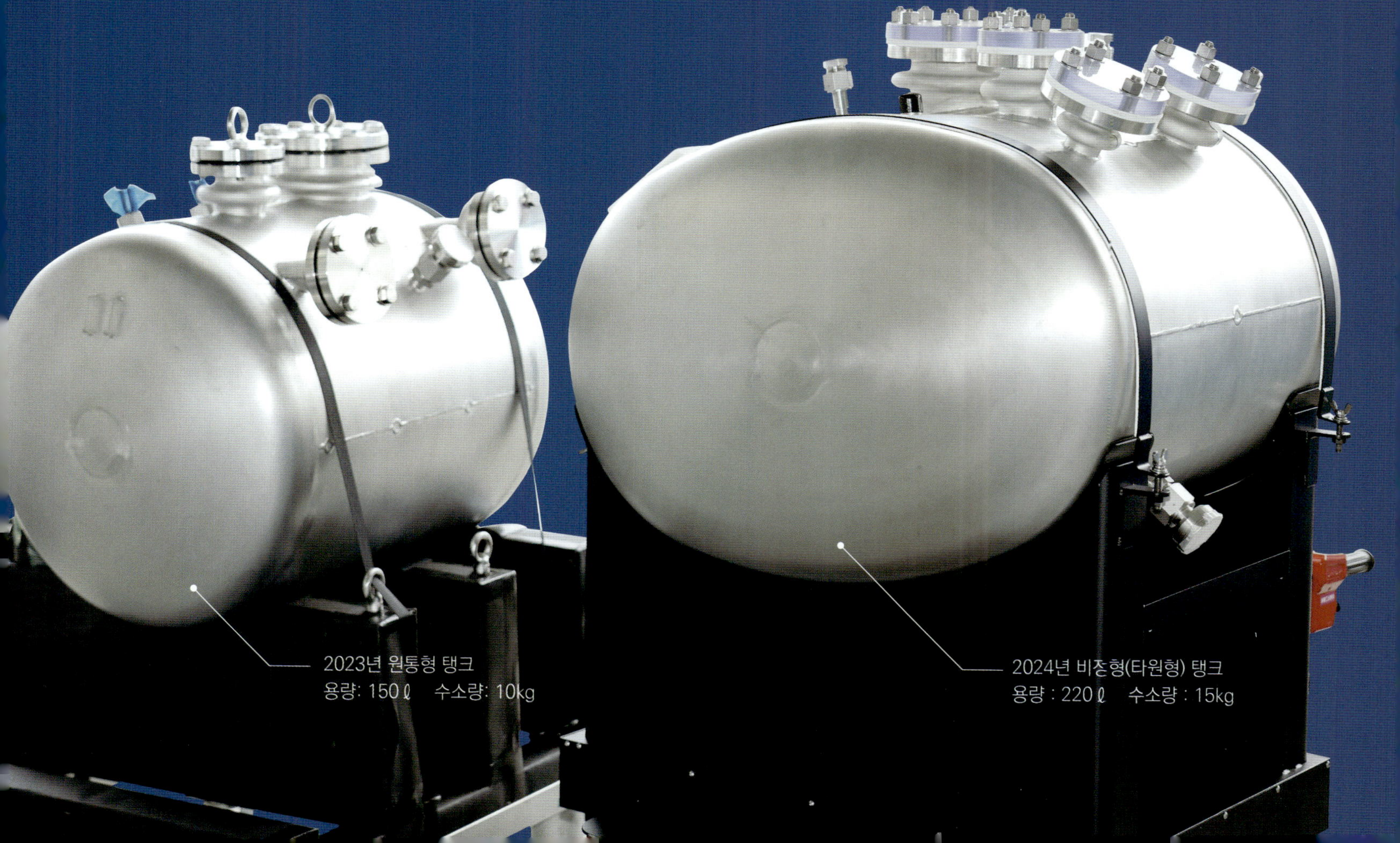

2023년 원통형 탱크
용량: 150ℓ 수소량: 10kg

2024년 비정형(타원형) 탱크
용량 : 220ℓ 수소량 : 15kg

| 레이스 | 2022년 후지 24시간 | 2023년 후지 최종전 | 2024년 후지 24시간 (목표) |
|---|---|---|---|
| 수소의 종류 | 기체 수소 (70MPa 압축) | 액체 수소 | 액체 수소 |
| 탱크 용량 | 180ℓ (기체) | 150ℓ | 220ℓ |
| 수소 탑재량 | 7.3kg (기체) | 10kg | 15kg |
| 항속 랩 수 (후지) | 약 12랩 | 약 20랩 | 약 30랩 |
| 항속 거리 | 약 54km | 약 90km | 약 135km |

### ⊖ 수소 탑재량의 변화

기체 수소에서 액체 수소로의 전환은, 수소 탑재량을 늘려 한 번 충전으로 주행할 수 있는 항속 거리를 늘리는 것이 주요 목적 중 하나였다. 이형(타원형) 탱크의 도입을 통해, 목표로 삼았던 "수소 1회 충전으로 30랩 주행"을 달성했다.

### ↑ 액체 수소 펌프의 내구성 향상

액체 수소를 가압하여 엔진으로 보내는 펌프의 내구성을 대폭 개선하고, 24시간 동안 교환 없이 사용하는 데 도전했으며, 이를 달성했다. 왕복운동을 회전운동으로 바꾸는 크랭크 구조를 외팔지지에서 양팔지지 구조(위·아래 사진의 화살표 부분)로 변경함으로써 부담을 줄이고 내구성을 향상시켰다.

기체 수소는 저장과 가압을 위한 대규모 시설이 필요했기 때문에, 주행 중 수소를 보급하려면 차량을 피트 밖으로 이동시켜야 했다. 반면, 액체 수소는 설비가 간소화되어 일반적인 액체 연료 차량과 마찬가지로 피트에서 직접 보급이 가능하다.

수소를 연료로 사용할 때의 주요 과제인 주행 거리 연장을 실현할 수 있다는 점도 액체 수소의 큰 장점이다. 2023년에는 용량 150ℓ의 원통형 탱크를 채택해, 여기에 10kg의 수소를 탑재하였다. 이로 인해 기체 수소를 사용하던 시기의 약 1.7배에 해당하는 20바퀴를 주행할 수 있게 되었다. 2024년에는 이형(타원형) 탱크를 채택하여 주행 거리를 더욱 연장하는 것이 과제로 제시되었다. 이러한 새로운 기술을 적용한 액체 수소 엔진 탑재 GR 코롤라는 5월 25일부터

26일까지 개최된 후지 24시간 레이스에 출전하였다.

원통형 탱크에서 이형 탱크로 변경함으로써 차량 내의 제한된 공간을 보다 효율적으로 활용할 수 있게 되었다. 새로운 이형 탱크의 용량은 220ℓ이며, 수소 탑재량은 15kg으로 기존 원통형 탱크 대비 약 1.5배에 달한다. 이로 인해 약 30바퀴, 즉 약 135km를 한 번의 주행으로 달릴 수 있게 되었다. 겉보기에는 단순한 변화처럼 보일 수 있지만, 개발에 참여한 기술자는 이를 두고 "작아 보이지만, 매우 큰 한 걸음이다"라고 평가했다.

차량용 액체 수소 용기에 관한 법규는 현재까지 제정되어 있지 않다. 따라서 현재는 편의상 고압가스안전법에 따라 탱크를 제작하고 있으며, 이 경우에는 원통형 외의 선

택지가 허용되지 않는다. 그러나 토요타는 이번 경주가 개최된 시즈오카현에 별도로 신청을 하고 허가를 받아 이형(타원형) 탱크를 사용할 수 있게 되었다. 기체 수소는 70MPa(약 700기압)의 고압으로 저장되는 반면, 액체 수소는 1MPa(약 10기압) 이하로 저장되기 때문에, 금속 탱크에 요구되는 압력 기준은 상대적으로 낮다. 이론상 강도 면에서는 반드시 원통형일 필요는 없지만, 향후 법 제정을 추진하기 위해서는 높은 수준의 안전성을 입증해야 하므로, 현재는 과잉에 가까운 보수적인 설계를 채택하고 있다.

예를 들어, 수지(합성수지)로 제작된 가솔린 탱크는 변형되더라도 수만 회에 달하는 반복 사이클 시험에서 이상이 없음을 입증할 수 있기 때문에, 일정한 변형을 허용하는 설계가 일반화되어 있다. 그러나 액체 수

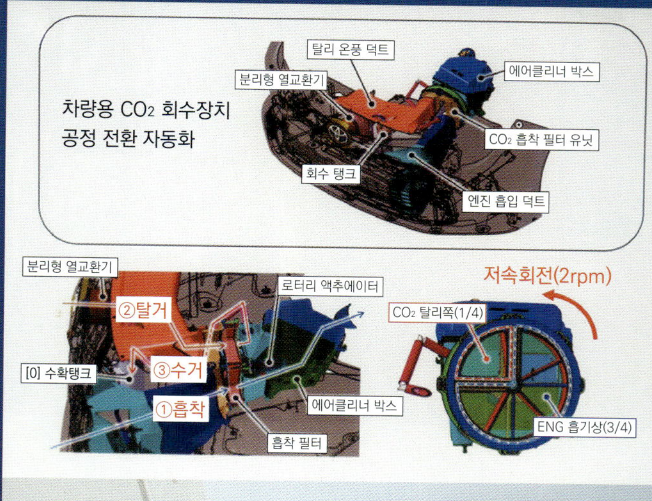


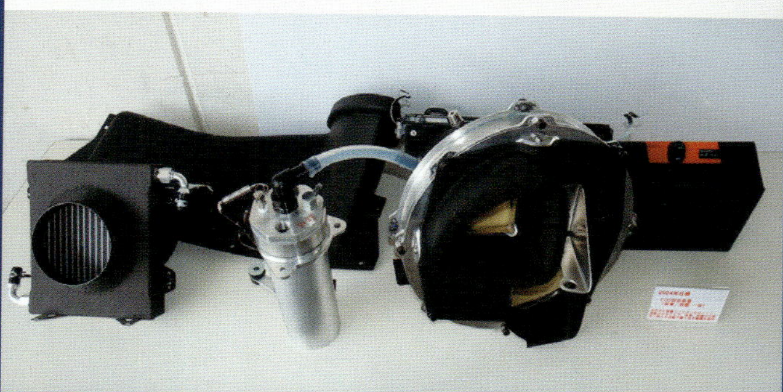

## CO₂ 회수 장치의 진화

CO₂ 회수 장치는 에어클리너 입구에 장착된다. 2023년에는 피트스톱마다 CO₂를 흡착한 필터(위쪽)를 정비사가 탈리(脫離)된 필터로 교체하고 있었다. 2024년 사양(왼쪽 두 항목)은 필터를 회전시켜 (오일 쿨러의 열로) 탈리와 흡착을 자동으로 반복하는 구조로 변경되었다.

## ← 액체 수소 디스펜서의 진화

수소를 주입하는 액체 수소 디스펜서는 충전 온/오프 제어, 과충전 방지, 수소 누출 감시의 역할을 담당한다. 2C23년에는 별도였던 예냉 유닛(조인트 끝단까지 냉각하여 충전 중의 보일오프를 억제)을 일체형으로 통합함으로써, 40%의 슬림화를 실현했다.

소 탱크의 경우에는 아직 그 수준까지 도달하지 못했기 때문에, 이번에는 변형이 전혀 발생하지 않는 이형(타원형) 탱크를 도입하였다. 향후 단계적으로 안전성을 입증하고 변형을 허용할 수 있게 된다면, 경량화를 위한 기술 개발에 가속이 붙을 것으로 기대된다. 개발에 참여한 한 기술자는 "자동차, 인프라, 법 제도의 세 요소가 같은 속도로 정비되지 않으면 수소 사회는 실현되지 않는다"고 말한다. 이번 후지 24시간 레이스에서의 도전은 자동차 기술 측면보다는 법 제도 정비에 중점을 둔 시도였으며, 동시에 탱크의 안전성도 입증되었다.

그러나 자동차 측도 진화를 거듭하며 액체 수소 펌프의 내구성을 향상시켰다. 2023년에는 펌프의 내구성에 문제가 있었기 때문에, 예방적 차원에서 레이스 중 두 차례 교체를 실시했다. 이에 반해 2024년에는 크랭크 구조라는 약점을 내구성이 높은 구조로 개선함으로써, 교체 없이 무사히 레이스를 마칠 수 있었다. 검증이 필요한 것은 엔진뿐만이 아니다. 주변 기술까지 조화를 이루며 함께 발전하지 않으면 수소 사회는 실현될 수 없다. 내구 레이스를 통해 기술 하나하나를 시험하며 한 걸음씩 나아가고 있는 것이 현재의 모습이다.

# 사람과 자동차 기술 전시회

## 야마토 라디에이터 [부품]

▶ 소량 생산으로도 고품질 제품을 제공할 수 있는 것이 강점

# 모터 스포츠를 통해 다듬어진 냉각 효율

열교환기 제조업체인 야마토 라디에이터 공업은 '사람과 자동차 기술 전시회'에서 레이스 차량용 에어쿨러 등을 전시했다.
동사는 기술력과 제품 품질을 끊임없이 발전시키기 위해 모터 스포츠에 적극적으로 참여하고 있다.

본문 : 이시카와 토루  사진 : 마츠누마 타케루

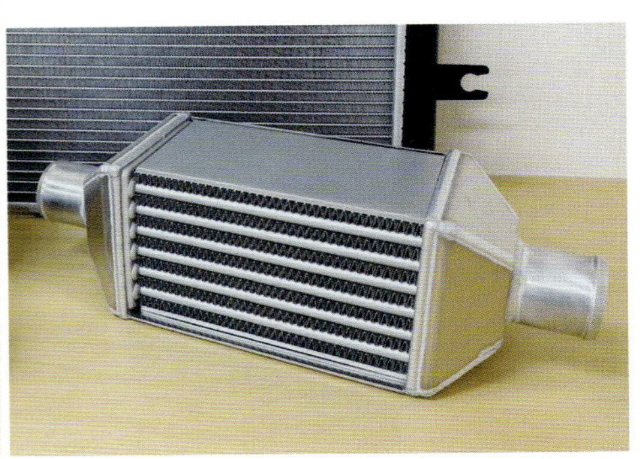

### ● 레이싱 드라이버를 위한 쿨다운 시스템

쿨러는 경량·콤팩트하면서도 고효율 열교환기를 제공하는 야마토 라디에이터가 '사람과 자동차 기술 전시회'에서 전시한 레이스용 에어쿨러의 열교환 유닛이다. 드라이아이스 등으로 냉각한 물을 펌프로 순환시켜, 드라이버에게 냉풍을 보내는 구조이다.

### ● 공기 흐름이 뛰어난 얇고 가벼운 라디에이터

일반적인 라디에이터의 두께는 48mm이지만, 야마토 라디에이터의 제품은 두께를 36mm로 줄인 슬림형으로 설계하여 공기 흐름을 향상시켰다. 그 결과, 더 많은 바람이 라디에이터에 닿게 되어 냉각 효율이 높아진다고 한다.

레이싱 차량에서는 단열 대책이 최소한으로 제한되는 경우가 많다. 그러나 고회전 영역을 자주 사용하는 엔진 등 여러 열원이 차량 내부의 온도를 상승시킨다. 특히 더운 날씨의 레이스에서는 운전석 내부가 고온에 달하며, 이로 인해 드라이버는 큰 육체적 부담을 받게 된다.

다이와 라디에이터가 부스에 전시한 것은 에어 쿨러용 열교환 장치였다. 이 장치는 레이싱 드라이버에게 냉방을 제공하는 에어컨 시스템의 핵심 부품이다. 레이싱용 에어컨 시스템은 차량에 장착되어, 쿨러 박스 내부의 드라이 아이스 등 냉각재로 냉각한 물을 펌프를 통해 순환시키고, 이를 통해 공기의 온도를 낮춘 뒤 드라이버에게 냉방을 제공하는 구조로 구성되어 있다.

이 시스템의 핵심 부품인 열교환기는 당사가 공급하고 있다. 라디에이터 제조에서 쌓아온 기술력을 바탕으로, 단순한 구조와 컴팩트한 크기에서 높은 냉각 성능을 실현하였다. 당사는 레이싱 팀의 고성능 에어 쿨러 설계 및 제작을 지원하고 있다.

최근에는 레이싱카에 쿨러를 탑재하는 사례가 증가하고 있지만, 냉매와 가스를 압축하기 위한 컴프레서 등의 장치가 필요하기 때문에 구조가 복잡해지는 것은 피할 수 없다. 이에 비해 에어 쿨러는 열교환기 외에는

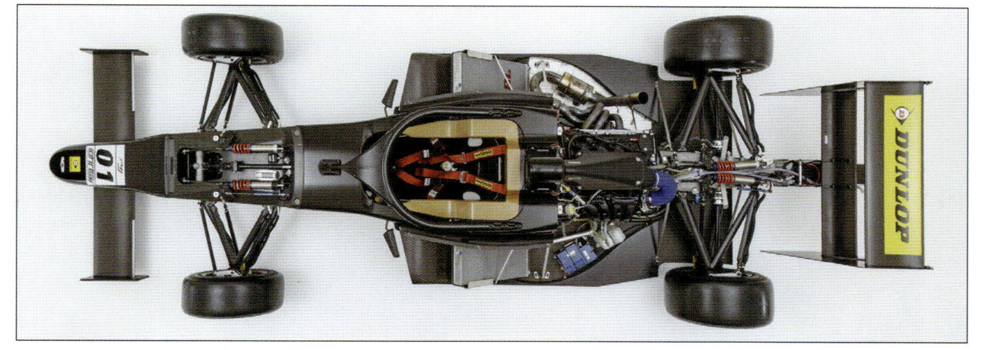

● **수많은 레이스에서 활약하는 라디에이터**

이번 시즌부터 차량이 새롭게 바뀐 젊은 레이싱 드라이버의 등용문인 F4에서는 모든 레이싱카에 야마토 라디에이터 제작 라디에이터가 채용되었다. 그 외에도 SUPER GT 및 슈퍼 내구 시리즈에서도 사용되고 있다. (사진제공: 토레이 카본 매직)

● **기동력이 뛰어난 열교환기 전문 기업**

야마토 라디에이터의 또 다른 강점은 기동력이다. 고객의 요구 하나하나에 세밀하게 대응할 수 있는 유연성에 자부심을 가지고 있으며, 고품질 제품을 소량으로도 생산할 수 있는 체제를 갖추고 있다. 앞으로는 단순히 생각뿐만 아니라, 가열 분야에서도 비즈니스 기회가 있을 것으로 보고 있다.

기본적으로 냉각수를 흐르게 하는 라인만 있으면 되므로, 경량화, 유지 보수성, 비용 면에서 큰 이점을 갖는다. 아시아 최고 수준의 투어링카 레이싱인 'SUPER GT(Super Gran Turismo)'에서도 일부 차량에 이 시스템이 채택되고 있다.

본업인 라디에이터 분야에서도 당사의 제품은 모터 스포츠의 다양한 부문에서 활약하고 있다. 젊은 선수들의 등용문인 '포뮬러 4(F4)' 머신에는 이번 시즌부터 당사의 라디에이터가 공통 부품으로 탑재되고 있다. 이 외에도 SGT의 GT300 클래스와 '슈퍼 내구 시리즈'에 참가하는 대부분의 팀이 다이와 라디에이터의 제품을 사용하고 있다.

이 회사의 제품은 높은 냉각 효율을 강점으로 내세우고 있다. 생산기술부 부장 가지하라 씨는 "공기의 '통기성'을 높여 가능한 한 많은 바람이 라디에이터에 닿도록 하여 냉각 성능을 향상시키는 데 주력하고 있다"고 설명한다. 핀의 형상과 재질을 개선함으로써 라디에이터를 더욱 얇게 만들고 통기성을 높이는 개발이 진행되고 있다고 한다. 일반적으로 레이싱용 라디에이터의 두께는 48mm가 표준이지만, 이 회사의 제품은 방열 성능을 유지하면서 두께를 36mm로 줄여 경량화를 실현했다.

자동차 분야 이외에서도 '가열' 수요에 대응하고 있다. 예를 들어, 공장의 배기열을 활용해 물을 데워 난방이나 손 씻기용 온수로 사용하는 시스템에도 야마토 라디에이터의 열교환 기술이 활용되고 있다고 한다. 또한, 에어컨과 히트 펌프를 개발하는 전기 제조 업체에는 시제품 제작을 위한 개별 설계 열교환기를 공급하는 방식으로 기술 지원을 제공하고 있다.

이 회사의 제품이 모터 스포츠 현장에서 활약할 수 있는 또 다른 이유는, 사용자이기도 한 레이싱 팀의 요구에 유연하게 대응할 수 있는 기동력에 있다 노다 고문(생산 관리부)은 "모터 스포츠용 제품에만 국한되지 않고, 고품질의 제품을 소량으로 공급할 수 있다는 점이 대기업이 쉽게 따라올 수 없는 당사의 강점입니다"라고 자부심을 드러낸다.

모빌리티의 전기화가 우려 사항이 되지 않느냐는 질문에 대해. 오히려 기회로 보고 있다고 대답했다. "모터나 수소 엔진 등 파워트레인이 변화해도 냉각은 여전히 필요합니다. 예를 들어 전기 자동차에서는 배터리와 인버터의 냉각이 필수입니다. 이러한 흐름을 좋은 기회로 삼아, 더욱 고효율의 냉각 시스템 사업을 확장해 나갈 계획입니다."

노다 고문은 "라디에이터 개발에서 축적한 열교환 기술을 기반으로, '가열 및 냉각 기술의 전문가'로 한층 더 발전하고 싶다"고 말했다.

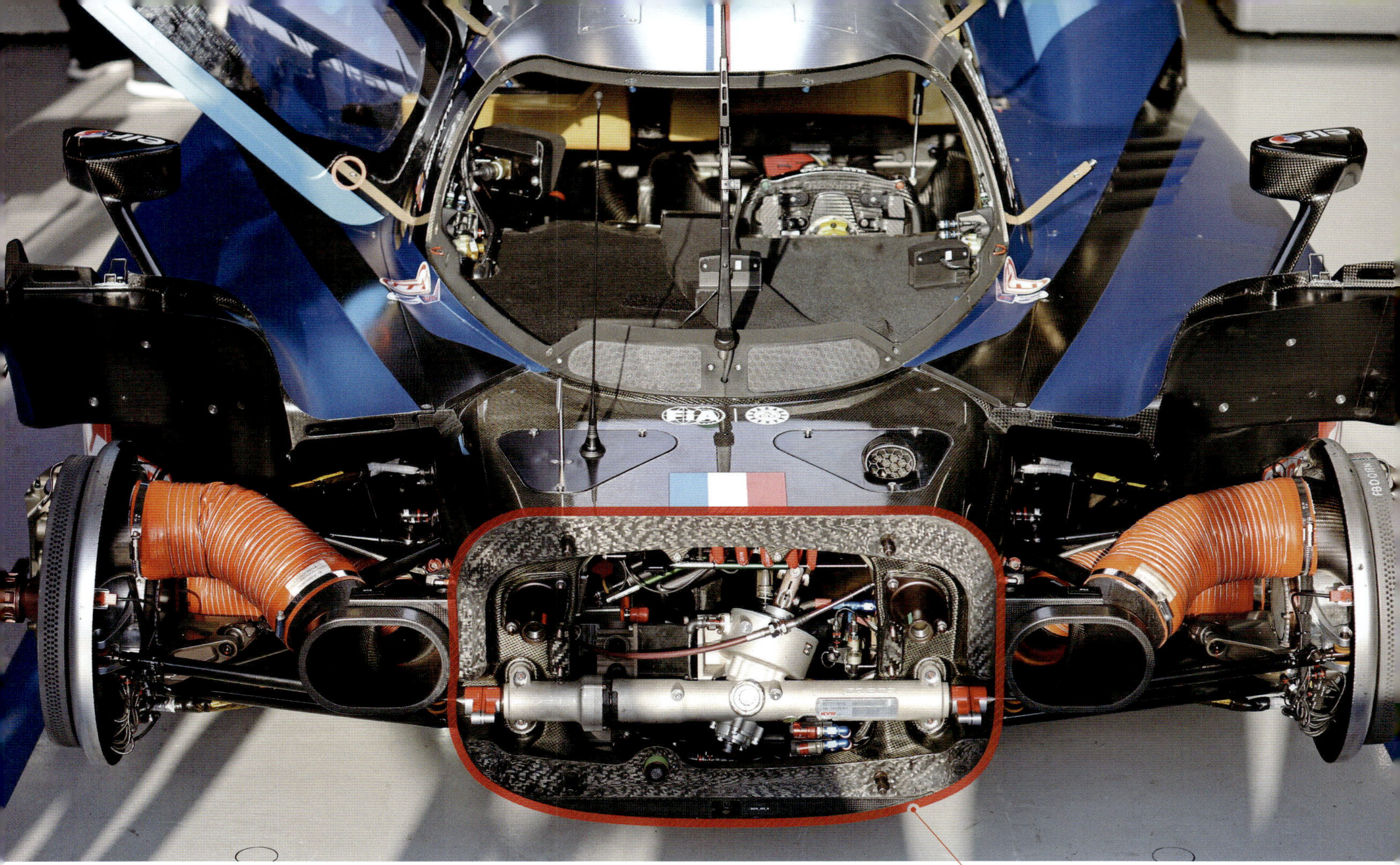

# KYB SPORTS EPS

MFi Special Report

## 레이싱 머신의 전동 파워 스티어링

2023년과 2024년 모두 르망 24시간 레이스의 우승 머신은 전동 파워 스티어링을 채택하고 있었다. 그 전동 파워 스티어링(S-EPS)에는 카야바(KYB)의 기술이 사용되었다. 혹독한 모터 스포츠 현장에서 사용되는 EPS에는 과연 어떤 기술이 적용되어 있는 것일까?

본문 &·사진: 세라 코타(世良耕太) 사진 : AUTOSPORT 그림 : KAYABA

### ALPINE A424

↑모노코크의 프런트 벌크 헤드에 강성을 확보하기 위해 최적의 4점 고정 방식으로 장착되어 있는 것이 S-EPS의 랙 케이스이다. 타이로드는 이른바 '전방 인출식'이기 때문에, 스티어링 휠을 회전시킨 방향으로 바퀴를 변환하기 위해 피니언 기어는 랙의 하측에 위치한다.

### Ferrari 499SP

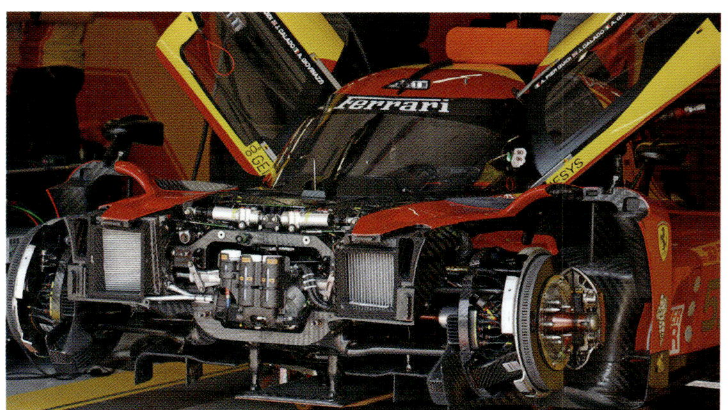

↑ 토요타처럼 F1에 뿌리를 둔 팀이나 엔지니어들은 익숙하게 다뤄온 유압식 파워 스티어링을 선택하는 경우가 많다(애초에 디퍼렌셜 제어 등을 위해 유압원을 보유하고 있는 경우도 있기 때문이다). 그렇게 생각하면 EPS(전동 파워 스티어링)를 채용한 것은 이례적이라고 할 수 있다.

### ST-TYPE EPS for LMH

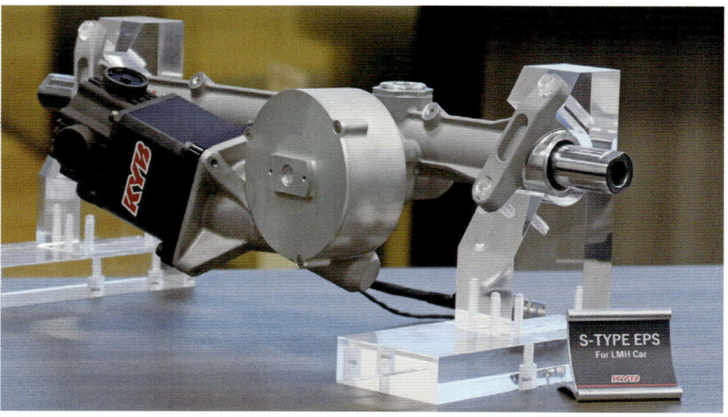

↑ 랙 케이스는 기본적으로 알루미늄 주물로 제작되지만, 소량 생산일 경우에는 비용이 높아진다. 적은 수량만을 원하는 사용자에 대해서는 전체를 절삭 가공으로 대응하기도 한다. 주물 방식과 전체 절삭 가공 방식 각각의 견적을 제시하고, 사용자 측이 선택하는 방식이다.

2024년 6월 15일부터 16일까지 개최된 제101회 르망 24시간 레이스에서 페라리 499P가 2년 연속으로 종합 우승을 차지했다. 이 LMH(Le Mans Hypercar: 르망 하이퍼카) 규격의 하이퍼카에는 일본의 카야바(KYB)의 기술이 적용되었다.

그 기술은 전동 파워 스티어링(Electric Power Steering: 전동식 조향장치)이다. 스포츠 주행용 EPS를 뜻하는 S-EPS(Sport Electric Power Steering: 스포츠 전동식 조향장치)는 8000km 주행마다 정밀 점검을 실시하는 것이 기본이다. 그러나 핵심 부품인 모터는 3만 2000km를 주행해도 거의 교체가 필요하지 않다고 한다. 우승한 499P는 24시간 동안 4237.07km를 주행했다. 단순히 주행 거리만 보면 충분한 여유가 있었으며, 르망 레이스에 국한하지 않고 S-EPS 자체에는 전혀 문제가 없었다고 판단할 수 있다.

S-EPS를 탑재한 차량은 LMH 규격의 페라리 499P만이 아니다. 르망 24시간 레이스를 시리즈 중 하나로 포함하고 있는 WEC(FIA World Endurance Championship: 국제자동차연맹 세계 내구 선수권 대회)의 최상위 클래스인 하이퍼카 카테고리에는 LMH 외에도 미국 IMSA(International Motor Sports Association: 국제 모터스



□ 12V PSC ( Power Steering Controller)

← 토크 센서로부터 신호를 받아, 그 신호(토크)에 따라 모터에 직류 전류를 보내는 것이 PSC의 역할이다. 스티어링 토크가 클수록 더 큰 전류를 보내고, 더 큰 축 출력(랙 추력)을 발생시킨다.

□ 센서 유닛

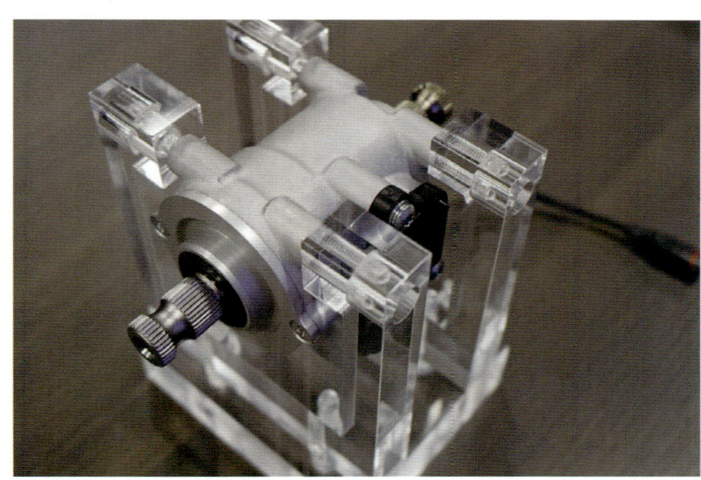

→ 페이지의 왼쪽 사진이 보여주듯, LMH/LMDh 차량의 프런트 벌크헤드 후방 공간은 매우 협소하며, 이 공간 안에 서스펜션 구성 유닛을 수납해야 한다. 장착성을 높이기 위해, 토크 센서를 분리형으로 설계한 타입도 준비되어 있다.

ST-TYPE EPS

for **LMDh**

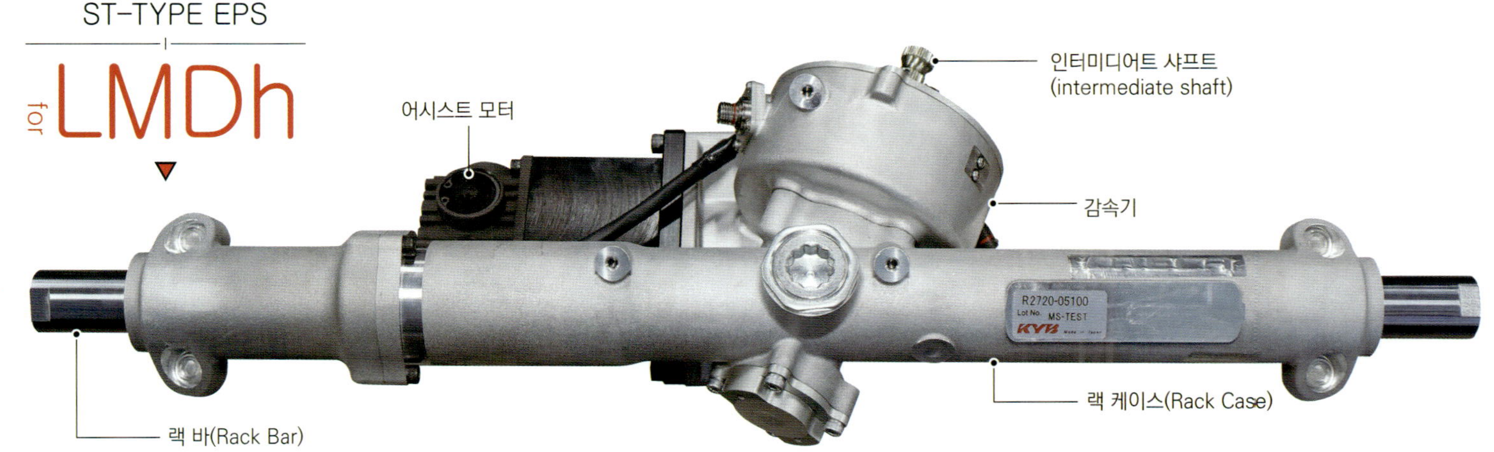


LMDh용 S-EPS는 단일 타입이 아니다. 고정 요소와 가변 요소를 모두 갖추고 있어, 사용자의 요구에 맞게 커스터마이즈할 수 있는 높은 자유도를 지니고 있다. 그 때문에 오레카(Oreca), 달라라(Dallara), 리제(Ligier)가 장착하는 S-EPS도 완전히 동일한 사양은 아니다. 예를 들어, 랙 케이스의 길고 짧음은 전용 설계가 가능하며, 가변 요소가 적을수록 납기(납품 기한)가 짧아진다 (3개월 ~1년 미만). 최종 형태가 확정되면, 설치 매뉴얼과 맵 튜닝 매뉴얼이 사용자에게 전달된다.

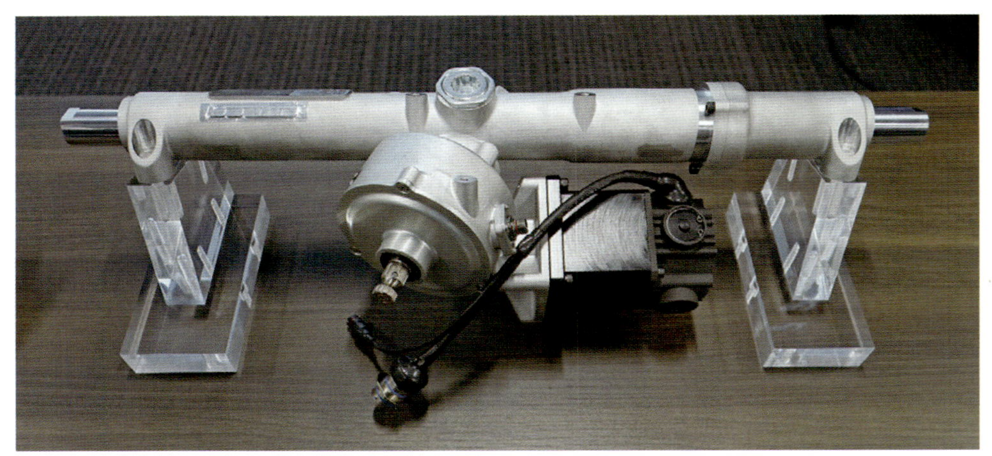

↑ LMDh용 S-EPS를 실내 측에서 내려다본 모습. 오레카(알피느), 달라라(BMW, 캐딜락), 리제(람보르기니)는 모두 좌측 핸들 사양이다. 사진은 토크 센서를 감속기 부분에 일체화한 타입이다.

포츠 협회)의 최상위 클래스인 LMDh(Le Mans Daytona h) 차량도 참가할 수 있다.

LMDh는 오레카(알피네), 릴제(람보르기니), 다라라(BMW와 캐딜락), 멀티매틱(포르쉐) 등 지정된 4개 업체가 섀시를 제조사에 공급하는 구조다. 이 4개의 섀시 업체 중 멀티매틱(유압식 조향 장치 사용)을 제외한 나머지 세 업체는 모두 카야바(KYB)의 S-EPS를 탑재하고 있다. 082페이지 사진은 오레카가 제작한 섀시(알피네 기반)이다.

카야바(KYB)의 조사에 따르면, 슈퍼 내구 레이싱에서 자사 전동식 조향 장치의 탑재율은 7%이며, SUPER GT에서는 22%에 달한다(GT300 클래스만 해당하며, GT500 클래스는 공통 사양의 유압식 조향 장치를 사용한다). 슈퍼 포뮬러에서는 카야바가 단독으로 EPS를 공급하고 있어 100%의 탑재율을 기록하고 있다. 다른 분야에서는 파워보트 F1 H2O 시리즈에서 컬럼식 EPS가 보급되고 있다. 본고장인 포뮬러 원(Formula One: F1)에서는 2001년까지 EPS 사용이 허용되었지만, 드라이버 보조 장치로 제어 기능을 통합할 수 있고, 그 제어 내용을 외부에서 확인하기 어렵다는 이유로 2002년부터는 금지되었다(이후에는 전부 유압식 조향 장치를 사용하고 있다). 한편, 타 팀에 앞서 자체 개발한 EPS를 차량에 처음으로 탑재한 것은 2000년의 혼다(Honda)였다.

전동식 조향장치가 요구되기 시작한 배경에는 타이어의 그립력 향상과 공기역학적 성능의 발전으로 인해 전륜 하중이 증가하고, 이에 따라 더 큰 조향력이 필요해졌다는 점이 있다. 유압 보조 방식으로도 대응할 수 있지만, 파워 스티어링 펌프를 구동하는 과정에서 손실이 크다는 단점이 있다. 이에 비해 EPS는 에너지 손실이 적고, 다양한 차량에 적용할 수 있는 범용성이 높으며, 개발 기간이 짧고 설정의 자유도가 높은 장점을 지닌다. 경쟁사들은 전동 유압식 방식을 포함한 유압 조향 시스템을 사용하고 있지만, 카야바(KYB)의 S-EPS는 이러한 이점을 바탕으로 선택되었다. 또한, 높은 신뢰성도 주요한 판매 포인트 중 하나로 꼽힌다.

물론 이것은 S-EPS에만 해당되는 이야기는 아니지만, 개발 초기에는 당연히 여러 문제가 존재했다. 그러나 지속적인 개선을 통해 신뢰성이 향상되었고, 지금에 이르게 되었다.

카야바(KYB)가 작성한 'S-EPS의 변천사' 자료에 따르면, 최초의 S-EPS는 1994년에 JGTC (All Japan Grand Touring Car Championship: 전일본 GT 선수권 대회, 현재의 SUPER GT)에 제공되었다고 기록되어 있다. 이는 토요타의 모터 스포츠 차량의 개발을 담당하는 TRD(Toyota Racing Development)와 공동 개발한 것으로, 당시 Supra 차량에 적용되었다. 이 시기의

← 양산차용 EPS는 브러시리스 AC(교류) 모터가 주류지만, S-EPS 는 전통적으로 브러시가 있는 DC(직류) 모터를 사용한다. 브러시리 스 방식으로 전환하면, 모터의 위치를 감지하기 위한 센서가 필요해 지고, 3상 교류를 사용하기 때문에 드라이버(제어기)의 비용도 높아 지는 등, 전체적인 비용 상승으로 이어지기 때문이다.

↓ 브러시리스 모터도 검토하고는 있지만, 당면 과제는 어시스트 포 화에 대한 대응이라고 한다(086 페이지 참조). 주행 중 드라이버로 부터 피드백을 받으면, 다음 피트스톱 시 랩을 재작성하는 등 신속한 대응이 가능한 것이 S-EPS의 장점이다.

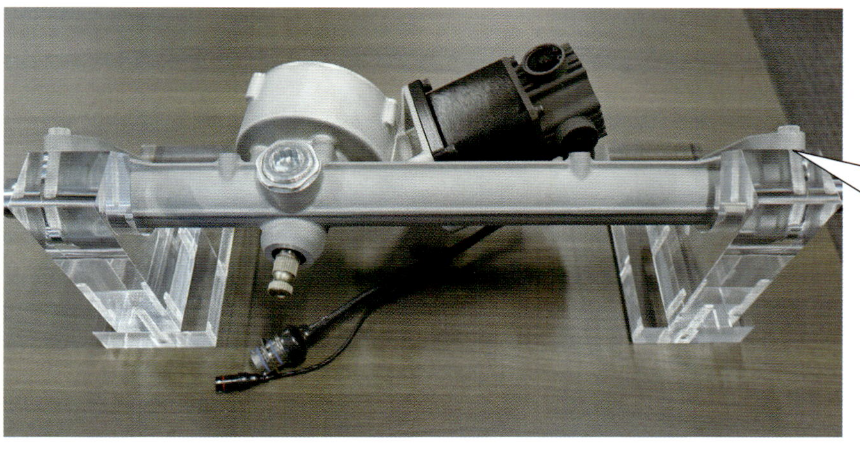

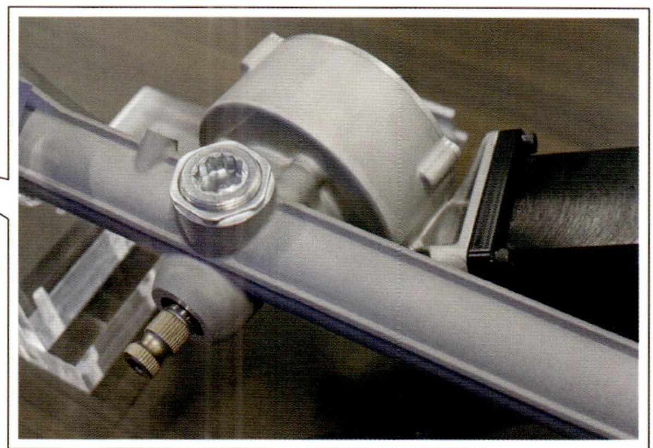

↑ 페라리 499P에 탑재된 S-EPS와 동일한 타입으로, 토크 센서는 분리형이다. LMDh용은 랙 케이스의 앞쪽(실내 측)에 감속기가 배치되어 있는 반면, LMH용은 랙 케이스 전방에 감속기와 모터가 배치되어 있다.

S-EPS는 컬럼식 구조였다. 또한, 해당 자료의 표에는 2001년에 'Le Mans 차량에 공급 개시'라고 기재되어 있으며, 동시에 여러 팀에 공급한 것으로 보인다. 그중 하나가 도무(Dome) S101 차량이며, 이 모델에는 피니언 기어 보조식 구조의 EPS가 사용되었다. 르망을 중심으로 한 내구 레이싱 분야에서 카야바의 S-EPS 채택이 확대된 이유는, S-EPS를 경험한 드라이버와 엔지니어가 다른 팀으로 이적하면서 '성능이 뛰어난 장비가 있다'는 평가를 전달했기 때문이다. 물론, 카야바의 적극적인 영업 활동도 이러한 확산에 중요한 역할을 했다.

S-EPS의 작동 원리는 양산차에 적용되는 일반적인 EPS와 기본적으로 동일하다. 드라이버가 스티어링 휠을 돌리면 그에 따른 토크가 발생하고, 이 토크를 토크 센서가 감지하여 해당 신호를 ECU(Electronic Control Unit: 전자 제어 장치)로 전달한다. 카야바(KYB)에서는 이 ECU를 엔진 제어 장치와 혼동하지 않도록 PSC (Power Steering Controller: 파워 스티어링 컨트롤러)라고 명명하고 있다. 토크 신호가 PSC로 입력되면, PSC는 그에 따라 적절한 전류를 생성한다. 생성된 전류는 모터를 구동시켜 회전 토크를 만들어내며, 이 토크는 감속기를 통해 증폭된 후 피니언 기어에서 랙 기어로 이어지는 경로를 따라 전달되어, 스티어링 휠의 회전 운동이 축의 직선 운동으로 변환된다. 이러한 작동 방식은 양산용 EPS와 동일하지만, S-EPS는 서킷 주행이라는 특수한 용도에 맞춰 전용 설계를 바탕으로 제작되었다. 예를 들어, 양산차의 EPS는 주행 쾌적성을 높이기 위해 진동 억제 제어를 적용하는 것이 일반적이지만, S-EPS에서는 이러한 제어가 주행 감각에 방해가 되기 때문에 도입하지 않는다. 레이싱 드라이버에게는 차량의 움직임과 노면 상태를 정확하게 감지하는 것이 무엇보다 중요하기 때문이다.

30년에 걸쳐 진화를 거듭해 온 S-EPS는 슈퍼 포뮬러와 같이 공통 부품으로 지정되는 사례가 증가하고 있으며, 랠리와 같은 아직 본격적으로 진출하지 않은 분야로의 확장을 모색하면서 영향력을 넓히기 위해 지속적으로 진화를 이어가고 있다.

**현**재 피니언 타입의 S-EPS(Steering Electric Power Steering: 스티어링 전동 파워 스티어링) 모터는 세 가지 타입으로 구성되어 있다. 하나는 어시스트 토크(N·m: 뉴턴미터)를 중시하는 타입, 또 하나는 추종 속도(deg/sec: 각도 초당 회전속도)를 중시하는 타입이며, 나머지 하나는 그 중간 특성을 가진 타입이다. 감속비의 관계로 인해 어시스트 토크를 중시하면 조향 시 추종 속도가 희생되고, 반대로 추종 속도를 중시하면 어시스트 토크가 떨어지는 경향이 있다.

양산차의 경우, EPS는 차고 진입과 같은 극저속 상황에서 최대 부하, 즉 최대 랙 추력이 요구된다. 반면, 경주차의 경우에는 고속 코너링 시에 최대 부하가 발생한다. 이러한 상황은 해외에서는 스파프랑코르상 서킷의 올루즈 코너, 국내에서는 스즈카 서킷의 2코너, 후지 스피드웨이의 100R, 그리고 SUGO 서킷의 마지막 코너 등이 대표적인 예에 해당한다. 최근 차량의 성능 향상에 따라, 어시스트 토크의 증대가 요구되고 있는 상황이다. 현재의 최대 추력은 약 10000N 정도이지만, 이에 대해 "기존보다 1.5배 정도 늘려달라"는 요청이 들어오고 있다고 한다. 어시스트가 부족한 상태에서는, 운전자가 큰 횡G를 견디며 무거운 스티어링과 싸워야 하기 때문에 상당한 부담이 된다. 이러한 조건은 프로 드라이버에게도 힘든 일이지만, 특히 내구레이스에 참가하는 젠틀맨 드라이버에게는 더욱 큰 부담이 될 수 있다.

어시스트 토크 증가에 대한 요구에 대응하기 위해, 전압을 48V로 설정한 새로운 시스템이 도입되었다. 현재는 12V 시스템이 일반적이지만, 전류를 증가시켜 어시스트 토크를 높이는 방식은 조향 추종성과의 양립에서 한계에 도달했다. 이에 따라 전압을 높여 대응하는 방식이 채택된 것이다. 현재 개발 중인 48V 시스템은 단일 모터 사양으로, 12V 시스템 중 가장 큰 어시스트 토크를 제공하는 타입(R-1) 수준의 어시스트 토크를 발생시킴과 동시에, 12V 시스템 중 가장 빠른 조향 추종 속도를 보이는 타입(R-3)을 뛰어넘는 조향 추종 속도를 실현하고 있다. 이 시스템은 순차적으로 테스트 제품이 출시될 예정이며, 각 컨스트럭터들은 이번 시즌 중 테스트를 진행하고 있다. 테스트가 성공적으로 마무리 된다면, 48V 시스템은 2025년 시즌부터 실전 투입될 전망이다.

### 🔲 12V PSC (Power Steering Controller)

## 🔲 48V 시스템의 장점

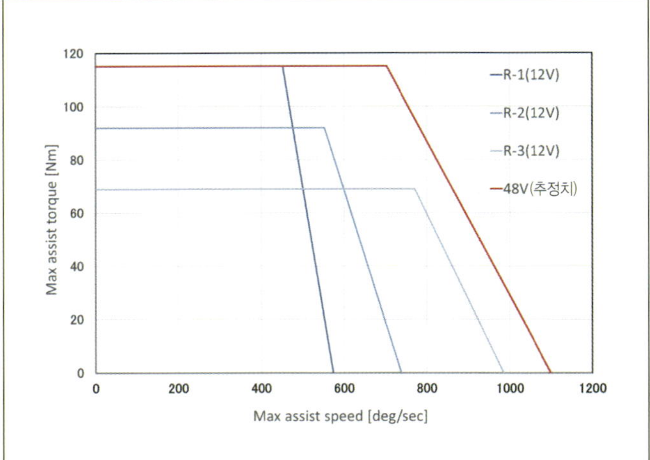


↑ R-1, R-2, R-3은 모두 12V 시스템의 모터 타입이며, 각각 어시스트 특성에 차이를 보인다. R-1은 큰 보조 토크를 제공하지만, 조향 추종 속도가 낮다는 특징이 있다. 반면, 개발 중인 48V 시스템 모터는 R-1보다 어시스트 토크는 낮지만, 조향 추종 속도에서는 우위를 가진다. 또한, R-3와 비교했을 때, R-1 수준의 보조 토크를 제공하면서도 R-3보다 더 빠른 조향 추종 속도를 실현하고 있다.

| 현행 12V 시스템에서 선택 가능한 3종류의 모터 성능 | | | |
|---|---|---|---|
| 모터의 종류 | 보조 토크 | 조향 추종 속도 | 평가 |
| R-1 | ○ | × | 보조 토크는 충분함<br>조향 추종 속도는 부족함 |
| R-2 | △ | ○ | 보조 토크는 약간 부족함<br>조향 추종 속도는 대체로 만족스러움 |
| R-3 | × | ◎ | 보조 토크는 미측정<br>조향 추종 속도는 만족스러움 |

| 48V 시스템 (모터 1종) | | | |
|---|---|---|---|
| 모터의 종류 | 보조 토크 | 조향 추종 속도 | 평가 |
| 48V | ○ | ○ | 12V 버전의 R1이 가진 보조 토크와<br>R-3이 가진 조향 추종 속도를 모두 만족 |

↑ 현행 12V 시스템에서 선택 가능한 3가지 종류의 모터 특성과, 48V 시스템 모터의 특성을 정리하였다. 고전압화를 통해 큰 보조 토크를 낼 수 있게 되었기 때문에, 조향 추종 속도를 희생하지 않아도 된다. 테스트용 제품은 2024년 가을 이후에 출시될 예정이다.

← 골드 색상의 케이스가 눈길을 끄는 48V 시스템용 PSC는 커넥터 배치는 12V 버전과 동일하다. 12V에서 48V로 변환하는 DC-DC 컨버터(PSC와 비슷한 크기로 예정)와 48V 배터리도 동시에 개발 중이다. 보조 모터 역시 48V 전용으로 설계된다.

# BOSCH
## Press tour 2024

CASE(C: Connected, A: Autonomous, S: Shared & Services, E: Electric)라는 구호 아래 시작된 전동화의 거대한 물결은 다소 가라앉았고, 그 자리를 대신해 주목받고 있는 것이 바로 소프트웨어 정의 차량(Software-Defined Vehicle: SDV)이다. 이번에는 메가 서플라이어인 보쉬(BOSCH)의 SDV에 대한 대응과 노력을 현지에서 직접 체험하고 왔다.
본문 : MFi   사진 : MFi／BOSCH

**전**기자동차(Battery Electric Vehicle: BEV)가 세계를 구할 것이라는 입장을 고수하는 유럽 세력. 최근에는 합성연료(e-Fuel)의 사용을 전제로 엔진 탑재를 재검토하고 있는 메르세데스와, 두 가지 축의 전략(2필러 전략)을 내세우는 폭스바겐 등, BEV에만 전적으로 의존하지 않는 분위기도 나타나고 있다. 그러나 궁극적으로 자동차는 전기자동차로 전환될 것이라는 비전에

는 변함이 없다.

그러한 인식을 바탕으로 독일을 방문했기 때문에, 독일 국내에는 전기자동차가 많이 운행되고 있을 것이라 예상했지만, 실제로는 그 모습을 쉽게 볼 수 없었다. 등급을 나타내는 배지를 제거한 차량이 많아 종류를 구별하기 어려웠으며, 적어도 외관상으로 전기자동차로 보이는 차량은 시내와 고속도로를 포함해 그다지 많이 보이지 않았다. 테

슬라는 간혹 보였고, 닛산 아리아는 단 한 번 마주친 정도였다.

자동차를 좋고 나쁨으로 판단하기보다는 도구로 인식하는 국민성 때문인지, 독일인의 전기자동차에 대한 실질적인 평가를 직접 체감할 수 있었다.

그러나 결국에는 전기자동차로 귀결될 것이라는 점은 이미 정해진 사실로 받아들여지고 있다. 실제로 유럽자동차산업협회

# 보쉬 박물관 (Exhibition of BOSCH history)

## 보쉬의 업적과 아카이브

창업자 로버트 보쉬가 어떻게 BOSCH를 설립하고 어떤 제품을 세상에 내놓았는지 실제 제품과 함께 되돌아본다. 점화장치로 시작해 등화류, 연료 분사 시스템 등으로 발전해 나가는 모습을 볼 수 있었다. 특이한 점은 보쉬가 가전제품 시장에도 일찍이 진출했다는 점이다. 냉장고, 중앙 난방 시스템 등 1930년대부터 현재까지 이어지고 있다. 예전에 방문했던 곳인데 기억과 다른 곳, 찾아보니 지난 방문은 2013년이었다.

↑ 가솔린용 연료 분사 장치인 제트로닉의 제어부, 아날로그 회로로 1967년 등장해 상용차 제품으로는 세계 최초로 폭스바겐 '1600'에 탑재됐다.

← 헤드라이트 시스템은 1913년에 양산이 시작되었다. 그때까지의 가스등과 달리 발전기와 레귤레이터, 배터리를 세트로 한 전기식 전조등 장치인 것이 특징이었다.

→ 보쉬(BOSCH)의 첫 번째 제품은 마그네토(Magneto)였다. 이는 "고장이 잦은 브레이크 스파크 로드를 사용하지 않고도 작동하는 마그네토식 고전압 점화 장치"로, 전자기 유도에 의해 안정적으로 고전압의 점화 에너지를 얻을 수 있어 널리 보급되었다. 오른쪽에 있는 장치는 1차 코일의 전류를 단속하기 위한 콘택트 브레이커이다. 이 마그네토의 아머처 단면 형상이 바로 현재의 보쉬 로고가 되었다는 사실은 잘 알려져 있다.

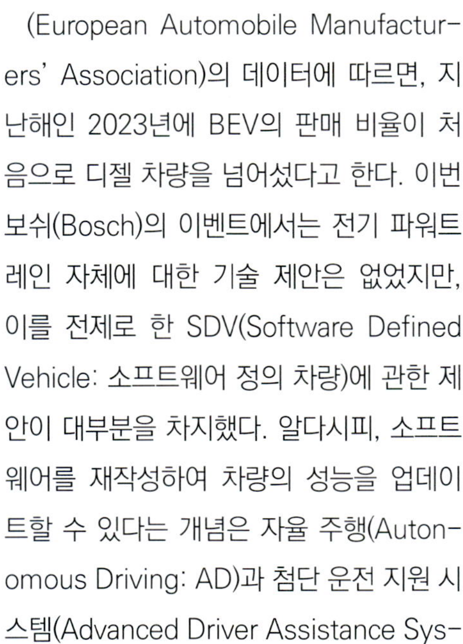

(European Automobile Manufacturers' Association)의 데이터에 따르면, 지난해인 2023년에 BEV의 판매 비율이 처음으로 디젤 차량을 넘어섰다고 한다. 이번 보쉬(Bosch)의 이벤트에서는 전기 파워트레인 자체에 대한 기술 제안은 없었지만, 이를 전제로 한 SDV(Software Defined Vehicle: 소프트웨어 정의 차량)에 관한 제안이 대부분을 차지했다. 알다시피, 소프트웨어를 재작성하여 차량의 성능을 업데이트할 수 있다는 개념은 자율 주행(Autonomous Driving: AD)과 첨단 운전 지원 시스템(Advanced Driver Assistance Sys-

tems: ADAS), 인포테인먼트는 물론, 파워트레인과 섀시 부품에 이르기까지 차량 전체를 큰 폭으로 변화시킬 수 있다.

일본에서는 차량의 '주행, 조향, 제동' 성능 변경이 형식 인증의 제약으로 인해 실현되기 어려운 상황이지만, 기술적으로 가능하다는 사실은 향후 차량의 상품성을 높일 수 있다는 가능성을 시사한다.

과거에는 새로운 성능을 원할 경우 자동차를 교체하는 것이 유일한 방법이었다. SDV는 스마트폰과 같은 개념으로 인해 흔히 '편리함'의 관점에서 이해되기 쉽지만, 차량을 구매한 이후에도 '안전'과 '안심' 기능을 향상시킬 수 있다면 그 의미는 매우 크다고 할 수 있다.

이번 테크 데이(Tech Day)에 참가하면서, 다시 한 번 그러한 가능성을 실감하게 되었다.

# 테스트 코스 (Automated drive test course)

## 슈투트가르트 시내를 주행하는 자율 주행차(AD차량)

이 차량은 단순한 테스트 코스에서 운행되는 것이 아니라, 시내의 개발 거점을 출발해 시가지부터 고속도로까지 순회하는 공공도로 기반이라는 점에서 놀라움을 안겨주었다. 잘 알려져 있다시피 슈투트가르트는 매우 붐비는 도시이며, 자동차는 물론 보행자, 자전거, 오토바이, 철도, 심지어 전동 모빌리티까지 오가는 복잡한 환경은 자율 주행차에게 매우 까다로운 상황이다. 이러한 다양한 대상과의 적절한 거리 유지와 속도 제어는 물론, 신호등, 제한속도 표지, 급커브 등 도로 인프라도 정확히 인식해 속도를 조절한다.

← 정체에서 앞차와의 간격을 적절히 유지하면서 정지와 출발을 반복하는 것은 현재의 ADAS 차량 및 ACC 기능으로도 실현할 수 있지만, 정체 최전선에서 교차로 진입 시 적색신호를 인식하고 정지하는 것은 AD 차량만이 할 수 있는 행동이다.

→ 테스트 차량은 2대를 준비했으며, 당일에는 ID.BUZZ에 시스템이 탑재된 차량에 시승할 수 있었다. 이번 시스템의 주목할 만한 특징 중 하나는 고속도로 램프의 커브 구간에서 자동으로 속도를 조절한다는 점이다. 보시다시피 앞차를 따라가는 것이 아니라 자율적으로 제어를 수행한다.



DAY. 19th June **2** | 리서치 캠퍼스 | BOSCH Tech Day 2024 | 📍 **Renningen**

# 리서치 캠퍼스 (BOSCH Tech Day 2024)

## 임원 기초 연설

Tech Day 2024의 핵심 메시지는 SDV였다. 수많은 스타트업들이 시장에 진입하고 있는 현재 상황 속에서, BOSCH는 단순히 소프트웨어에 그치지 않고 하드웨어까지 깊이 관여해 온 역사를 언급하며, SDV를 주도하기에 적합한 플레이어임을 강조했다. 당연한 말이지만, 하드웨어 성능을 넘어서는 SDV는 존재할 수 없다는 입장이다. 다만, 자사만의 폐쇄적 생태계를 구축하려는 것이 아니라, 대등한 파트너십을 전제로 본격적인 SDV 시대에 대비할 필요성을 역설했다.

↑ 하르퉁 회장은 1979년 모트로닉(Motronic)을 시작으로 BOSCH가 소프트웨어 기업으로서의 성격도 갖추게 되었음을 설명하며, 하드웨어에 의존하지 않는 '스탠드얼론 소프트웨어' 비즈니스에 주력하고 있다는 점을 강조했다.

↑ 모빌리티 사업 부문 회장인 하인 씨는 효율적인 SDV(소프트웨어 정의 차량)를 실현하기 위해서는 아키텍처뿐만 아니라 단순하면서도 강력한 컴퓨터 시스템의 구성이 필요하며, 이는 소프트웨어뿐 아니라 하드웨어를 포함한 기술 개발이 필수적임을 강하게 강조했다.

# 브레이크아웃 세션

SDV가 가져올 시장 동향과 사업 구조의 변화가 이번 세션의 주제였다. 사용자들의 구매 기준은 이미 하드웨어가 아닌 소프트웨어와 서비스로 완전히 이동하고 있으며, 시장의 니즈를 정확하고 빠르게 파악함으로써 가치 있는 솔루션을 개발할 수 있다고 설명되었다. 앞으로 자동차 산업은 더욱 소프트웨어 및 서비스에 의존하게 되며, 이러한 변혁의 과정에서는 서로 다른 영역과 요구에 대응할 필요가 있다. 특히 ADAS와 인포테인먼트의 통합은 필수적이지만, 복잡한 과제를 수반한다는 점도 강조되었다.

↑ 보쉬 모빌리티 부문 최고 전략 책임자(CSO)인 덴프프 씨(왼쪽)와 최고 기술 책임자(CTO)인 피린 씨(오른쪽)는 SDV를 둘러싼 시장 동향과 이에 대응하는 BOSCH의 사업 구조에 대해 발표했다. 덴프프 씨는 비즈니스 측면에서의 구조와 전략에 대해, 피린 씨는 기술적인 구조 변화와 향후 트렌드에 대해 각각 설명했으며, 발표는 총 약 30분간 진행되었다.

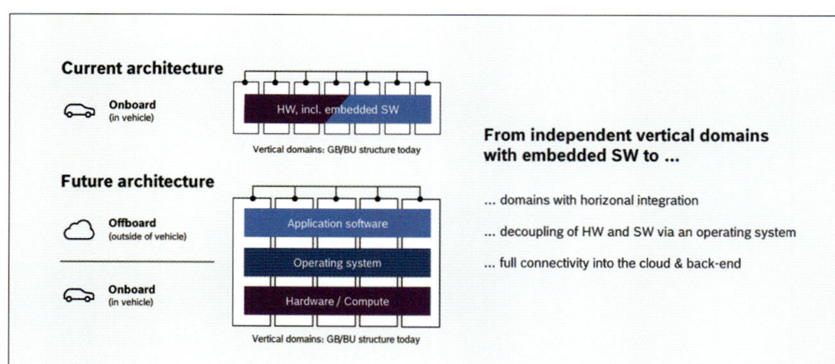

← BOSCH의 지금까지의 사업 구조(위)는 여러 개의 서로 다른 도메인이 있고, 그것들은 하드웨어에 내장된 소프트웨어로 연결되어 있다. 이를 앞으로는 5개의 도메인으로 나누고, 더 나아가 하드웨어 + OS + 소프트웨어/애플리케이션의 구조로 만들어야 한다.

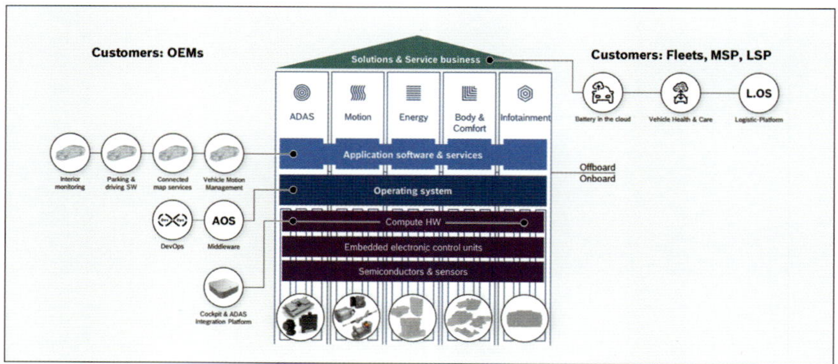

← 왼쪽 그림을 좀 더 자세히 살펴보면, 5개의 도메인은 ADAS/모션/에너지/바디&컴포트/인포테인먼트이다. 고기능을 실현하는 애플리케이션은 OS를 기반으로 구동되는 구조이며, 하드웨어와 분리되어 가는 것이 SDV를 촉진한다.

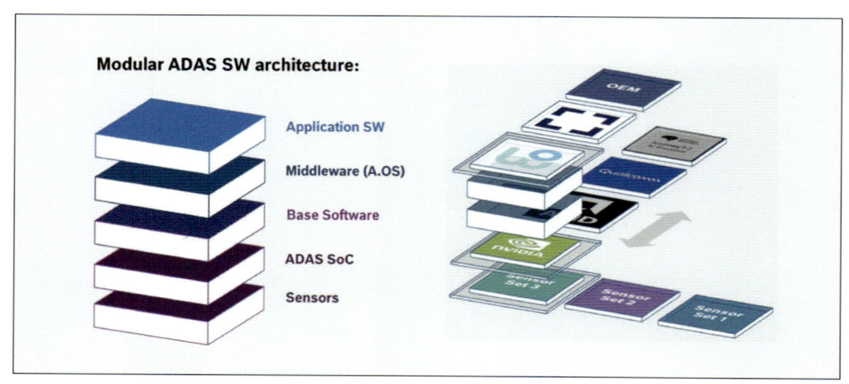

→ 모듈형 아키텍처 개념: OEM에 따라 사용하는 ADAS 칩이 달라도 복잡한 시스템을 실행할 수 있다는 점을 어필한다. 미들웨어를 개입시킴으로써 하드웨어와 소프트웨어를 분리할 수 있고, 협업도 더욱 쉬워질 것이라는 기대감을 나타냈다.

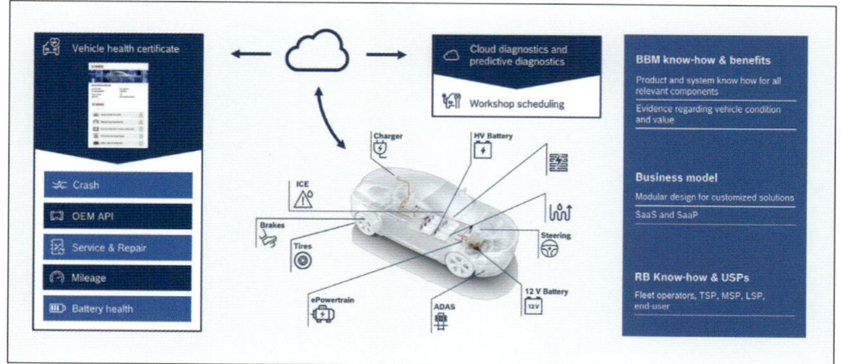

→ BEV의 핵심 장치인 배터리를 클라우드의 디지털 트윈을 통해 정확하게 모니터링한다. 차량 탑재 센서의 각종 정보를 통해 배터리 상태를 정확하게 추적하고, 충전 중 배터리 부담을 최소화할 수 있도록 운전자와 대화할 수도 있다고 한다.

## 6대의 시승용 테스트 카

오전의 프레젠테이션 청강을 마친 후 테스트 코스로 이동하여 시승을 위한 시승 무대가 시작되었다. 시승용 테스트카는 총 6대로, 크게 SDV를 통한 차량 운동 제어를 목표로 하는 VMM(위 사진)과 바이와이어 기술을 구현한 Act by wire(아래 사진)로 나뉜다. 이 두 가지 모두 전 세계 OEM과 공급업체들이 적극적으로 도전하고 있는 테마로, BOSCH도 이 부분을 잘 파악하여 시승 차량으로 꾸민 인상이다. 또한, 당일 많은 미디어 팀이 참여한 행사였음에도 불구하고 모든 차량을 제대로 시승할 수 있었다.

## 기술 전시 및 시연

6대의 시승차 외에도 야외 및 텐트 내 전시 설명이 준비되어 있었다. 야외에는 A필러/스티어링 칼럼/앞유리 등에 장착된 카메라 센서가 운전자의 상태를 상세히 분석하여 졸음이나 부주의에 빠졌을 때 경고를 보내주는 차내 모니터링 시스템을 전시하고, AI를 사용하여 컵홀더의 음료수나 콘솔의 담배까지 인식하고, 이를 손에 들었을 때 메세지를 발신하고 경고하는 시스템은 놀라웠다.

↑ 차내 모니터링 시스템은 2023년부터 의무화된 CPD: Child Presence Detection도 당연히 구현했다. 더미를 올려놓은 카시트의 존재를 정확하게 파악해 자동차 안팎으로 경고하는 시연을 하고 있었다.

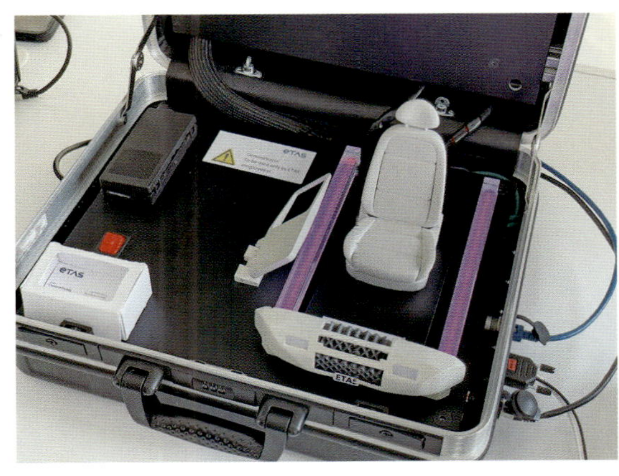

↑ 텐트 내 전시에서는 ETAS가 인공지능을 활용한 애플리케이션 생성기를 선보였다. "문을 열면 운전석을 뒤로 슬라이드시키고 조명을 보라색으로 빛나게 한다" 식으로 언어 모델을 통해 입력하면, 즉시 결과를 얻을 수 있는 도습을 직접 체험할 수 있었다.

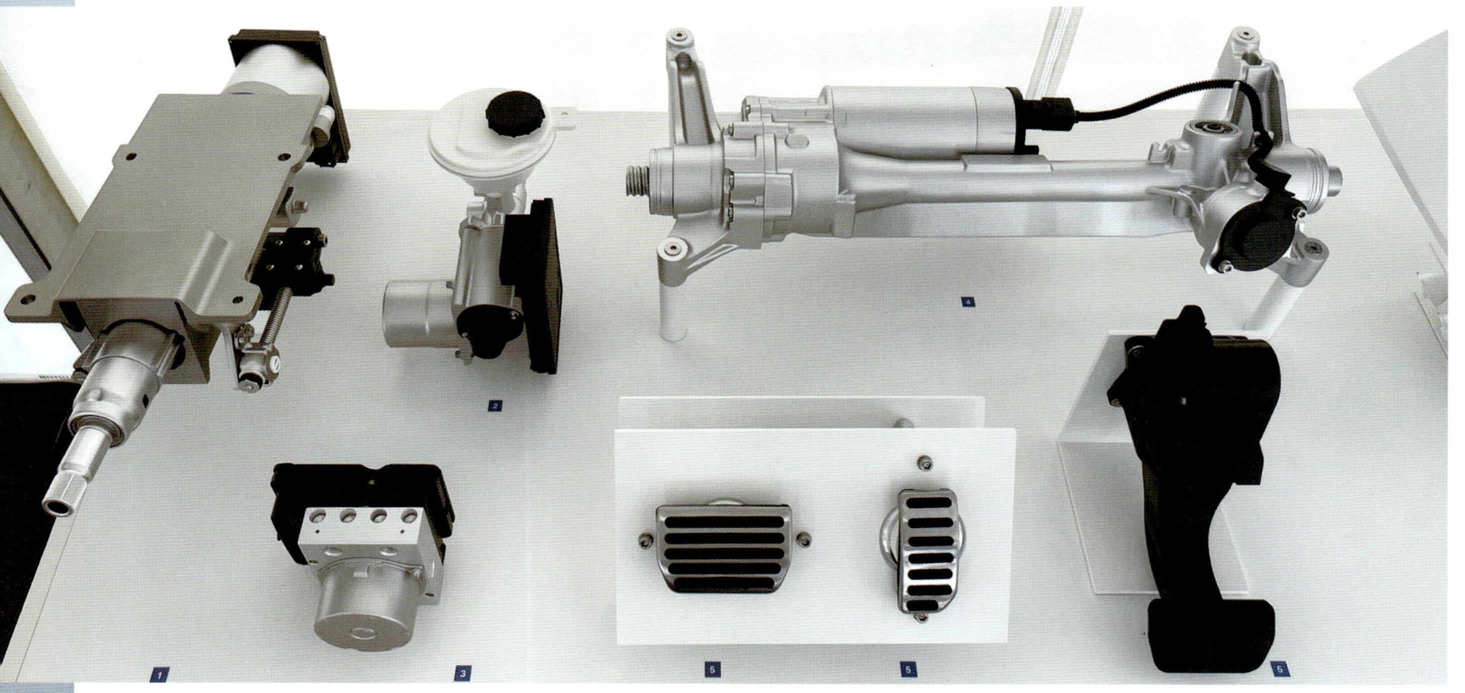

## Act by wire

통상적으로는 기계적 또는 유압 회로를 연결하여 시스템을 구성하는 장치에 대해, 전기 신호의 송수신만으로 성립시키려는 것이 '바이와이어(By-Wire)'이다. 이번 Act by Wire 시리즈에서는 스티어링과 브레이크 시스템에 대한 제안이 이루어졌다. 장점으로는 기계적 레이아웃에 대해 높은 자유도가 생긴다는 점, 제어 범위가 기계적 제약에서 해방된다는 점이 있다. 다만 어느 경우든 시스템의 고장이 발생하면 차량 제어가 불가능해져 중대한 사고로 직결되기 때문에, 철저한 중복 설계가 요구된다.

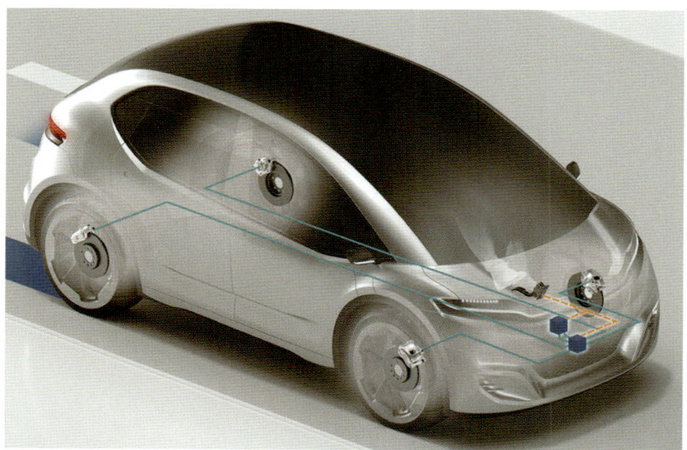

### By-brake actuator + ESP 10 base

↓ 일반적인 브레이크 페달 구조를 계승한 BbW(Brake-by-Wire) 제안 제품이다. 큰 구조 변경 없이 토보드(발판) 주변에 설치할 수 있으며, 당연히 유압 배관이나 로드 배치는 불필요하다. 한편 BbW 시스템에는 캘리퍼의 추진력까지 완전히 유압 배관을 없앤 드라이 타입과, 컨트롤 밸브 이후에 유압 배관을 남겨두는 세미 드라이 타입이 있는데, 이번에 전시된 것은 후자의 세미 드라이 방식 제안 제품이었다.

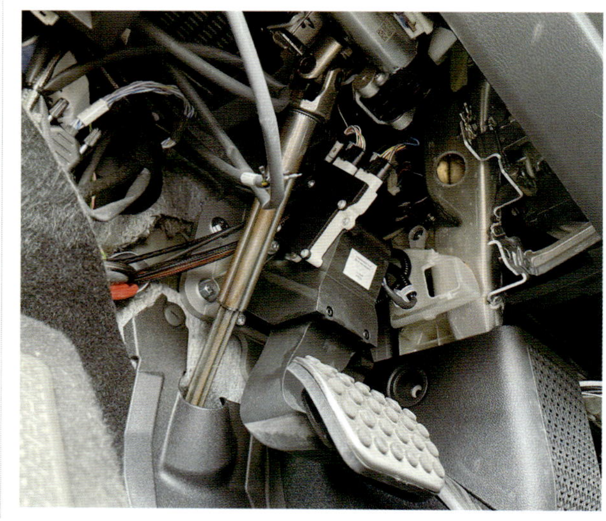

### Driving control pads

↘ 브레이크는 일반적으로 페달을 밟은 만큼 마스터 실린더에 입력 스트로크가 발생하고, 이에 따라 제동력이 증가하는 구조이다. 그러나 바이와이어(By-Wire) 방식이라면 이러한 기구적 원리에 의존하지 않고 자유롭게 설계할 수 있다. 이에 따라 본 시스템은 페달의 밟는 힘(페달 입력력)으로 브레이크 토크의 상승을 구현하는 방식으로 설계되었다. 액추에이터는 사진에서 보이는 것처럼 매우 작으며, 페달 스트로크는 극히 짧다.

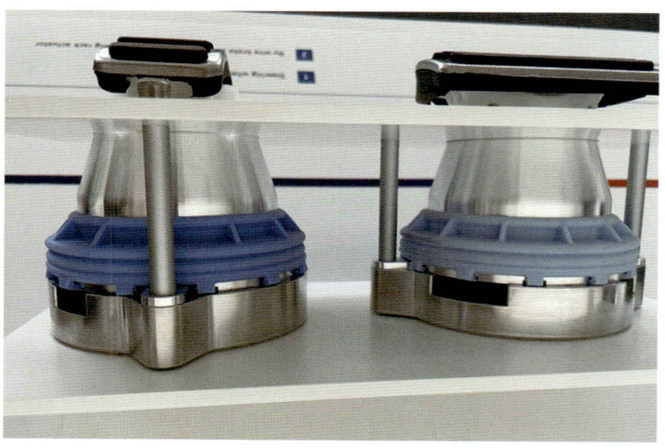

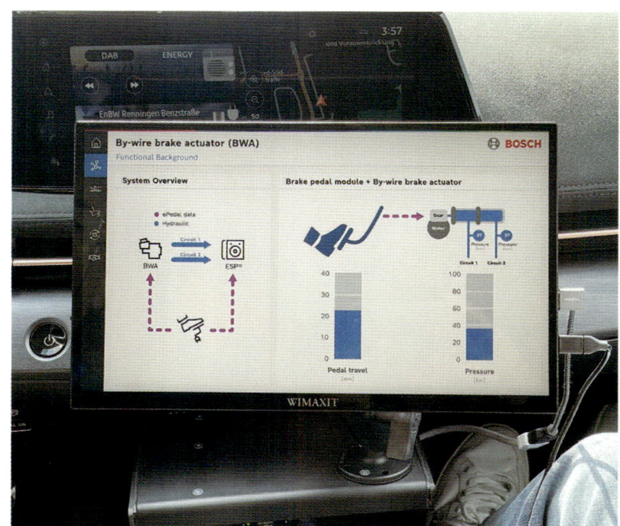

↑ BbW 시스템은 ESP(전자식 차체 자세 제어 장치)와의 연결을 통해 이중화된 구조를 갖추고 있다. 당일 테스트 주행에서는 제동력 상승 곡선을 마일드, 노멀, 스트롱의 3가지 모드로 전환하여 테스트할 수 있었다. 다리의 움직임이 적어지므로, 가속과 감속이 빈번한 도심 주행에서는 피로를 줄이는 데 도움이 될 것으로 보인다.

↑ BbW의 장점을 특히 강하게 체감할 수 있었던 부분은 회생 제동에서 마찰 제동으로의 전환 동작이었다. 초저속 상태에서 천천히 페달을 밟아도 페달에서 느껴지는 이질감은 물론, 차량의 거동에 어떠한 흔들림도 없었고, 전환이 일어났다는 것을 전혀 감지할 수 없었다. 이에 대해 엔지니어는 "페달이 완전히 유압 회로에서 분리되면 이러한 제어가 가능해집니다"라고 설명했다.

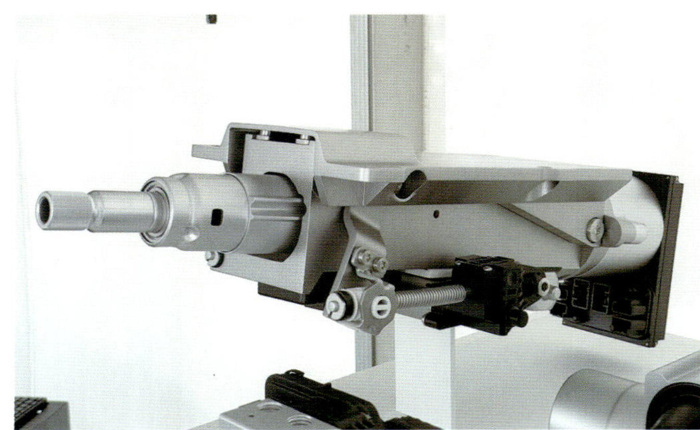

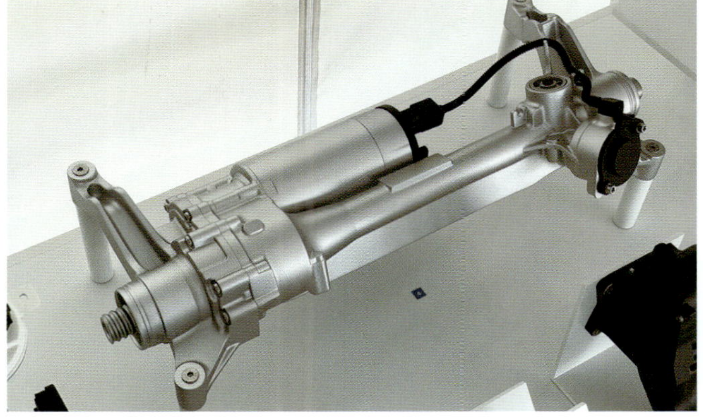

## Steer-by-wire

컬럼 측과 랙 측을 연결하는 중간 샤프트를 완전히 없앨 수 있는 것이 스티어 바이 와이어(Steer-by-Wire)의 특징이다. 입력과 출력이 물리적으로 연결되어 있지 않기 때문에, 기어비를 자유롭게 설정할 수 있는 것이 장점 중 하나이다. 데모 주행에서는 다양한 기어비(레시오)를 준비하여 차량 거동의 차이를 시험할 수 있었다. 과제로는 조향시 반력(조향 시 운전자가 느끼는 저항력)의 세밀한 조정이 있는데, 이 부분은 OEM(완성차 업체)의 영역이라고 엔지니어는 설명했다.

**시**험 코스는 연구소 뒤편에 위치한 테스트 트랙이었다. 당일 오전에는 비가 내려 행사의 진행이 우려되었지만, 오후에는 맑은 날씨로 회복되어 다행이었다. (오히려 젖은 노면에서 효과를 발휘할 수 있는 기술들도 적지 않았다.) SDV(Software Defined Vehicle: 소프트웨어 정의 차량)의 관점에서 VMM 차량 3대는 그 효과를 충분히 시험할 수 있었으며, 특히 실시간으로 주의 지점을 공유할 수 있는 데이터 기반 서비스인 서스펜션 컨트롤(Suspension Control)과 이브레이크 투 제로(eBrake to zero)의 효과가 뚜렷하게 확인되었다. 다만, 차량의 성능이 소프트웨어에 따라 변할 수 있다는 점에 대해 독일 내에서는 이를 어떻게 규제하고 있는지가 궁금하다. 일본 내에서도 지난달 초 형식 인증 문제로 큰 소동이 있었던 만큼, SDV의 실제 운용에 있어서 어느 수준까지 허용될 수 있을지 주목된다. 가장 현실적인 방향은 넓은 범위에서 형식 인증을 먼저 취득한 뒤, 판매 사양에서는 기능을 제한하는 방식일 것으로 보인다.

한편, 바이와이어(By-Wire) 시스템은 국내외 여러 부품 공급업체들이 적극적으로 제안하고 있는 기술군이다. 스티어 바이 와이어(Steer-by-Wire)는 닛산이 이미 상용화에 성공했지만, 브레이크 바이 와이어(Brake-by-Wire)는 아직 시판 차량에 적용되지 않았다. (스로틀 바이 와이어는 이미 실용화되었다.) '멈추는 것'과 '선회하는 것'은 차량 제어에서 마지막까지 완성하기 어려운 과제일 것이다. 하지만 기계적인 편의에 의존하지 않는 이 두 기능은 자동차의 가능성을 크게 확장할 수 있다는 기대를 모으고 있으며, 실제로 테스트 코스에서도 그 효과를 실감할 수 있었다. 과제는 양쪽 모두 온/오프(On-Off)의 특성을 지닌 디지털 장치를 어떻게 기존의 아날로그적 조작 감에 가깝도록 자연스럽게 만들어낼 수 있느냐 하는 점이다.

바이와이어 시스템은 구조적으로 고급 장치에 해당하기 때문에 비용이 높아, 일반적으로는 고가 차량부터 적용될 것으로 예상된다. 그러나 이 기술이 진정한 효과를 발휘할 수 있는 곳은 오히려 레이아웃의 제약이 많은 소형차 쪽이다. 따라서 이러한 기술이 소형차에 적용되었을 때의 조작감과 실질적인 효과를 하루라도 빨리 시험해보고 싶은 제안이었다.

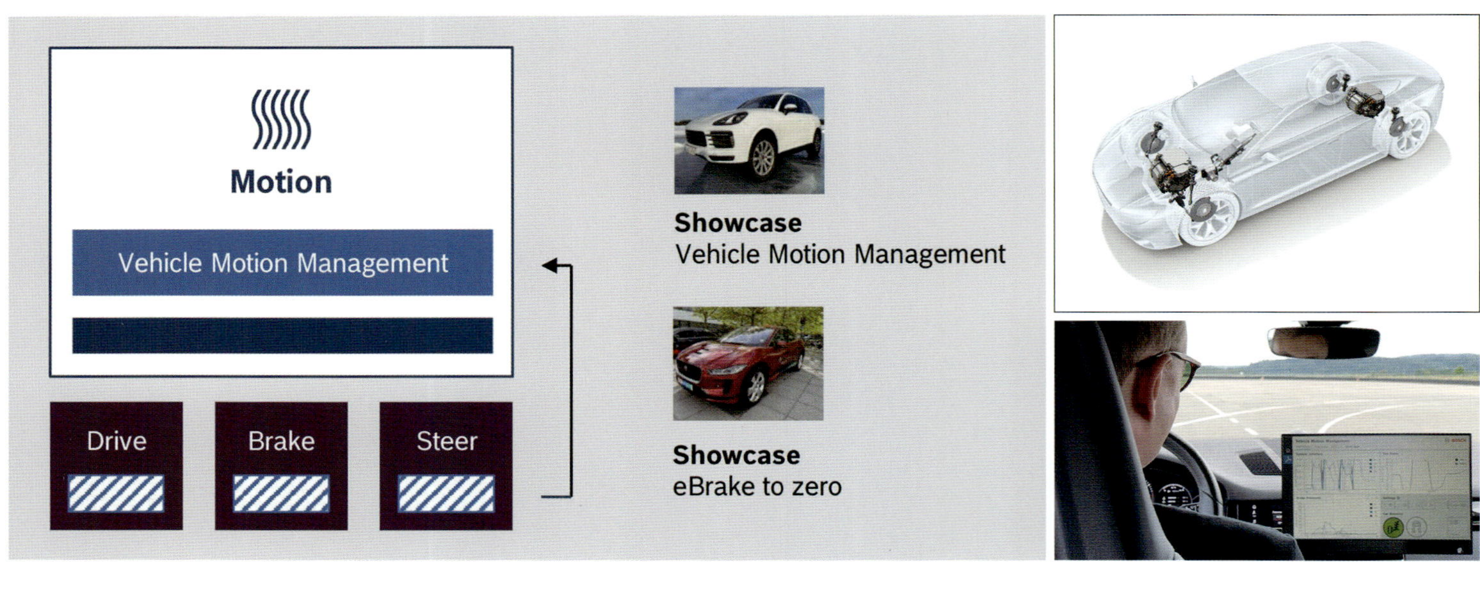




## Brake and suspension

댐퍼 세팅을 비롯한 섀시 제어를 소프트웨어로 자유롭게 변경할 수 있다는 제안이었다. 고속 주행 중 더블 레인 체인지(Double Lane Change)라는 까다로운 조건에서도 차량 거동의 불안정성을 줄일 수 있음을 보여주는 데모 시연이었다. 또한 제동 시 모터의 회생 제어를 통해 피칭(앞뒤 흔들림)을 억제하는 테스트 차량도 준비되어 있어, 동적인 상황과 정적인 상황 모두에서 그 효과를 체감할 수 있었다.

## Data based services

↗ 테스트 차량이 주행하면서 각종 센서로 감지한 노면 및 도로 환경 정보를 클라우드에 실시간으로 업로드하고, 그 정보가 즉시 여러 차량에 공유되어 위험 지역에 접근하는 차량이 사전에 대비할 수 있도록 한다는 제안이었다. 테스트 당일에는 노면의 마찰계수($\mu$)가 현저히 낮은 도로에서 데모가 진행되었다. 직접적인 위험 상황이 아니더라도, 예를 들어 정체 정보 등에 적용할 수 있다면 원활한 교통 환경의 실현에 도움이 될 것으로 보인다.

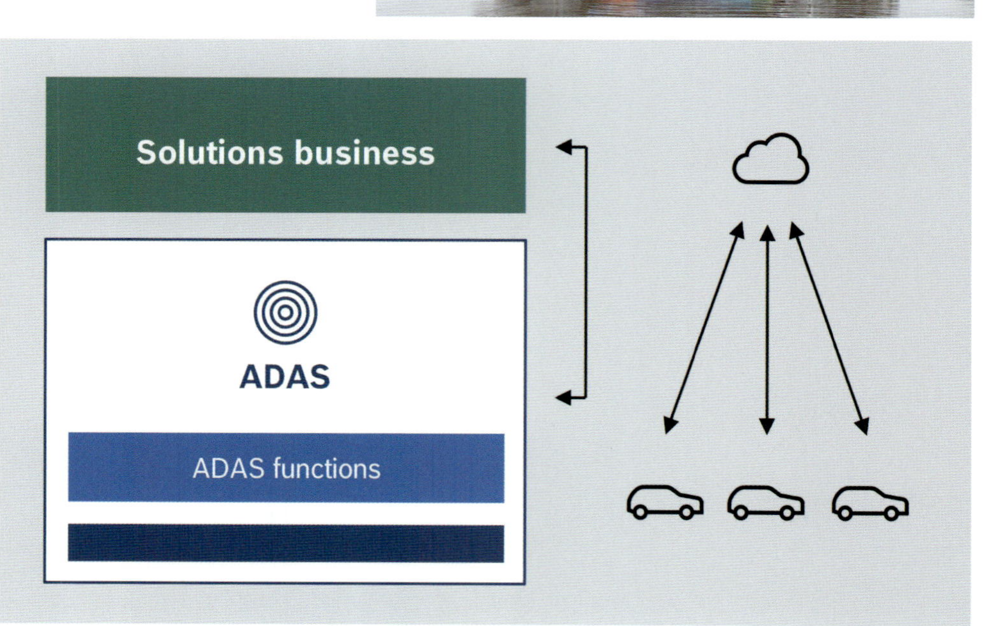

**단기 연재** 쿠보타의 엔진 기술 season2 | **OEM편**

# 도로 포장, 보수, 유지 관리를 담당하는
# 독창적인 제품군

— "HANTA"만의 독자적인 기술로 다양한 현장의 요구에 최적화된 아스팔트 피니셔를 제공 —

고객이 불편을 겪지 않도록 다양한 라인업을 갖추고 있으며, 다수의 OEM에 채택되고 있는 쿠보타(Kubota)의 엔진.
이번 연재에서는, 평소 우리에게는 다소 낯선 분야의 실기 구조를 소개하고, 그 특징을 탐구해 나간다.
제2회에서는 좁은 부지 내 도로부터 일반도로, 고속도로에 이르기까지 사회 기반인 '길'의 포장에 빠질 수 없는
'한타 기계(Hanta Machinery)'의 아스팔트 피니셔를 다룬다.

본문 : 안도 마코토 (Makoto ANDO) / MFi 사진 : 이나다 히로아키 (Hiroaki INADA) / 한다 기계 그림 : 오쓰카 마사루 (Masaru OTSUKA)

자동차를 사용하는 사람이라면 누구나 도로 건설 장비의 도움을 받고 있다. 특히 도로 포장 공사에 빠질 수 없는 '아스팔트 피니셔'를 본 적이 없는 사람은 거의 없을 것이다.

이러한 도로 기계 전문 제조업체가 바로 오사카시 니시요도가와구에 본사를 둔 한타 기계 주식회사다. 이 회사는 영국인 에드워드 해즐렛 한터(Edward Hazlet Hunter) 씨가 설립한 한타 상점을 기원으로 하여, 1955년에 창립되었다.

창립 3년 후인 1958년에는 건설성(현 국토교통성)이 제2차 도로 정비 5개년 계획을 수립하면서 고속도로와 국도는 물론 지방 도로까지 정비가 급속히 진행되던 시기였다.

한타 기계는 이러한 흐름에 맞춰, 지방 도로 정비를 위한 간이 포장용 기계를 독자적으로 개발했으며, 동시에 관련 주변 기기 시리즈의 라인업을 확장하여 높은 평가를 받았다. 또한, 일본 각지에서 수요가 확대되는 상황에 맞춰 서비스 체제의 강화에도 착수했고, 고객의 요구를 정확히 파악한 적극적인 경영 방침을 통해 지속적인 성장을 이뤄갔다.

당초 한타 기계가 취급하던 제품은 도로 롤러였지만, 얼마 지나지 않아 콘크리트 포장 기계의 제조를 시작하게 되었다. 이후 아스팔트 포장이 주류가 되면서, 아스팔트 시공용 기계인 스프레이 및 디스트리뷰터 등의 장비를 자체 개발하였다. 또한, 구 건설성(현 국토교통성)과 공동으로 동결 방지제 살포기를 개발하는 등, 도로 건설과 환경 유지에 있어서 없어서는 안 될 존재로 자리매김하게 되었다.

이후 두 차례에 걸친 오일 쇼크를 극복한 뒤에는 해외 시장에도 진출하였으며, 유럽을 시작으로 중동, 북아프리카, 동남아시아, 남아메리카 국가들까지 사업 범위를 점차 확대하고 있다.

한타 기계 도로 기계 설계부의 토쿠다 켄사쿠 부장은 이 회사의 주력 제품인 아스팔트 피니셔에 대해 다음과 같이 설명한다.

"포장 작업이 이루어지는 현장은 노면의 경사도나 작업 환경이 모두 다릅니다. 우리는 포장 폭에 따라 다양한 제품을 갖추고 있을 뿐만 아니라, 다양한 현장 상황에 유연하게 대응할 수 있도록 조정 기구를 마련하고 있으며, 품질에 직결되는 조작성 향상에도 주력하고 있습니다. 이러한 점이 바로 우리 회사의 강점이라고 생각합니다."

아스팔트를 포장하는 장소는 공공 도로에 한정되지 않고, 유료 주차장, 편의점 부지, 테마파크 및 공원 내 도로, 골프장 카트 도로 등 매우 다양하다. 따라서 각 장소에 적합한 크기의 아스팔트 피니셔가 요구된다.

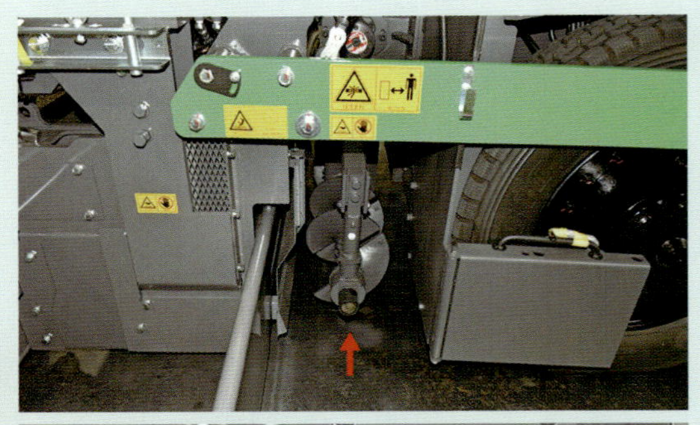

왼쪽 사진은 차량 후방의 스크리드(Screed)로, 유압에 의해 좌우로 펼쳐진다. 오른쪽 위 사진은 차량 전방의 호퍼(Hopper)에서 바 피더(Bar Feeder)를 통해 이송된 아스팔트 혼합재를 좌우로 펼치는 스크루(Screw)이다. 이러한 구조들이 복합적으로 작동하지만, 도로의 미세한 경사나 요철에 맞춰 아스팔트 두께를 정밀하게 조절하기 위해서는 숙련된 기술이 필요하다.

## 아스팔트 혼합물을 적절하게 이송하기 위한 구조

## 다양한 라인업을 고객의 니즈에 맞춰 생산

이번 취재가 진행된 한타 기계 다케시마 공장 내부 컷. 동사는 다양한 니즈에 대응하기 위해 사내 일괄 생산 체제를 구축하고 있으며, 이를 통해 고품질, 짧은 생산 리드타임, 저비용화를 실현하여, 똑같은 조건이 하나도 없는 각종 공사 현장을 뒷받침하고 있다. 오른쪽 아래 사진은 차량 탑재를 기다리는 쿠보타(Kubota) 엔진들이다.

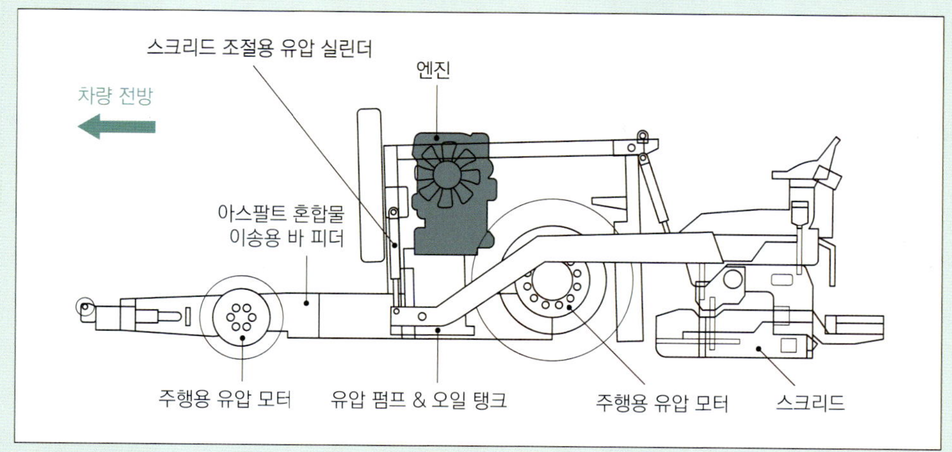



## 차량 중앙부에 엔진을 가로방향으로 탑재

왼쪽 일러스트는 아스팔트 피니셔의 차량 레이아웃을 나타낸 것이다. 최소형 기종을 제외하고는 엔진을 횡방향으로 탑재하는 것이 특징인데, 이는 차체의 가로 방향 공간에 여유가 있기 때문이다. 엔진은 정회전(고정 회전수) 운전으로 유압 펌프를 구동하며, 이 펌프를 통해 발생한 유압으로 유압 모터나 실린더가 바퀴, 피더, 스크류 등을 작동시킨다.

한타 기계의 최소형 모델인 F14C5형은 폭 0.8미터부터 대응이 가능하다.

아스팔트 피니셔에는 고무 타이어로 주행하는 휠식과 무한 궤도를 이용하는 크롤러식 두 종류가 있다. 휠식은 번호판을 부착하여 일반 도로에서 주행이 가능하다. 속도는 약 시속 7킬로미터 정도로 느리지만, 작업 현장 근처에 기계 보관소를 확보해두면 자력으로 이동할 수 있어 별도의 운반 작업이 필요하지 않다는 장점이 있다.

한편, 크롤러식은 높은 견인력을 가지고 있으며 연약한 지반에서도 안정적으로 작업할 수 있다는 특징이 있다. 그러나 최근에는 휠식도 사륜구동(4WD) 방식이라면 충분한 견인력을 발휘할 수 있기 때문에, 현재는 휠식이 주류를 이루고 있다고 한다.

다음으로 차체 구조가 어떻게 구성되어 있는지 살펴보자.

강재를 용접하여 조립한 프레임의 가장 앞쪽에는 아스팔트 혼합재를 받아들이는 호퍼가 설치되어 있다. 호퍼의 뒤쪽은 앞뒤로 관통하는 터널 형태로 되어 있으며, 그 터널 바닥에는 아스팔트 혼합물을 운반하는 바 피더(Bar Feeder: 컨베이어)가 좌우 2열로 배치되어 있다. 바 피더 뒤쪽에는 공급된 아스팔트 혼합물을 좌우로 고르게 펼치는 스크루가 장착되어 있으며, 그 뒤에는 포설된 아스팔트 혼합물을 다지는 스크리드

(Screed)가 연결되어 있다.

스크리드는 차체의 거의 중앙에 위치한 지점을 기준으로 레벨링 암(Leveling Arm)에 의해 지지되고 있으며, 레벨링 암을 전방에서 지지하는 유압 실린더를 사용해 높이를 조정할 수 있다. 이를 통해 스크리드의 각도를 조절함으로써 시공 두께를 정밀하게 설정할 수 있다.

엔진은 뒷바퀴 바로 앞에 장착되어 있으며, 장착 방향은 최소형 기종인 F14C5를 제외하고는 모두 가로 방향으로 배치되어 있다. 사용되는 엔진은 모두 Kubota(구보다)사의 제품이며, 기계의 크기에 따라 세 가지 모델이 적용된다.

이들 엔진은 모두 디젤 방식으로, 작업 중에는 분당 2000회전(rpm) 이상의 일정한 속도로 운전되며, 부하에 따라 전자제어 거버너(Electronic Governor)가 출력을 자동으로 조정한다.

엔진을 통해 유압 펌프를 구동하고, 유압 모터와 유압 실린더를 이용해 바퀴와 작업 기계를 작동시키는 방식은 대부분의 건설 기계와 동일한 구조를 따른다.

자동차 산업에서는 전동화를 통한 저탄소화가 꾸준히 진행되고 있지만, 아스팔트 피니셔의 전동화는 아직 실현이 어렵다고 한다.

작업 중 충전 없이 지속적으로 작동할 수 있으려면 대용량 배터리가 필요하며, 야간

충전을 고려할 경우 기계 보관소에 충전기를 설치해야 하는 등 해결해야 할 과제가 많다.

현재로서는 도로 기계 분야에서 엔진이 여전히 동력의 중심임은 분명하며, 기계 전체의 에너지 절약과 함께 성능의 추가적인 향상이 동시에 요구도고 있다.


**PROFILE**

**도쿠다 켄사쿠**
Kensaku TOKUDA

범다기계 주식회사
제조본부 기술총괄부
도로기계설계부
부장

**카도노 코지**
Koji KADONO

범다기계 주식회사
제조본부 기술총괄부
드로기계설계부 AF설계G
차장

**다카하시 코스케**
Kosuke TAKAHASHI

범다기계 주식회사
제조본부 기술총괄부
도로기계설계부 AF설계G
주임

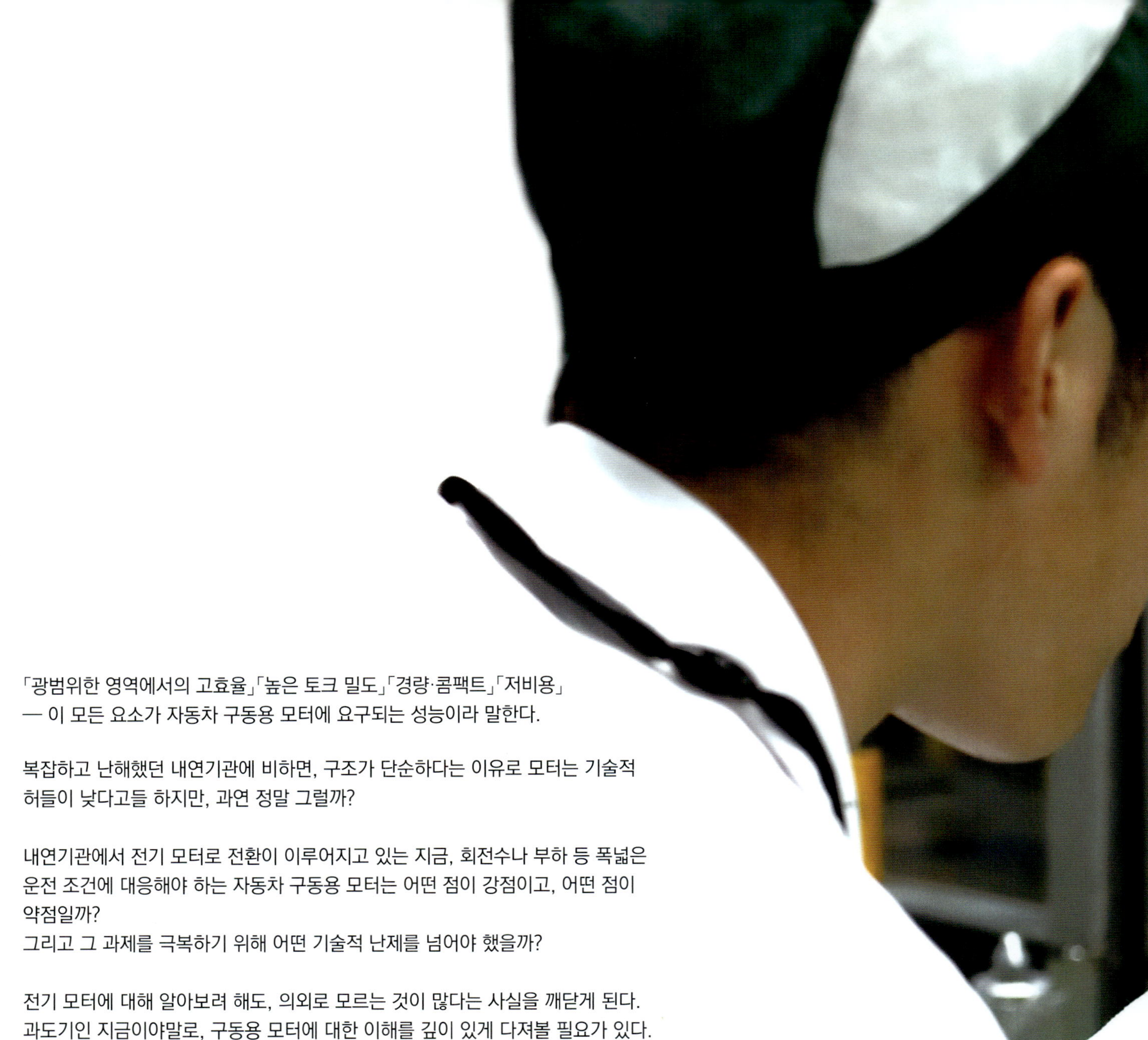

「광범위한 영역에서의 고효율」「높은 토크 밀도」「경량·콤팩트」「저비용」
— 이 모든 요소가 자동차 구동용 모터에 요구되는 성능이라 말한다.

복잡하고 난해했던 내연기관에 비하면, 구조가 단순하다는 이유로 모터는 기술적
허들이 낮다고들 하지만, 과연 정말 그럴까?

내연기관에서 전기 모터로 전환이 이루어지고 있는 지금, 회전수나 부하 등 폭넓은
운전 조건에 대응해야 하는 자동차 구동용 모터는 어떤 점이 강점이고, 어떤 점이
약점일까?
그리고 그 과제를 극복하기 위해 어떤 기술적 난제를 넘어야 했을까?

전기 모터에 대해 알아보려 해도, 의외로 모르는 것이 많다는 사실을 깨닫게 된다.
과도기인 지금이야말로, 구동용 모터에 대한 이해를 깊이 있게 다져볼 필요가 있다.

**TRACTION MOTOR for HEV / BEV / FCEV BASICS**

# 이것만 알면
# 도해특집 '전기 모터'의 시각이 바뀐다!

テーブルが下降する恐れがあり
ますので、絶対に許容荷重以下
でご使用ください。
許容荷重 100kg

# 전기 모터란 무엇인가?

## 운전자의 '왼발'이 '지면'에 닿을 때까지의 움직임

운전자의 의사를 자동차에 전달하고, 그 의사에 따라 자동차는 달린다.
ICE(내연기관)이든 전기 모터든 이 기본은 변하지 않지만, 타이어를 회전시키는 과정에는 약간의 차이가 있다.

본문 : 시게오 마키노　사진 & 그림 : AUDI／BMW／BP／FORD／GM／HONDA／NTN／YOKOHAMA／코토미 만자와

### 운전자가 가속 페달을 밟는다

자동차를 움직이는 지시는 운전자가 한다. 앞뒤 방향은 가속 페달/브레이크 페달의 조작, 좌우 방향은 스티어링 휠(핸들)의 조작으로 지시를 내린다. 이 점은 모든 자동차가 동일하다.

ICE의 연료는 C(탄소)와 H(수소)의 화합물이며, 휘발유와 경유뿐만 아니라 천연가스(주성분은 부탄=$CH_4$), 액화석유가스(LPG), 알코올 등도 사용할 수 있다. 또한 인위적으로 정제하는 C와 H의 화합물인 e-Fuel이라는 대안도 있다.

ICE(내연기관)

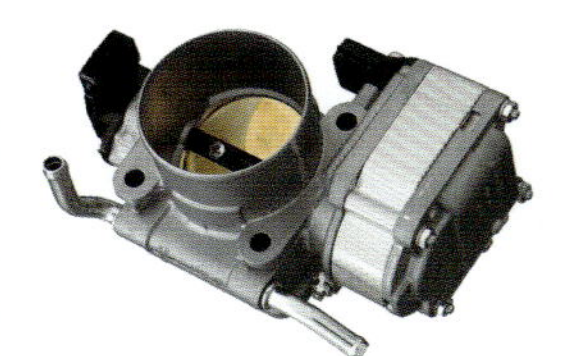

공기

센싱

ECU
(연산장치)

전동식 스로틀 바디

전기 모터

2차 전지(배터리)

ECU
인버터

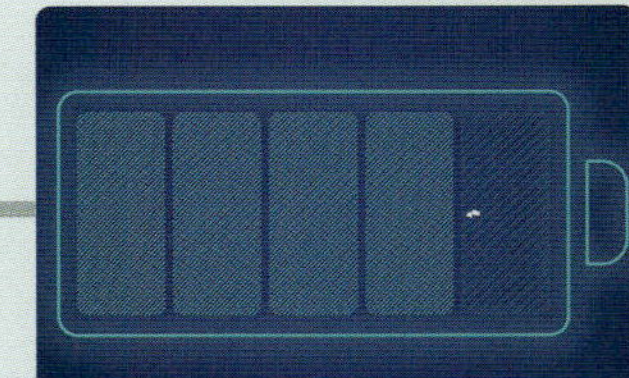

### 페달 위치 읽기

예전에는 가속 페달과 엔진의 스로틀 바디가 기계적으로 연결되어 있었다. 현재는 페달의 위치와 페달을 밟고 떼는 속도를 읽고 이를 전기 신호로 바꾼다. 전기 모터도 거의 같은 시스템을 사용한다.

현재 ICE는 컴퓨터가 연료 사용량을 제어한다. 전기 모터에서는 전류 값을 컴퓨터가 제어한다. 즉, ECU의 역할은 두 가지 모두 동일하다. 다만 전기 모터의 경우 제어가 복잡해져 파워일렉트로닉스라는 영역의 기술이 필요하다.

### 자체 발전

차량용 배터리에 저장된 전력만으로 주행하는 경우, 항속거리를 늘리려면 더 많은 배터리를 탑재해야 한다. 그만큼 무게가 늘어난다. 그래서 소형 발전용 엔진을 탑재해 자체적으로 발전하여 배터리 용량을 보충하는 방법이 고안되었다. '레인지 익스텐더', '시리즈(직렬) 하이브리드'라고 불리는 방식이다. 위 사진은 BMW의 레인지 익스텐더.

### 외부에서 충전하기

외부에서 차내 배터리에 전력을 저장하는 자동차를 유럽에서는 ECV (Electric Rechargeable Vehicle)라고 부르는데, BEV와 PHEV(Plug-in Hybrid Vehicle)가 이에 해당한다. 배터리를 혹사시키지 않으려면 '천천히 충전'하는 것이 최선이다.

전기 모터의 활용은 차량보다 철도가 먼저다. 전기 기관차는 19세기 중반에 탄생했고, 현재도 철도는 거의 모두 전기로 운행되고 있다. 다만, 철도 차량의 전기 모터가 일정한 영역에서 사용되는 반면, 자동차용 전동기는 '회전 가변'으로 사용되는 경우가 대부분이다. 이것이 가장 큰 차이점이다.

운전자가 가속 페달을 밟으면 그 '밟는 양'과 '밟는 속도'에 따른 전류가 전기 모터에 전달되고, 그 회전력으로 바퀴가 회전하며 자동차가 달린다. 철도에서도 이 과정은 변하지 않지만, 역과 역 사이에는 운행을 방해하는 것이 없다. 기차는 정해진 가속을 하고 정해진 속도에 도달하면 일정한 속도로 달리고, 역에 가까워지면 감속한다. 기차의 운행 절차는 정해져 있다.

하지만 자동차는 다르다. 도로에는 다른 자동차가 있다. 보행자가 있을 수도 있다. 신호등도 있다. ICE(내연기관) 자동차와 마찬가지로 전기 자동차도 전기 모터의 회전을 계속 올리거나 낮추면서 주행하게 된다. 이것이 '회전 가변'이다. 또한, 기차는 훈련된 운전자만 운전하지만, 자동차는 불특정 다수가 운전한다. 가속 페달을 밟고 떼는 방법이 제각각이고, 운전자가 10명이면 10가지의 운전 조작이 가능하다.

아래 차트는 ICE 차량과 BEV(Battery Electric Vehicle, 배터리 전기 자동차)를 비교한 것이다. ICE 차량은 공기와 연료를 섞어 연소시켜 거기서 발생하는 압력을 바

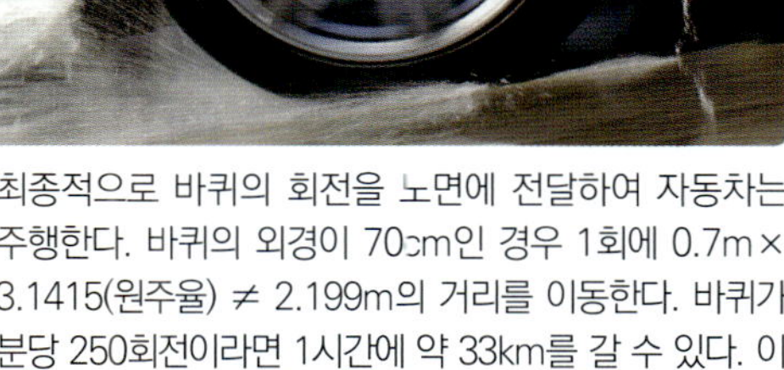

최종적으로 바퀴의 회전을 노면에 전달하여 자동차는 주행한다. 바퀴의 외경이 70㎝인 경우 1회에 0.7m × 3.1415(원주율) ≒ 2.199m의 거리를 이동한다. 바퀴가 분당 250회전이라면 1시간에 약 33km를 갈 수 있다. 이 논리도 ICE와 BEV는 동일하다.

잇수가 다른 기어를 조합한 단순한 1단 감속과 2단 감속을 하는 변속기가 있는 경우 모두 존재하며, 3단 이상의 감속을 하는 '변속기' 내장형도 개발이 진행되고 있다.

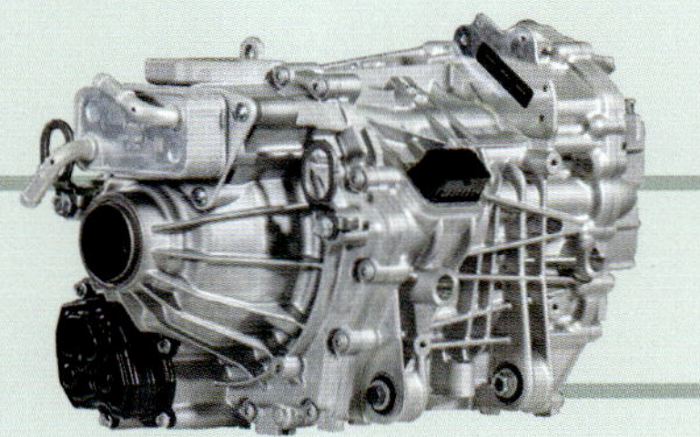

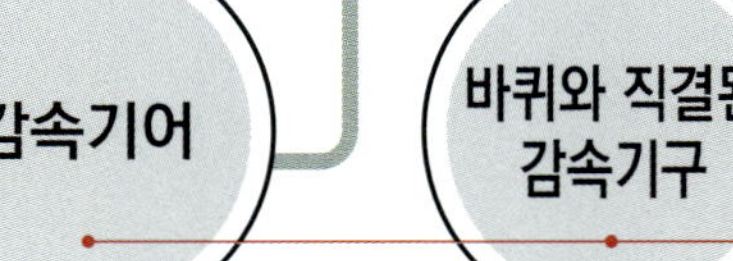



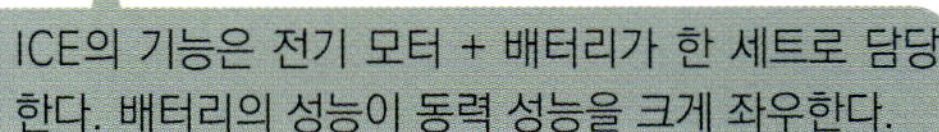

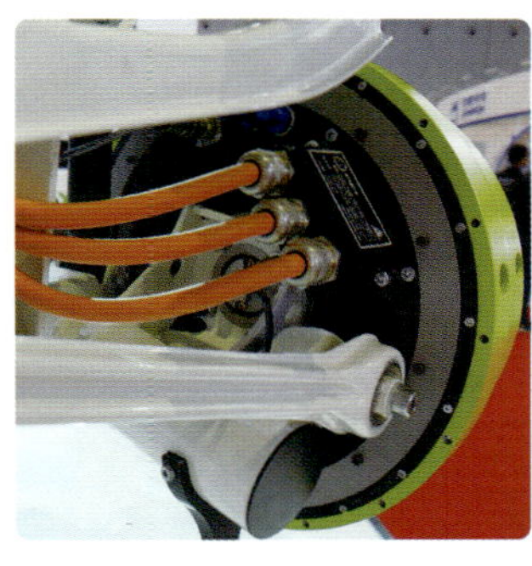

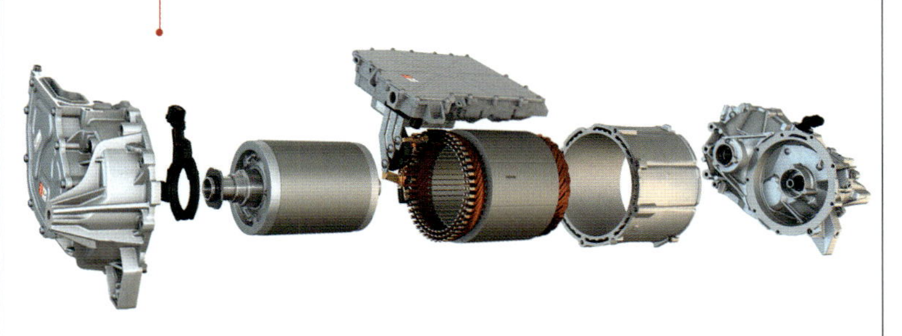

각 구동 바퀴에 감속 기구를 조합하는 방식이 허브 리덕션(hub reduction)이며, 내연기관 차량에서는 오프로드 차량 등에서 채용 사례가 있다. 전동기의 경우, 왼쪽 위 그림과 같은 전기 모터 + 감속 기구 구성의 인휠 모터(in-wheel motor)가 있다. 또한, 감속 기구를 사용하지 않고 전기 모터의 회전수와 바퀴의 회전수를 동일하게 하는 다이렉트 드라이브(direct drive) 방식의 인휠 모터도 있지만, 시판 차량에 채택된 사례는 아직 없다. 일반적으로는 전기 모터 출력축의 후단에 기어 방식의 단일 감속 기구를 갖춘 예가 압도적으로 많다. 예를 들어, 모터가 분당 8000회전하는 경우 여기에 감속비 8:1의 감속 기구를 두면 분당 회전수는 1000으로 낮아지고, 회전수가 줄어든 만큼 토크는 증가하게 된다.

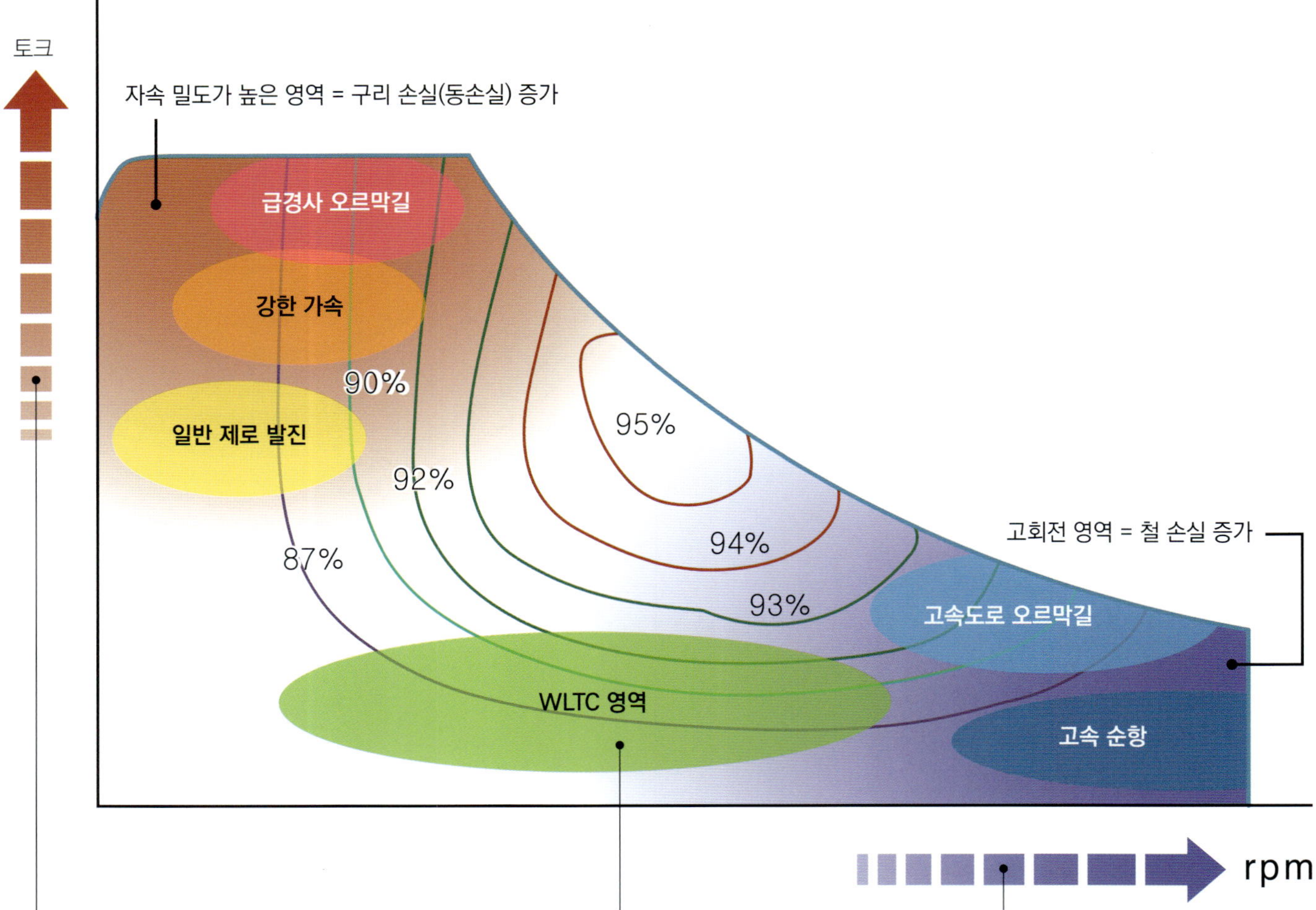


큰 토크를 출력하기 위해서는 순간적으로 많은 전류를 흘려야 하고, 그 상태를 지속해야 한다. 전류를 늘리면 전선이 발열한다. 이것이 동선의 열 손실이다. 전기 모터의 상승 토크가 커서 출발 시 가속 페달을 세게 밟으면 강력한 가속을 맛볼 수 있지만, 가속력은 배터리 성능에 따라 달라진다.

일본, 유럽 등이 채택하고 있는 연비-배출가스 국제 측정 모드인 WLTC(World Harmonized Light Vehicle Test Cycle)에서는 구리 손실은 거의 문제가 되지 않는 영역을 사용하지만, 철 손실은 발생한다. 다만, 전기 모터에게는 그다지 달갑지 않은 영역이며, 차량에 따라서는 모터의 효율이 80% 이하로 떨어질 수 있는 운전 영역이기도 하다.

전기 모터는 일정 회전수를 넘어서면 토크가 점차 낮아진다. 공급 전류가 낮은 고속회전 영역에서는 구리 손실이 거의 문제가 되지 않는 수준이지만, 고속회전에서는 자기장이 바뀌는 주파수가 높아져 자기장 방향이 바뀔 때의 히스테리시스 손실과 함께 로터와 스테이터에 사용되는 얇은 전자기 강판 내부에 발생하는 와전류가 커진다. 일반 ICE 차량과 마찬가지로 주행 저항과 공기 저항도 증가하기 때문에 전기 요금은 더 악화된다.

퀴를 회전시키는 힘으로 바꾸고, BEV는 배터리에서 전기 모터로 전력을 보내 그 힘으로 바퀴를 회전시킨다. 그 회전력을 바퀴에 전달한다. 운전자가 가속 페달을 밟아 자동차에 '의지'를 전달하는 첫 번째 부분과 마지막에 바퀴를 회전시키는 부분은 ICE차나 BEV나 다르지 않다. 그 중간에 있는 '동력 발생' 방식만 다를 뿐이다. 동시에 ICE와 전기 모터는 각각 '잘하는 것'과 '못하는 것'이 있는데, ICE+전기 모터로 구성된 HEV는 서로의 부족한 부분을 보완하는 방식이라고 할 수 있다.

이번 특집에서는 전기 모터가 동력을 만들어내는 과정과 그 메커니즘에 대해 알아본다. 전기 모터는 어떤 성격을 가지고 있을까?

ICE도 전기 모터도 다양한 종류가 있으며, 자동차에 탑재되는 단계에서는 '그 자동차의 용도와 목적'에 맞게 튜닝이 이루어지지만, 아주 일반적으로 알려진 성격을 나열하겠다.

위의 큰 그림은 자동차에 탑재되는 구동용(트랙션) 전기 모터의 토크 특성의 대표적인 예이다. 세로축은 입력 전류, 가로축은 회전수이며, ICE에서 말하는 전개전부하 시 토크 곡선이다.

회전이 0인 상태에서 전원을 공급하면 모터가 회전하기 시작하고, 그 순간부터(실제로는 약간의 지연이 있은 후) 최대 토크를 발휘한다. 단, 최대 토크를 내기 위해서는 전기 모터의 고정자 쪽(고정된 쪽)에 전류를 가득 채워야 한다. 큰 전류를 흘리면 전선 자체가

열을 받아 전기가 잘 흐르지 않게 된다. 이것이 구리 손실이다.

예를 들어, 가파른 언덕을 오를 때 등은 이 전류가 가득 찬 영역을 사용한다. 위 그림에서 빨간색 타원의 영역이다. 일반적인 완만한 발진에서는 그렇게 많은 전류가 흐르지 않는다. 한계 전류의 절반 정도의 전류로 발진시킨다.

위 그림의 노란색 타원이 일반적인 제로 발진에 사용되는 영역이다. 다만 이 영역에서 전기 모터의 효율은 70%대 후반에서 80%대 후반, 잘해야 90% 정도다. 그래도 ICE보다는 훨씬 효율이 좋다.

WLTC 모드에서는 위 그림의 녹색 타원 영역이 사용된다. 이때 모터 효율은 70%대

→ AVL이 개발 중인 HEV 전용 엔진의 예시. 녹색 영역은 전기 모터가 담당하고, 주황색 (베어링 유막 유지가 까다로운)과 노란색(베어링 온도가 까다로운) 영역은 사용하지 않고 터보 과급과 전기 모터를 조합하여 사용한다는 아이디어.

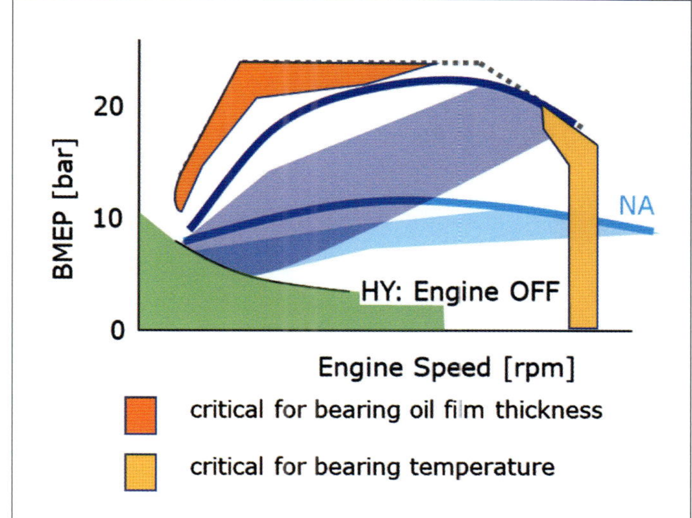


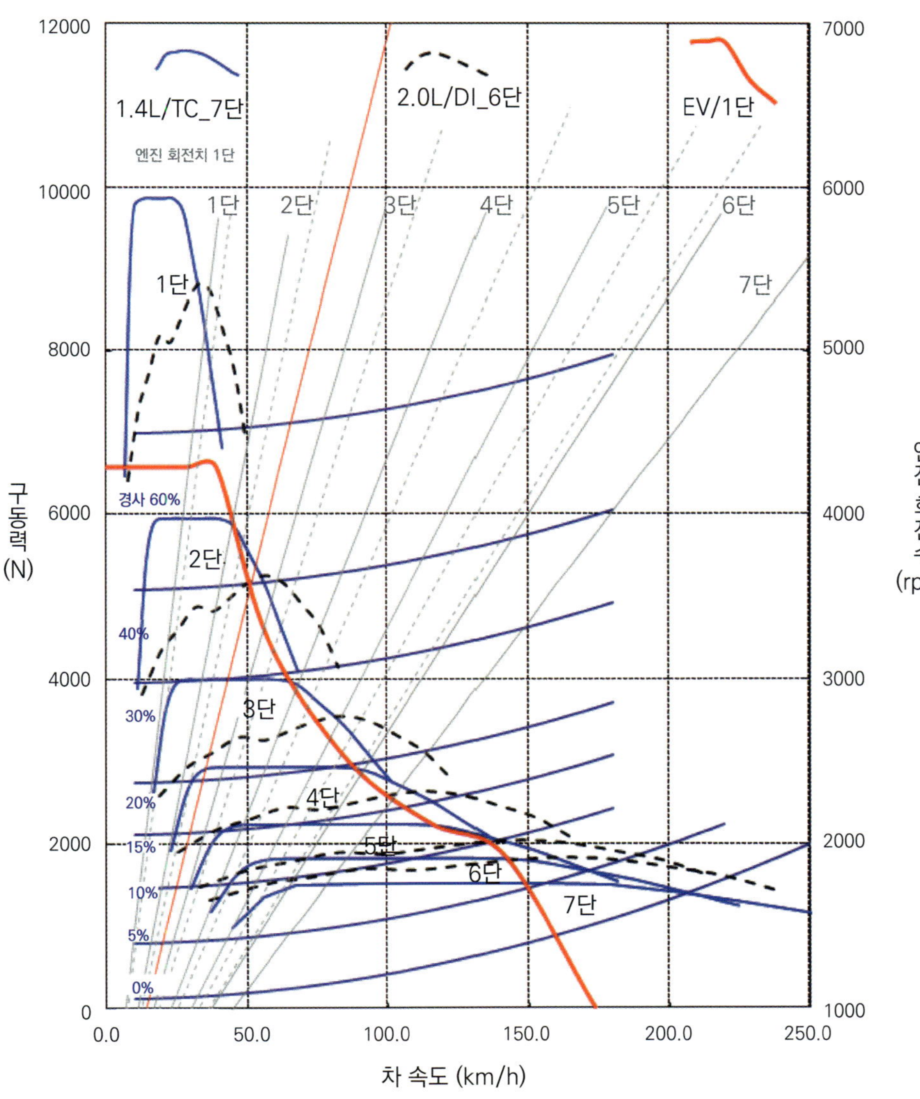


## ICE와 전기 모터 비교

왼쪽 그래프는 실제 ICE 차량과 BEV를 비교한 것이다. 가로 방향의 '약간 구부러진 선'은 주행 저항을 나타내며, 가장 아래쪽이 경사도 0%의 선이다. 최고 시속을 130km 정도로 나누면 전기 모터+1단 감속으로 충분하지만, 슈퍼카 수준의 시속 250km를 요구하면 다른 방법을 찾아야 한다. 반면 ICE+변속기는 변속기의 종류가 다양해 큰 배기량 디젤에 14단 변속과 같은 시스템으로 중량급 트럭을 움직일 수도 있다.

부터 92% 정도까지이다.

과거 일본의 JC08 모드에서는 녹색 타원이 조금 더 왼쪽으로 수평 이동하고 고속회전 쪽은 사용되지 않는다. WLTC 영역에서 직선도로를 시속 60km로 순항하다가 급추월을 하려고 가속 페달을 밟으면 단숨에 주황색 영역으로 들어간다.

전류를 증가시키기 때문에 구리 손실이 증가하지만 발생하는 토크는 커진다. ICE든 전기 모터든 급가속은 에너지 소비가 많아지고 효율이 떨어진다.

반면, 모터의 회전수가 높아지면 어느 순간부터 전기 모터의 토크가 떨어지기 시작한다. 그리고 한계 중간 정도의 전류값, 최고 회전의 중간 정도의 회전수 영역에서 효율이 최대가 된다. 현재 95%에 이르고 있

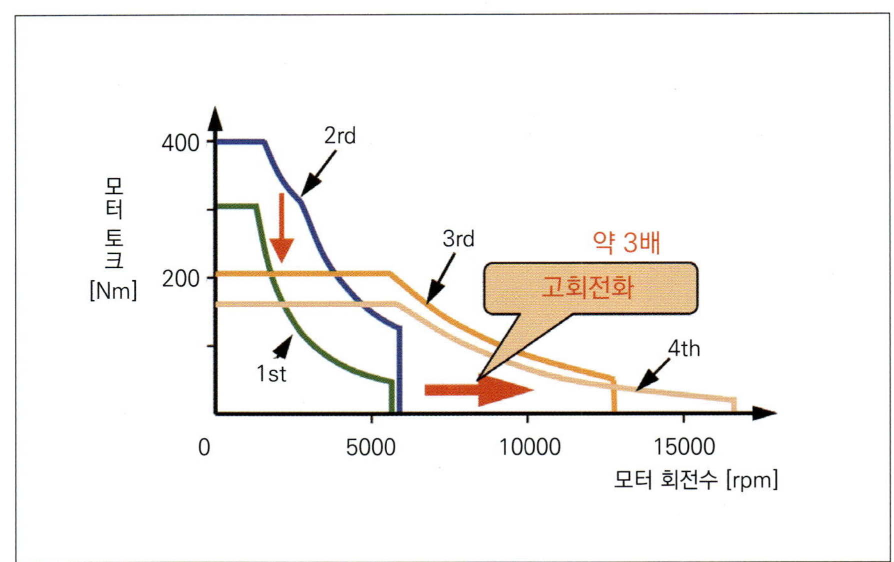



**토요타 프리우스의 예**

이 그래프는 토요타 '프리우스'의 전기 모터 특성 추이이다. 초창기에는 고토크형 모터였으나 점차 최대 사용 토크가 낮아지고, 반대로 고속회전에서는 로터의 강도가 요구되어 철 손실의 증가에 대한 대응도 필요하게 된다. 해결책은 고강도, 박형(0.25mm)의 전자기 강판 채용과 냉각이었다. 또한, 전기 모터 자체의 소형화도 진행되어 4세대에서는 두 개의 전동기(MG1/MG2)를 다른 축에 배치할 수 있게 되었다.

다. 이 영역은 구리 손실과 철 손실(鐵損, 코어 내부에서 발생하는 와전류에 의한 손실과 철의 히스테리시스 현상에 의한 손실)이 모두 '별로 영향을 미치지 않는' 영역으로, ICE에서 말하는 '연비의 핵심'에 해당한다.

그리고 모터의 회전수가 높아질수록 철 손실이 증가한다. 전기 모터의 최고 회전수 부근에서 고속도로를 순항하는 것과 같은 사용은 전기 모터가 가장 싫어하는 영역이다.

102페이지의 그림의 파란색 타원 영역이다. 이 부근에서는 효율이 극도로 떨어져 60%대까지 떨어지는 경우도 있다. '전기 모터가 고속으로 회전하지 않도록 2단 변속을 한다'는 개념은 이 고속회전 영역을 사용하지 않도록 하는 것이 목적이다.

흥미로운 실험의 예를 하나 들자면, 102페이지의 작은 그래프다. 오스트리아 AVL이 개발한 HEV 전용 엔진의 윤활유(엔진오일) 상태를 나타낸 것으로, 검은색 실선과 점선으로 둘러싸인 영역이 토크 곡선이다.

주황색 영역은 저속회전 고부하로 인해 베어링 유막이 얇아져 유지가 어려운 영역이다.

이곳은 사용하지 않는다. 그러면 발진 토크가 부족해 전기 모터로 보충한다. 고속회전 쪽의 노란색 영역은 베어링 온도가 높아져 더 많은 윤활이 필요한 영역으로, 냉각을 위해 오일펌프의 작업이 많아져 효율이 떨어진다. 그래서 이곳도 사용하지 않는다. 변속기의 High 측 기어비로 대응한다.

녹색 영역도 주황색 영역과 마찬가지로 저속회전 고부하 영역이지만, ICE의 실린더 내압은 높지만 회전수가 낮기 때문에 피스톤 링의 유막이 얇아지기 쉽다.

이 영역은 사용하지 않도록 ICE의 운전을 멈추고 전기 모터가 일을 하도록 한다. 터보과급 ICE에 전기 모터를 조합할 경우 보라색 영역, NA(자연흡기)의 경우 하늘색 영역의 윤활만 신경 쓰면 된다는 개념이다.

그리고 ICE의 회전을 좁은 범위 내로 한정하면 토요타 프리우스 탑재 ICE처럼 높은 효율을 유지할 수 있다.

또 하나, 102페이지의 좌측 큰 그래프를 보면 1.4리터 터보 & 7단 DCT와 2.0리터 NA & 6단 AT, 그리고 1단 감속 전기 모터를 비교한 것이다. ICE를 변속하여 사용하면 구동력/회전수/차속 관계 그래프가 빨간 선의 BEV와 겹쳐진다. 다만, 이 전기 모터와 감속비에서는 고속 쪽이 우위에 있다.

예를 들어 전기 모터에 2단 변속기를 장착하면 아마도 빨간색 선은 더 고속 쪽으로 늘어날 수 있을 것이다. 단순히 감속비를 낮추고 고속 쪽을 중시하면, 이번에는 발진-가속 쪽의 토크가 부족해진다.

흔히들 '전기 모터는 회전 초기에 토크가 가장 커서 자동차에 적합하다'는 말을 많이 한다. 그러나 이는 전기 모터의 성격 중 하나일 뿐, 전기 모터를 이용해 자동차를 자유자재로 움직이기 위해서는 그에 걸맞은 '거동'을 할 수 있는 제어가 필요하다.

이 제어를 어떻게 만드느냐에 따라 BEV의 '주행'은 크게 달라진다. 이번 특집에서는 그 제어에 대해서도 설명한다.

또 한 가지, 전기 모터를 자유자재로 사용하기 위해서는 탑재하는 2차 전지(반복적으로 충전 및 방전이 가능한 배터리)의 성능을 검토할 필요가 있다. '배터리 + 전기 모터'로 생각해야 한다. '지금 전력이 필요하다'고 했을 때, 배터리가 이에 대응하지 못하면 마음대로 주행할 수 없다.

그렇다고 배터리를 많이 탑재하면 차량 무게가 무거워지고 전기 요금은 올라간다. 현재 BEV는 차량 중량의 25~35% 정도를 배터리가 차지하고 있다. 전기 모터는 사용법이 핵심이며, 따라서 제어가 중요해진다.

# CHAPTER 1

# 기초 기술 정보

## 자동차 구동용 모터는 어떤 기계인가?

전기 모터는 오래전부터 존재해 온 기술이지만, 자동차 구동에 널리 사용되기 시작한 것은 최근의 일이다.
전기, 그리고 자기라는 눈에 보이지 않는 힘을 다루며 자동차를 움직이게 하는 그 구조의 근간이 되는 요소에 대해 알아보자.

본문 : 다카하시 잇페이

### 구동용 모터는 인버터가 없으면 움직일 수 없다.

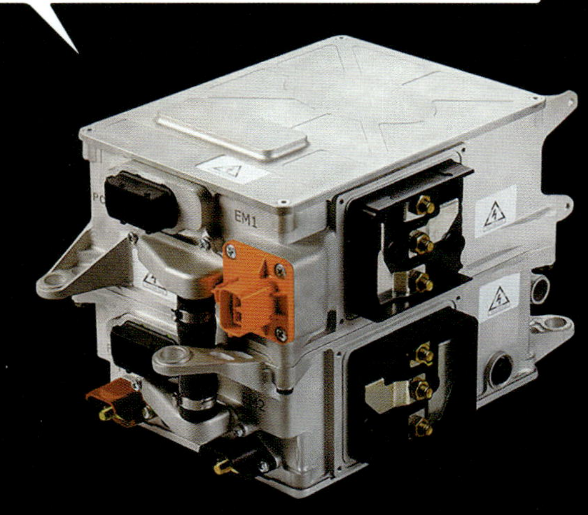

자동차의 구동용 모터는 배터리에 저장된 전력으로 작동한다. 당연히 거기서 얻을 수 있는 전기는 직류다. 사실 이 직류만으로는 모터가 움직이지 않는다. 쉽게 말해 플러스와 마이너스라는 극성이 고정된, 움직이지 않는 정적인 전기이기 때문이다. 그래서 필요한 것이 직류를 교류로 변환하는 인버터다. 극성이 끊임없이 동적으로 바뀌는 교류는 모터 내부에 회전하는 자기장을 만들어낸다. 이 '회전 자기장'이 바로 모터의 구동력의 원천이다.

# 01.

## 모터의 최초의 회전과 지속적인 회전의 원리

**전**기 모터는 전기 에너지를 구동력이라는 물리적 에너지로 변환하는 기계인데, 이때 이용되는 것이 전기가 흐를 때 그 주위를 감싸고 있는 자기장이다. 하지만 이 자기장은 어디까지나 '장', 즉 필드에 불과하다.

모터가 자석과 자석 사이에 생기는 흡인력이나 반발력, 철을 끌어당기는 힘, 이른바 자력을 이용한다는 것은 널리 알려진 사실이지만, 앞서 말한 자기장(자기장이라고도 함)은 이 자력으로 채워진 장이며, 3차원적으로 펼쳐진 공간이다.

자석으로 자석, 혹은 못과 같은 철로 만들어진 물체를 끌어당기면 끌어당기는 동안에는 물체(이 경우 자석에 끌린 자석이나 못)가 이동, 즉 운동하지만 양측이 접촉하는 지점에서 운동은 멈춘다. 자석끼리의 반발력의 경우도 마찬가지로

자력이 작용의 한계가 되는 거리까지 양측이 멀어지면 운동은 끝이 난다. 이에 반해 우리가 모터에 기대하는 구동력은 말하자면 '끝이 없는' 연속적인 운동이다. 적어도 '찰칵'하고 붙어서 그것만으로는 모터가 성립되지 않는다. 즉, 단순히 자기장이 있는 것만으로는 "안 된다"는 것이다.

그래서 모터에서는 지속적으로 힘을 얻기 위해 자기장을 끊임없이 움직이고 있다. 좀 더 구체적으로 말하면 회전시키고 있다. 말 등에 탄 기수가 말 앞에 당근을 매달아 놓는다는 고전적 농담, 그것과 비슷한 상태를 만들어낸다고 생각하면 된다. 달려도 달려도 말이 영원히 당근을 놓칠 수 없는 것처럼, 회전하는 자기장을 쫓아가듯 로터가 회전하지만, 로터가 회전하면 자기장도 회전하는 ...... 이 '엉뚱한' 구도가 바로 모터가 작

동하는 원리이다. 구도가 바로 모터가 작동하는 원리이다. 이 회전하는 자기장을 '회전 자기장'이라고 하는데, 교류 전기라면 쉽게 만들 수 있지만 자동차의 동력원인 배터리에서 얻을 수 있는 것은 직류뿐이다. 그래서 교류로 변환하는 장치가 필요하다. "이것이 바로 '인버터'이다.

자동차 구동력 제어에 사용되는 인버터의 특징 중 하나는 모터의 구동 상태에 따라 다양한 주파수의 교류를 생성할 수 있다는 점이다. 주파수와 회전 자기장의 회전수는 비례 관계에 있으며, 정지 상태의 모터가 움직이기 시작하면(회전을 시작하면) 동시에 회전 자기장도 회전을 시작한다(정확히 말하면 회전 자기장이 나타나면 모터의 구동이 시작된다).

# 02.

## 모터의 회전을 높이기 위한 메커니즘

전기 모터가 탑재된 EV나 HEV뿐만 아니라 주행 중인 자동차에서는 파워트레인이 다양한 주행 상태에 놓이게 된다. 그 중에서도 회전수는 속도 조절에 없어서는 안 될 중요한 요소 중 하나다. 모터는 오래전부터 산업용을 중심으로 폭넓게 사용되어 온 오랜 역사가 있지만, 대부분 일정하거나 제한된 범위의 회전수에서 사용하는 것이 대부분이다. 이것이 전기 모터의 본래 사용 방식이며, 이 부분은 내연기관 엔진과 비슷하다.

하지만 회전수를 가변하는 행위, 그것을 달성하는 기술 자체는 어렵지 않다. 이를 위해 있는 것이 인버터다. 여담이지만, 사실 인버터를 사용하지 않는 모터는 존재하지 않는다고 봐도 무방하다. 직류로 움직이는 소형 모터에서는 브러시를 이용한 정류자가 그 역할을 담당하고, DC 브러시리스 모터에는 내장형 형태로 인버터를 가지고 있다. 그리고 자동차용 인버터는 105페이지에서 언급했듯이 다양한 주파수의 교류를 만들어 낼 수 있다. 그 목적이 바로 모터의 회전수 가변이다.

기본적으로 모터의 회전수는 내부에 형성된 회전 자기장의 회전수에 의존하는 형태로 결정된다. 다만, 모터의 종류에 따라 사정이 조금 다른데, 회전 자기장의 회전에 완전히 동조(동기)하면서 회전수가 결정되는 것과(즉, 회전 자기장의 회전수=모터 회전수), 동기화되지 않고 모터 회전수보다 조금 더 높은 회전수로 회전 자기장이 회전하는 두 가지 흐름이 존재한다. 주로 교류 동기 모터(권선계 자기형도 포함)가 전자, 유도 모터가 후자에 해당하며, 동작이 동기화되느냐 아니냐에 따라 각각 동기 모터(Synchronous Motor), 비동기 모터(Asynchronous Motor)라고도 한다(분류된다). 회전 자기장은 운전자가 가속페달의 조작 등을 바탕으로 산출된 목표 속도에 맞춰 회전 자기장을 형성한다. 교류 동기 모터에서는 리졸버(Resolver)라고 불리는 로터 각도 센서로 항상 동기 상태를 감시하고 정확하게 제어한다.

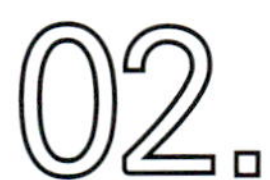

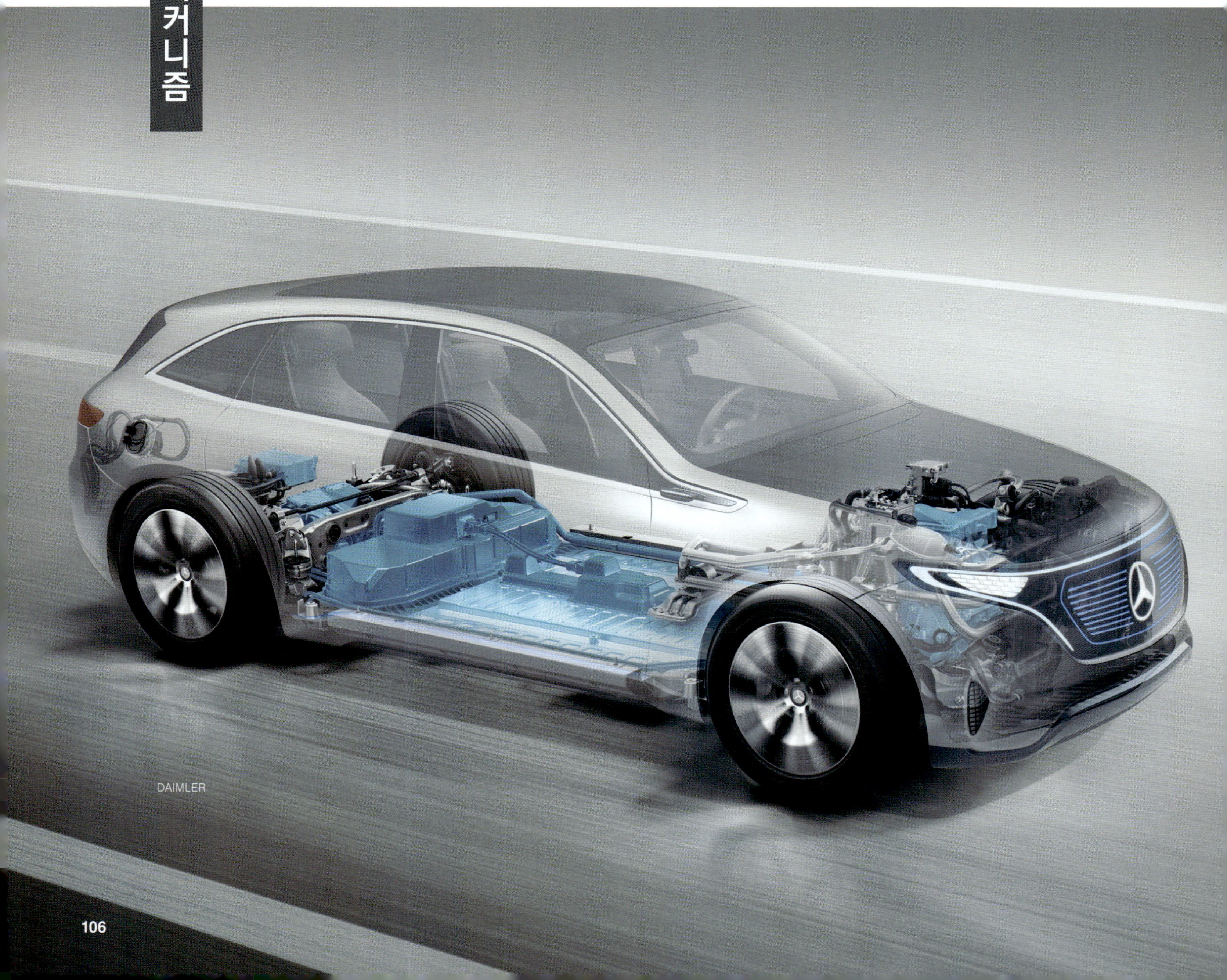

DAIMLER

# 03.

## 회전이 높아질수록 발생하는 불편함과 그 해결책

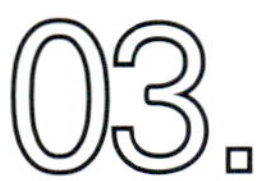

다양한 운전 영역에 대응해야 하는 자동차 모터에서 가장 어려운 것은 아마도 고속회전 대응일 것이다. 하지만 모터의 고속회전하는 것은 그리 어려운 일이 아니다. 내연기관처럼 슬라이딩부가 거의 없고, 왕복운동하는 메커니즘이 존재하지 않는 모터는 로터를 지지하는 베어링이 견딜 수 있는 한 얼마든지 고속회전이 가능하다고 생각하면 된다.

모터의 고속회전을 방해하는 큰 요소는 '역기전력'이라는 현상의 존재다. 다만, 이것이 특히 문제가 되는 것은 로터에 자석(영구자석)이 있는 교류 동기 모터이며, 자석을 사용하지 않고 성립하는 유도 모터에서는 크게 문제가 되지 않는다(실제로 유도 모터에도 역기전력은 존재하며, 회생 제동 시에는 이를 이용한다). 교류 동기 모터는 계자력(로터 쪽에서 발생하는 자력)이 항상 일정하기 때문에 회전 상승에 비례하는 형태로 발전기로서의 역할이 커질 수밖에 없고, 발생하는 전압도 높아지게 된다. 역기전력에 의해 발생하는 전압과 외부에서(인버터에서) 입력되는 전압의 차이(전위차)가 작아질수록 전류는 흐르기 어려워지고, 결국 그 차이가 없어지는, 즉 양측이 균형을 이루는 지점까지 가면 전류가 흐르지 않게 된다. 요컨대, 거기서 회전의 상승이 멈추는 것이다.

앞부분의 "얼마든지 고속회전화할 수 있다"는 부분과 모순되는 것 같지만, 물론 해결책은 있다. 고정자 코일의 권선 수(회전수)를 줄여서 문제가 되는 발전 작용(역기전력)을 억제하는 것이다. 하지만 단순히 고속회전을 목표로 한다면 이 방법으로도 해결이 가능하지만, 이 방법으로 발전 작용을 억제하는 동시에 토크도 작아진다. 고속회전뿐만 아니라 저속회전 토크도 필요한 자동차 용도에 그대로 적용하기는 어렵다.

그래서 자동차용 교류 동기 모터에서는 '약화 계자'라는 제어를 인버터로 수행한다. 로터에 대한 회전 자기장의 위상을 약간씩 엇갈리게 함으로써 로터 측의 자기력에 반하는 방향으로 자력을 주어 간섭시킴으로써 자기력을 약화시키는 것이다. 그러나 이 역시 부작용이 따른다. 에너지 효율의 저하다.

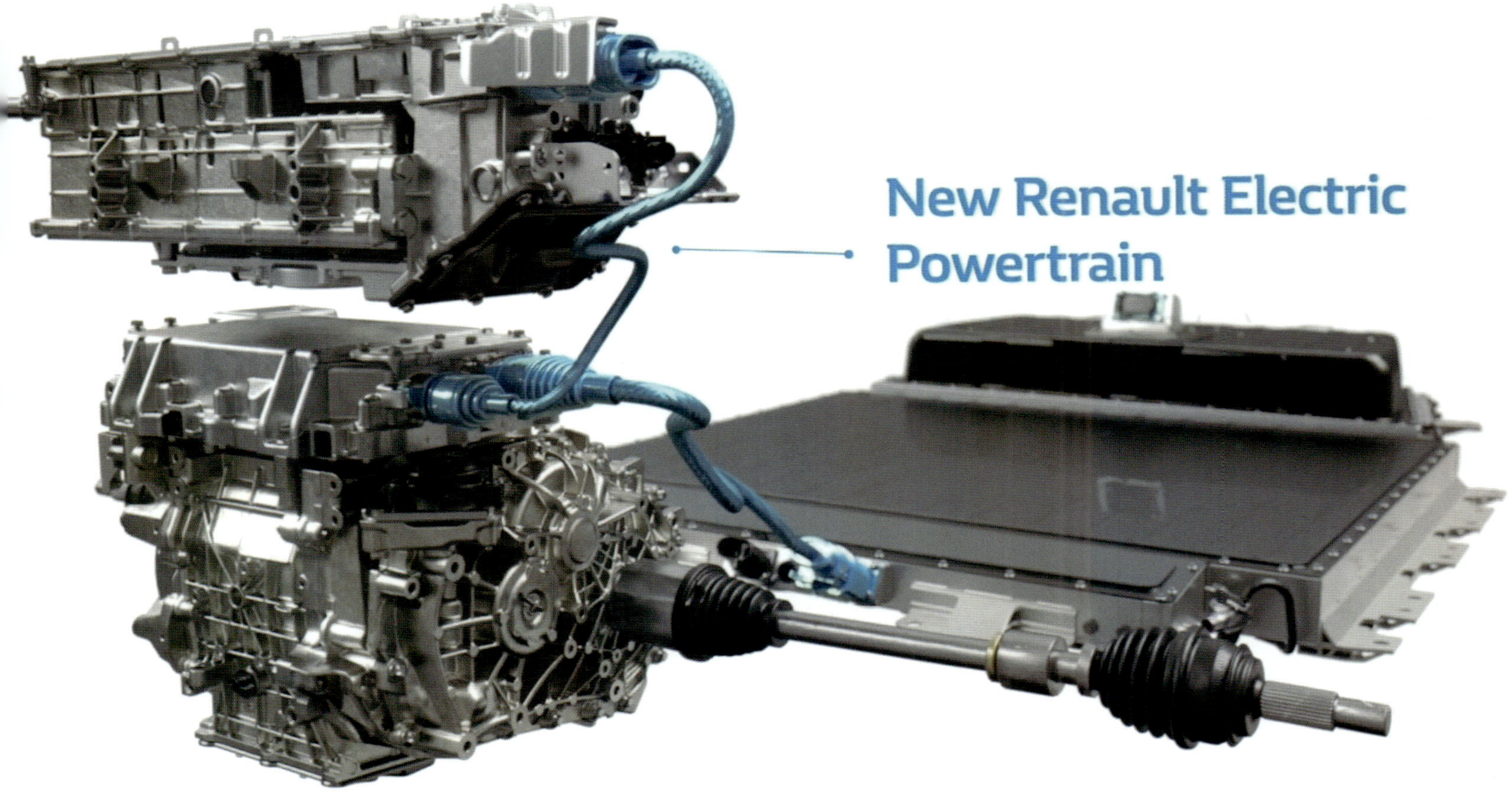

**최**근 자동차 구동용 모터는 소형화가 하나의 트렌드가 되고 있다. 모터가 소형화되면 장착 자유도가 높아져 차량 패키징의 자유도도 향상된다. 전원을 공급하는 하니스만 빼면 어디든 배치할 수 있는 모터의 장점을 더욱 쉽게 활용할 수 있게 되는 것이다.

참고로 이 소형화에 가장 먼저 뛰어든 것은 토요타. 엔진과 동거하는 하이브리드 시스템의 모터를 엔진 컴파트먼트 안에 효율적으로 넣기 위해 이 회사는 모터의 소형화를 위해 노력했다. 현행 프리우스에 탑재된 모터의 부피는 초기에 비해 절반 이하로 줄었다.

모터를 소형화한다는 것은 앞으로의 탑재성과 레이아웃의 자유도가 향상될 뿐만아니라 경량화, 나아가 사용되는 재료의 절감이라는 큰 장점으로 이어지지만, 소형화했다고 해서 출력(파워)을 낮춰도 되는 것은 아니라는 점이 어려운 부분이다. 자동차가 주행하기 위해 필요한 출력은 변하지 않기 때문이다. 출력을 유지하면서 소형화하기 위해서는 출력 밀도(부피당 출력)도 동시에 높여야 한다.

참고로 소형화는 고속회전화와 세트라고 생각하면 된다. 소형화에 따라 로터가 작아지면 토크가 작아지기 때문인데, 이는 전항에서도 언급한 "얼마든지 고속회전이 가능하다"는 모터의 특징을 살려 토크가 작아진 만큼 회전수에서 수익을 얻는다. 모터를 고속회전으로 돌리고 감속기구의 감속비를 크게 하여 토크를 증폭시키는 것이다.

이렇게 말하면 쉽게 들릴지 모르지만, 애초에 전기로 움직이는 모터를 출력 그대로 소형화한다는 것은 전압 조건이 동일하다면 더 작은 공간에 기존과 동일한 전류를 흘려보낸다는 것을 의미한다. 전류의 상한값은 그것을 통과하는 동선의 단면적에 비례하기 때문에, 직경이 작아지고 단면적도 작아진 공간에 전류를 흘려보내는 것은 어려워진다.

이 문제를 해결하기 위해 한정된 단면을 효율적으로 이용하기 위해 사용되는 것이 평각선을 이용한 코일이다. 전류 경로를 확보할 수 있지만, 고밀도이기 때문에 보다 효율적으로 냉각하기 위한 구조도 필요하다. 다양한 요소들을 아슬아슬하게 맞물려서 겨우겨우 완성된 것이 현대의 자동차 구동용 모터다.

# 구동용 모터에 대한 궁금증을 다시 한번 묻는다

많은 자동차 제조사들이 EV 라인업을 확대하는 가운데, 자동차 구동용 모터는 우리에게 더욱 친숙한 존재가 되어가고 있다.
성능 향상과 더불어 기존에 없던 새로운 형태가 등장하는 등 화제를 불러일으키는 기회도 꾸준히 증가하고 있다.
이러한 화두를 풀어내기 위해 필요한 모터의 기초에 대해 도카이대학의 교수님들에게 물어보았다.

본문 : 타카하시 잇페이　사진 & 그림 : 야마가미 히로야／MFi／DENSO／NISSAN／HONDA／VW／VOLVO／BOSCH／TOYOTA／MAHLE

## 답변해 주신 분은, 도카이대학교 모터 연구 전문가인

기무라 히데키 교수
도카이대학 공학부 기계시스템공학과

사가와 코헤이 강사
토카이대학교 공학부 기계시스템공학과

오구치 히데키 준교수
도카이대학 공학부 전기전자공학과

## 자동차 구동용으로 최적의 모터란?

**Q1** 모터의 본래 용도는 내연기관과 마찬가지로 정속 운전이라고 생각하지만, 자동차의 구동에 사용되는 모터는 회전이나 부하 등 다양한 운전 조건에 대응해야 하는, 다소 까다로운 용도로 사용되고 있다. 이러한 자동차 용도의 모터에는 어떤 사양이 요구되나요?

**A1**　소형 경량, 높은 토크 밀도, 저비용이 요구되는 자동차용 모터

"넓은 운전 범위에서 고효율을 발휘하는 것, 소형 경량, 높은 토크 밀도라고 할 수 있다. 양산차라면 저비용이라는 요건도 필수 불가결하다." (오구치 선생님)

"모터의 큰 장점 중 하나는 엔진에 비해 탑재에 대한 제약이 적다는 점이다. 엔진은 넓은 부피가 필요하지만, 모터는 뒷좌석이나 뒷좌석 트렁크 공간의 바닥 아래에 배치할 수도 있다. 단, 장점을 극대화하기 위해서는 소형화가 필요하다. 파워(출력)는 토크와 회전 속도의 곱이다. 모터의 토크를 높이려면 지름을 크게 하거나 길이를 늘려야 한다(=대형화). 또한, 모터의 경우 전압을 높이면 고속회전까지 돌릴 수 있다. 그 결과 크기를 유지하면서 고출력을 낼 수 있게 된다. 비유하자면, 건전지로 움직이는 장난감 자동차에서 건전지의 직렬 수를 증가시키면 더 빨리 달릴 수 있는 것과 같은 원리이다. 어쨌든 소형화, 고

출력을 위해서는 불필요한 공간을 줄이는 것이 중요하다. 이런 상황에서는 냉각을 위한 열 배출도 중요한 과제가 된다. 모터의 권선이 들어가는

부분(슬롯)의 고밀도화도 해마다 기술이 발전하고 있습니다." (사가와 선생님)

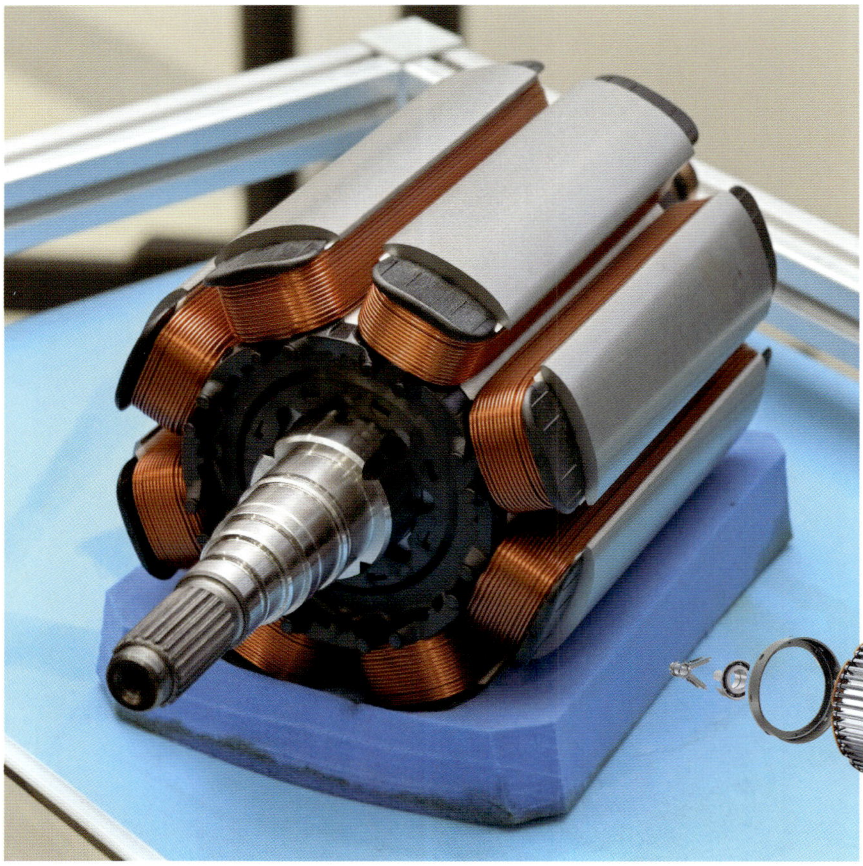

# Q2

자동차 구동용 모터는 현재 영구자석을 사용하는 교류 동기 모터, 유도 모터, 권선계자형 모터 등 다양한 선택지가 있습니다. 어떤 형태의 모터가 자동차에 적합하다고 생각하십니까?

### 닛산 아리아에 탑재된 권선계자형 모터

교류 동기 모터는 로터에 영구자석을 내장하는 대신 계자용 코일을 장착한 모터이다. 자기력을 자유자재로 제어할 수 있기 때문에 고속회전 시 역기전력에 대응하여 전력을 소비하는 자석계자형의 단점을 극복했다. 로터와 함께 회전하는 계자용 코일에 전원을 공급하기 위해 슬립 링을 사용한다. 슬립 링의 내구성은 권선형 계자기를 채택한 르노 ZOE에서 이미 입증된 바 있다.

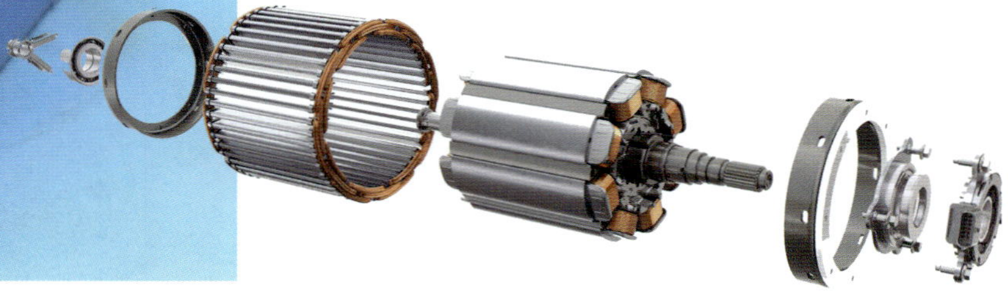

## 최대 효율과 출력 밀도에서는 자석계자형 교류 동기 모터가 최적

"자동차와 같이 광범위한 운전 영역에서 사용하는 것을 고려하면 상황에 따라 가변적으로 자기력을 제어할 수 있으면 편리하다. 그래서 등장한 것이 최근 주목받고 있는 권선계자형 교류 동기 모터입니다. 로터에 내장된 영구자석 대신 코일(권선)을 설치해 계자력을 가변적으로 조절할 수 있지만, 계자 때문에 전력을 소비하는 만큼 자석계자형 교류 동기 모터에 비해 효율의 피크가 다소 떨어집니다. 그러나 피크 주변으로 넓게 펼쳐지는 고효율 영역이 넓어지기 때문에 넓은 범위(운전 조건)에서 효율을 얻을 수 있어 결과적으로 모드 주행 시 전기료 향상으로 이어질 수 있습니다. 단점으로는 전류 밀도의 한계로 인해 계자용 코일에서 얻을 수 있는 자속 밀도도 제한적이기 때문에 자석 계자형만큼 로터를 소형화할 수 없다는 점이다. 이 부분은 유도 모터도 마찬가지이며, 자기장형 교류 동기 모터가 널리 사용되는 이유 중 하나이다. 최대 효율과 출력 밀도에서는 자기장형 교류 동기 모터가 가장 좋다. 널리 사용되는 가운데 고속회전에서 철 손실을 억제하는 전자기 강판의 박판화, 고온에 강한 자석의 개발 등 기술도 성숙해져 앞으로도 당분간은 주류를 유지할 것으로 보입니다."(사가와 선생님)

### 토요타가 개발한 네오디뮴 절약형 내열 자석

자석계자형의 교류 동기 모터에는, 자석의 열감자(熱減磁)나, 고속회전 시 발생하는 철 손실, 그리고 역기전력의 증가와 같은 문제가 있지만, 이러한 문제에 대응하는 기술도 등장하고 있다. 왼쪽은 열감자 특성이 우수한 자석(사진 오른쪽 끝이 개발품), 위쪽은 박판화(薄板化)를 통해 철 손실을 억제한 로터 코어이다.

# 모터의 에너지 효율(≒전기료)은 정말 좋은가?

**Q3** 전기 자동차에서 궁금한 것은 각기 다른 전기료입니다. 또한, 현재 구동용 모터의 주류인 PM(자기장형)
교류 동기 모터는 어떤 운전 조건에 강하고 약할까요?

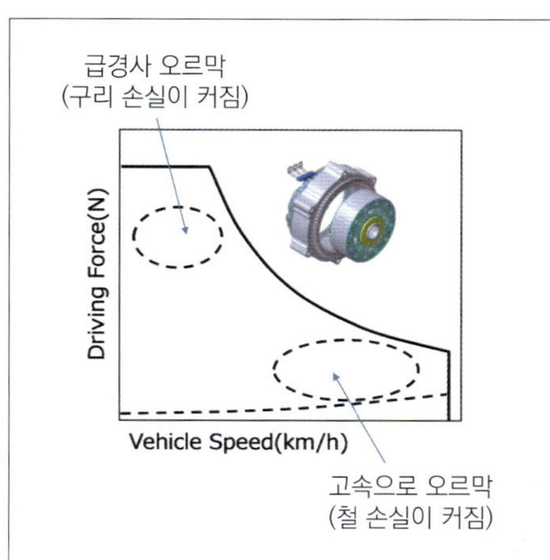

## A3 고속회전보다 취약한 높은 토크 상태의 저속 주행

"확실히 전비는 차량에 따라 크게 다릅니다. 현재 가장 전기료가 저렴한 차량은 테슬라의 모델3입니다. 인버터에 SiC 파워 반도체를 가장 먼저 채택한 덕분에 8.500km/kWh(WLTC)로, 소형 경량의 혼다의 7.972km/kWh를 훨씬 웃돌고 있습니다. 전비는 공기 저항도 관여하기 때문에 엔진과 모터가 잘하는 영역은 크게 다르지 않다. 가장 전비가 늘어나는 것은 40~50km/h 정도의 일정한 속도로 주행하는 조건입니다."(기무라 선생님)

"자기장형 교류 동기 모터가 고속회전을 잘 못한다는 것은 잘 알려진 사실이지만, 경사가 심한 산길을 저속으로 오르는 것과 같이 높은 토크가 계속되는 주행 조건은 그보다 더 힘들다. 그리고 가장 힘든 것은 연석이나 단차를 넘을 때의 락 상태이다. 큰 돌입 전류로 인해 온도가 급상승한다. 구리선 절연 피복의 내열 온도를 넘지 않도록 제어하·고 있지만, 페일 세이프에 들어가면 전류값이 크게 억제되어 출력이 제한됩니다."(사가와 선생님)

**Q4** 애초에 자동차를 모터로 구동하는 것의 장점은 무엇일까요?

## A4 배터리에서 휠까지의 에너지 효율은 가솔린을 훨씬 능가한다

프리우스 2세대(왼쪽)와 4세대(오른쪽)에 사용된 전자기 강판

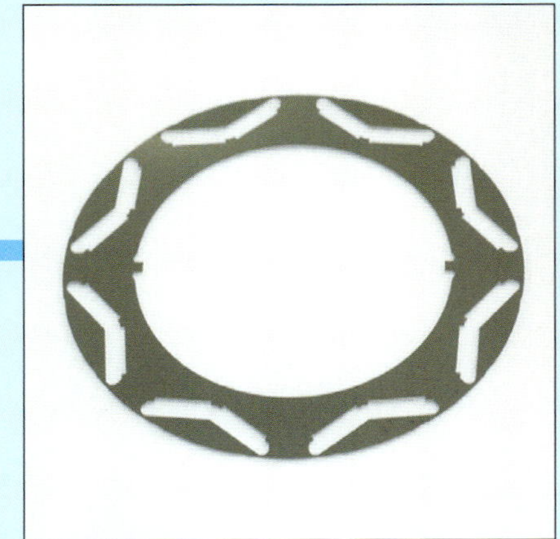
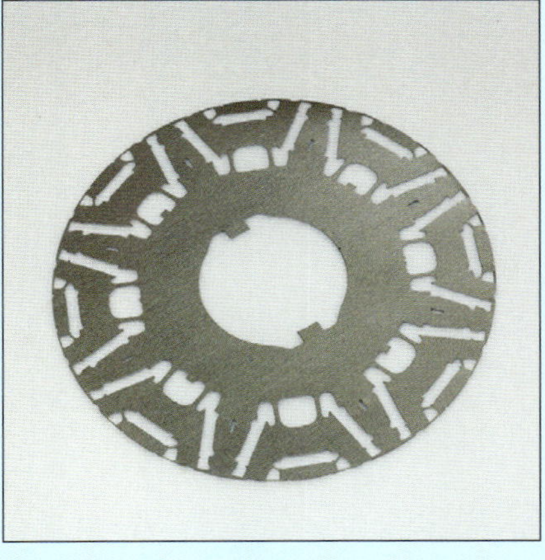

"아마 모든 영역에서 모터가 엔진보다 효율이 더 높을 것입니다. 현재 엔진의 최대 효율은 40%가 조금 넘는데, 모터로 40% 효율을 넘기는 일은 거의 없습니다. 그리고 회생 제동을 사용할 수 있다. 감속을 하면 전력이 되돌아온다. 기무라 선생님은 "휘발유차에서 브레이크 페달을 밟아도 휘발유가 나오지 않을 것"이라고 자주 말씀하십니다(웃음). 전선만 연결하면 모터를 추가할 수 있고, 마음만 먹으면 4륜 모두 독립 구동도 가능하다는 높은 자유도 모터만의 장점입니다. 반응성도 엔진과는 차원이 다르기 때문에 ADAS/AD 등 첨단 안전 기술과의 궁합도 좋아서 차량 운동 제어는 물론 승차감 영역까지 개입하는 제어도 가능합니다."(사가와 선생님)

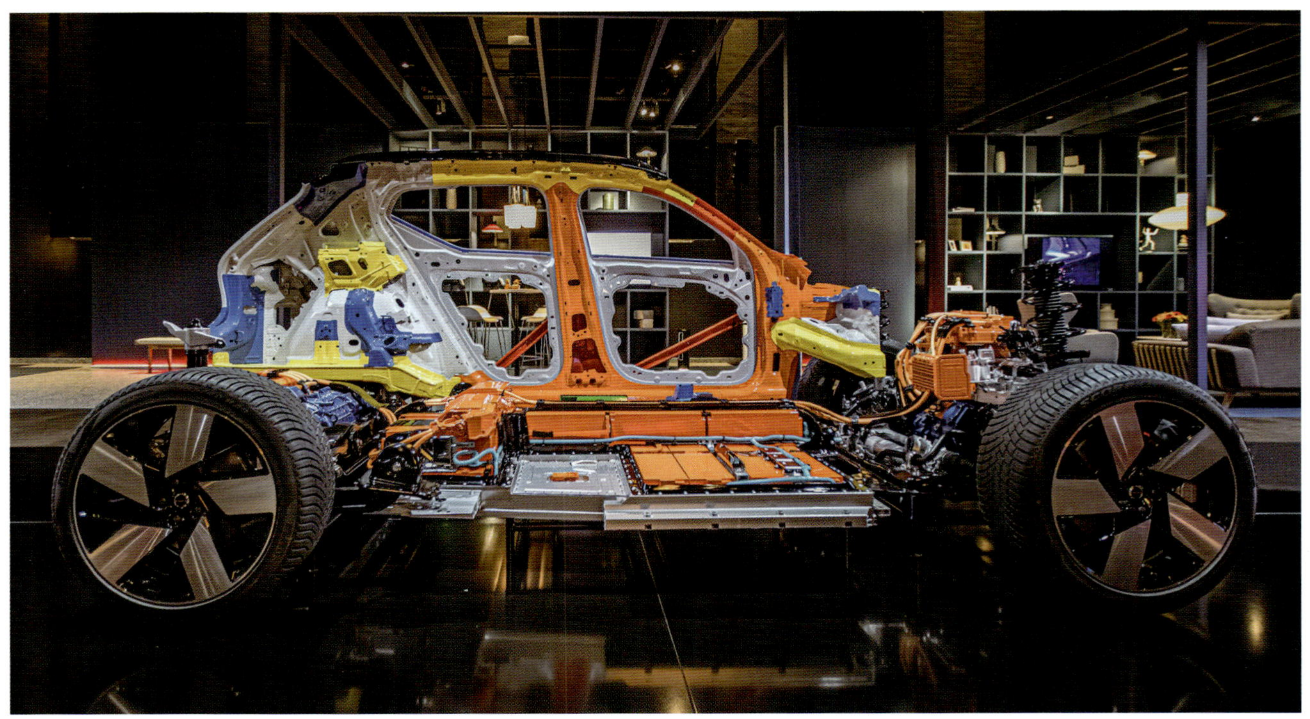

# 전기 파워트레인 에너지 효율의 10년 간의 변천과 기술적 배경

**Q5** 현재 인버터를 포함한 전동 파워트레인의 에너지 효율은 구체적으로 어느 정도입니까? 이를 뒷받침하는 기술적 배경에 대해서도 알려주세요.

**A5** 대부분의 영역에서 80~90% 이상의 모터 에너지 효율을 자랑합니다.

"2004년형 토요타 프리우스가 가장 높은 94%, 10년 정도 된 차량은 96%, 모터+인버터 효율이 가장 높습니다. 오른쪽은 닛산 리프의 효율을 나타낸 것으로, 가장 낮은 곳에서도 70%가 넘습니다(위쪽 그래프가 모터+인버터). 에너지 효율에 대해서는 원래 높은 수준이었기 때문에 수치상으로는 몇 % 정도의 차이밖에 나지 않지만, 그 주변이 점점 좋아지고 있습니다. 즉, 고효율의 영역이 넓어지고 있는 것입니다. 모터 본체에서는 자석과 전자기 강판(박판화), 그리고 내열성이 뛰어난 폴리미드계 동선 피복재와 같은 소재의 진화, 그리고 점적률을 높이는 세그먼트 코일의 생산 기술이, 인버터에서는 FWD(프리휠 다이오드)까지 원칩화한 RC–IGBT(파워) 반도체의 등장, 그리고 자동차 전용 반도체인 반도체)의 등장과 자동차용 전용 패키지로 냉각성이 비약적으로 개선된 것이 큰 요인이다. 세그먼트 코일에 의한 점적률의 향상은 코일에서 코어로의 열 전달을 높여 '열의 인발'을 좋게 하는 효과도 낳고 있습니다."(기무라 선생님)

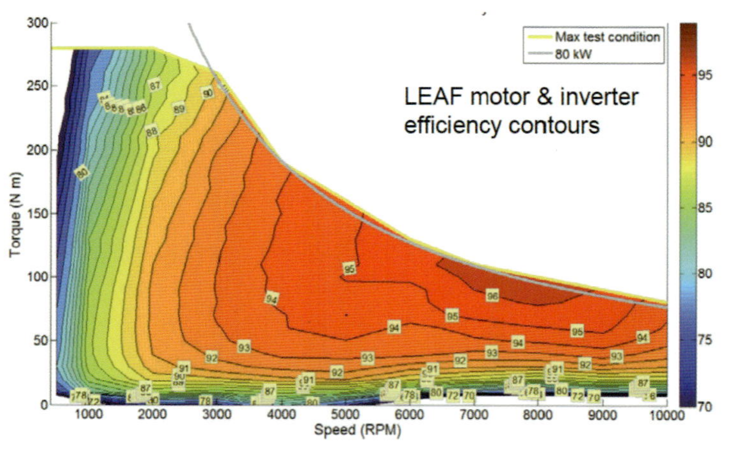


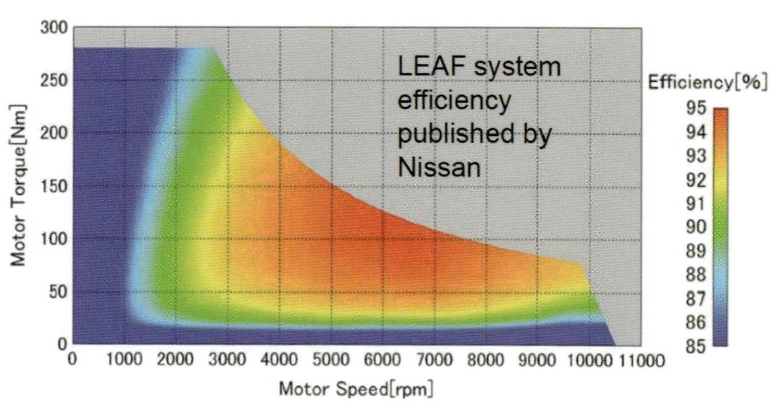

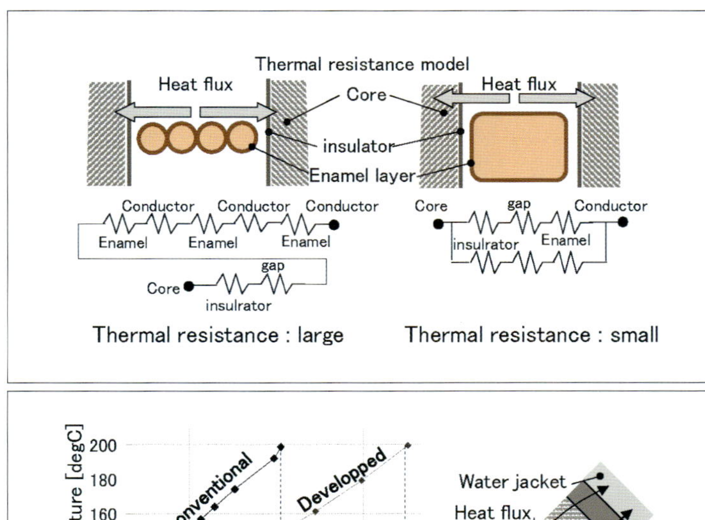
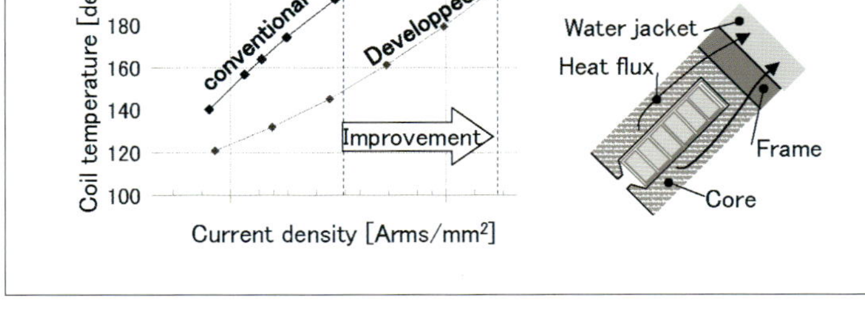


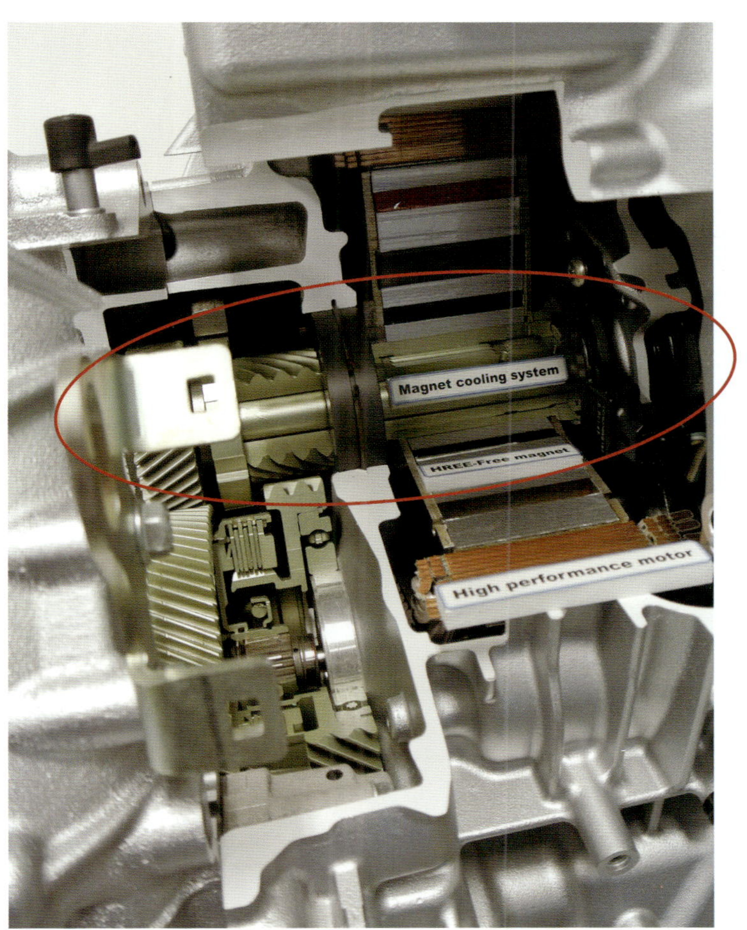


고정자 코일에서 코어로 향하는 열 전달을 원형선(원형 단면의 구리선)과 평각선으로 비교한 모습. 평각선은 몇 개의 원형선으로 대체되는 형태인 데다 코어와의 접촉 면적이 넓어 냉각에 유리하다. 오른쪽은 오일 냉각을 채용한 혼다 e:HEV의 모터 부분.

# 구동용 모터의 약점을 극복하는 기술은?

**Q6** | 일반적으로 구동용 모터는 엔진에 비해 저속 토크가 풍부하고 출발 가속 시 특성이 우수한 반면, 고속 순항 시에는 다소 부진한 인상을 받는다. 이 두 가지를 양립시키기 위한 수단과 그에 따른 트레이드오프 등에 대해 구체적으로 설명해 주십시오.

**토요타 프리우스의 모터**

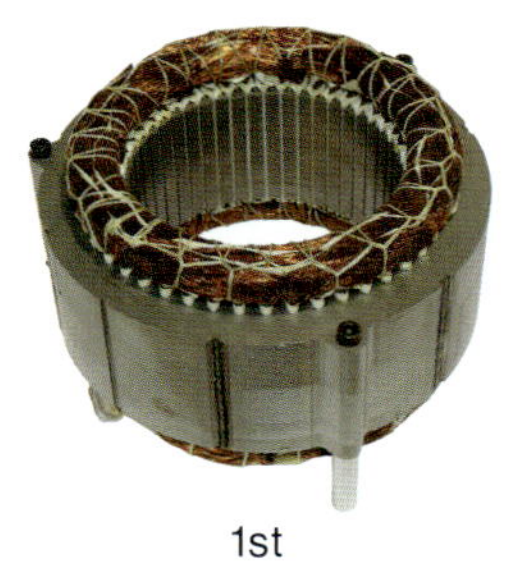
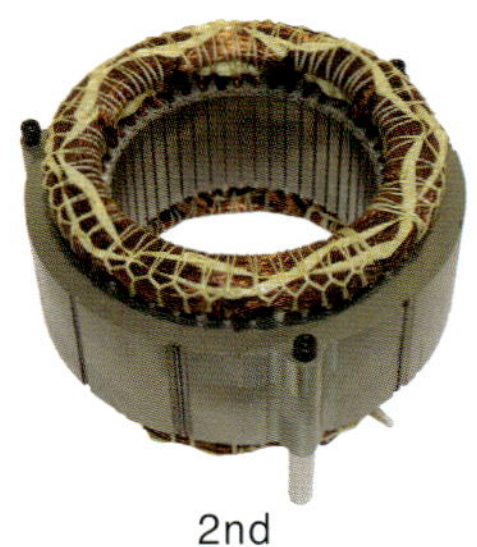

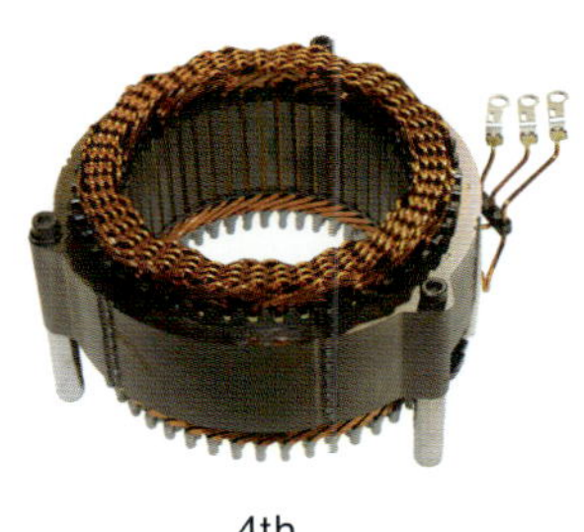

| 1st | 2nd | 3rd | 4th |

**A6**    **어느 정도 양립은 가능하지만, 효율을 포함한 모든 요소를 만족시키기는 어렵다**

"자기장형 교류 동기 모터는 회전이 높아질수록 발전기로서의 역할이 강해집니다. 이것이 역기전력입니다. 또 하나, 고속회전에서 문제가 되는 것은 철 손실이다. 역기전력에는 그 원인이 되는 자석이 발생하는 자속에 대해 역방향이 되는 자속을 고정자 코일에서 주어 '밀어내는' 방식으로 일부를 상쇄하는 '약화계자' 제어를 실시하여 대응하는 것으로 대처하지만, 기본적으로 이 약화계자에 사용되는 에너지는 모터의 출력에 기여하지 않는 에너지입니다. 모터에서는 약화계자 제어가 필요한 고속회전 운전 영역에서는 철 손실도 커지는데, 이 영역은 차량 측면에서 보면 공기 저항이 커지는 영역입니다. 고속 주행에서 배터리 용량이 점점 줄어드는 것처럼 느껴지는 것은 바로 이 때문입니다. 철 손실에 대한 대응은 전자기 강판을 얇게 만드는 것이 일반적이지만, 코어에 비정질 합금을 사용하는 방법도 있습니다. 매우 효과적인 반면, 부피당 발생 토크가 작아지는 부작용과 함께 가공성이 좋지 않아 대량 생산에 적합하지 않다는 단점이 있습니다."(사가와 선생님)

**Q7** | 인버터 제어에 있어서 PWM, 과변조, 원펄스 등의 방법에 대해 각각의 용도와 장단점을 설명해 주시오.

위쪽은 원펄스 제어 방식으로 구동되는 태양광 자동차(솔라카)의 모터를 보여주고 있다. 아래에 나타난 이미지는 PWM(Pulse Width Modulation, 펄스 폭 변조) 제어에 의해 생성되는 정현파(사인파)의 예시다. 빨간색 선으로 표시된 톱니 모양의 파형은 '캐리어(carrier)'라고 불리는 기준 신호이며, PWM을 구성하는 각 펄스의 간격과 폭을 결정하는 기준이 된다. 이 캐리어의 주파수가 높을수록, 즉 파형이 더 세밀할수록 모터의 효율은 유리해진다. 그러나 그와 동시에 인버터에서의 스위칭 손실은 증가하게 되어, 전체 시스템의 에너지 손실은 커질 수 있다.

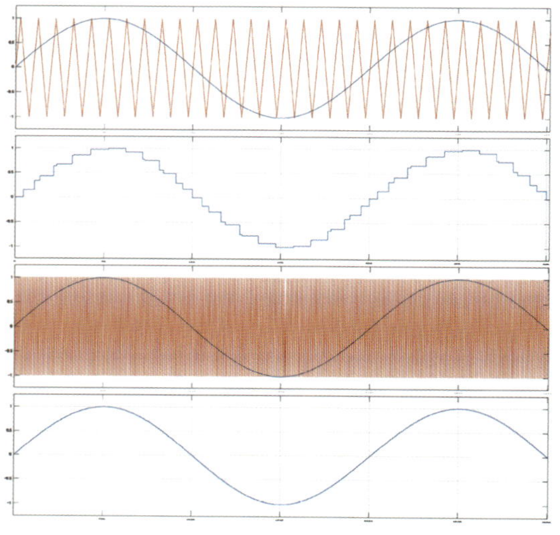

### A7 · 원펄스에는 전압을 승압하는 효능도 있다

"도카이대학의 태양광 자동차에서는 원펄스 제어만으로 모터를 회전시키고 있습니다. 자동차에서는 고속회전에서만 사용되는 방식이지만, 사실 전력 소자의 손실 요인 중 하나인 스위칭 손실을 최소화할 수 있기 때문에 사용 방법에 따라서는 고효율화 수단으로도 활용할 수 있습니다."(기무라 교수)

"자동차의 경우 PWM이 기본입니다. 다만 정현파를 거의 충실하게 재현하는 PWM 제어는 모터를 부드럽게 회전시키지만, 고속회전에서는 스위칭 손실을 억제하기 위해 과변조, 그리고 원펄스가 사용됩니다. 특히 원펄스에 대해서는 전압을 10% 정도 승압할 수 있기 때문에 고속회전 운전에는 효과적이지만, 노이즈가 커지기 쉽기 때문에 기본적으로 저속회전 영역에서는 사용할 수 없습니다."(오구치 선생님)

# 변속기를 장착할 것인가, 2개의 모터인가, 가변계자인가?

**Q8** | 현존하는 구동용 모터 외에 차량 구동 용도로 사용할 수 있는 모터가 있나요? 또한, 실용화를 위한 기술적 장애물은 무엇인가?

### A8 · 고속회전보다 취약한 높은 토크 상태의 저속 주행

"제가 연구하고 있는 가변계자 모터는 고정자 측에 마련한 계자 권선(계자 제어용 권선)에 의해 계자용 자석의 작용을 제어하여 계자력을 강화하거나 약화시킬 수 있는 것입니다. 폭넓은 운전 영역에 대응하기 위한 것으로, 권선형 계자형과 지향점은 비슷하지만, 슬립 링이라는 접점이 없고 계자력을 강화하는 방향으로도 제어할 수 있다는 것이 가장 큰 장점이자 특징입니다. 제어 방법 등의 연구개발이 진행되면 자동차 용도에서도 큰 장점을 발휘할 수 있을 것으로 생각합니다."(오구치 선생님)

"앞으로 모터는 고속회전화가 진행될 것으로 생각합니다. 그런 의미에서 아직 모색 단계이긴 하지만, 고속회전으로 출력을 얻으려는 SR(스위치 릴럭턴스) 모터도 빼놓을 수 없는 존재입니다. 로터에 구리나 자석을 사용하지 않고 견고하게 만들 수 있는 것도 장점입니다."(사가와 선생님)

"현실적인 타협점은, AC(교류) 동기 모터의 자석을 줄이고, 리럭턴스 토크의 비율을 높여서 사용하는 방식이라고 생각합니다."(기무라 선생님)

## 보쉬의 BEV용 CVT

← 모터에 CVT를 조합한 트랜스액슬 유닛. 운전 영역을 확대하는 목적은 가변계자기와 마찬가지로 CVT의 전달 효율이 걱정되지만, 에너지 효율이 높은 영역에서만 모터를 작동시키는 정점 운전을 사용하면 모드 주행 시 전기료 등에서 이점을 찾을 수 있을 가능성도 있다.

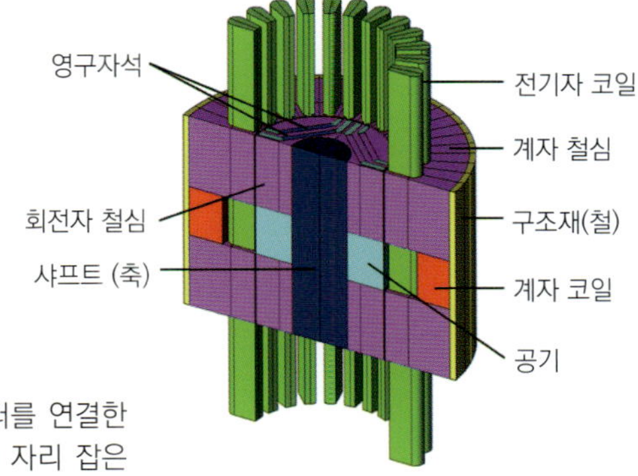


**도카이대학교 오구치 준교수가 연구 중인가변계자 모터**

↗ 축 방향으로 두 개의 모터를 연결한 듯한 구조와 계자 철심 쪽에 자리 잡은 계자 코일이 특징이다. 계자 코일의 자속을 제어함으로써 로터 측에 배치된 자석에 의한 계자력을 제어할 수 있다. 자기력을 약화시킬 분만아니라 강화하는 방향으로도 조작할 수 있다고 한다.

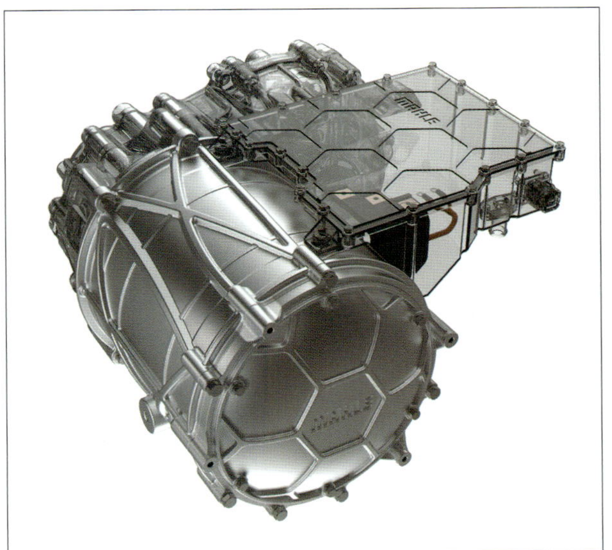

## 마레가 개발하는 희토류가 없는 비접촉식 모터

← 권선형 모터의 슬립링 대신 송수전 코일 세트를 사용하여 로터와 함께 회전하는 자기용 코일에 비접촉으로 전원을 공급하는 방식이다. 산업용 대형 모터 등에는 이와 유사한 것이 존재하지만, 자동차용으로는 처음 시도되는 것이다.

## 전후에 모터를 탑재한 토요타· bZ4X

↑ 토요타의 차세대 EV인 bZ4X의 전기 파워 트레인. 모터는 전면, 후면 모두 80kW 출력의 교류 동기식으로 발표되었다. 지금까지의 흐름으로 볼 때 자기장형일 가능성이 높지만, 그렇다면 승차감이나 운동성을 제어하는 상시 구동이 될 것이다.

# CHAPTER 2

# 적용 사례




# HEV에서의 실적을 이식한 FCEV의 모터

## MIRAI : 3KM형 구동용 모터

세계 최초의 양산형 HEV인 초대 프리우스의 출시는 1997년으로, 1980년대부터 시작된 토요타의 전기 모터 개발이 결실을 맺은 제품이었다. 동시에 끊임없는 개선과 기술적 도약은 여기서부터 시작되었다.

본문 : 마키노 시게오  사진 : TOYOTA／AISIN／마쯔다 가쓰이사  그림 : TOYOTA

### LiB(리튬 이온 2차 전지)

순간적으로 큰 전력이 필요할 때의 전력 확보와 감속 회생에서의 전력 회수를 위해 LiB를 탑재한다. 렉서스 LS500h용을 기반으로 고출력화했다.

### 수소 탱크

수지 라이너 위에 탄소섬유를 여러 겹으로 감싼 후 수지로 굳히고 마지막으로 유리섬유로 덮은 탱크는 3개 (나머지 1개는 모터 뒤쪽)로 충분한 용량을 확보했다. MIRAI : 3KM형 구동용 모터

### 3KM형 전기 모터

렉서스 GS450h에 탑재된 영구 자석식 동기식 모터를 기반으로 FCEV용을 개발했다. 아래는 전기 모터 단독 상태. 후륜구동이 지만 수평으로 배치되어 하이포이드 기어를 사용하지 않는다.

### FC 스택

승압 컨버터와 일체화된 소형 FC(연료전지) 스택은 330셀을 수용한다. 여기서 얻을 수 있는 최대 출력은 128kW(174ps)이다.

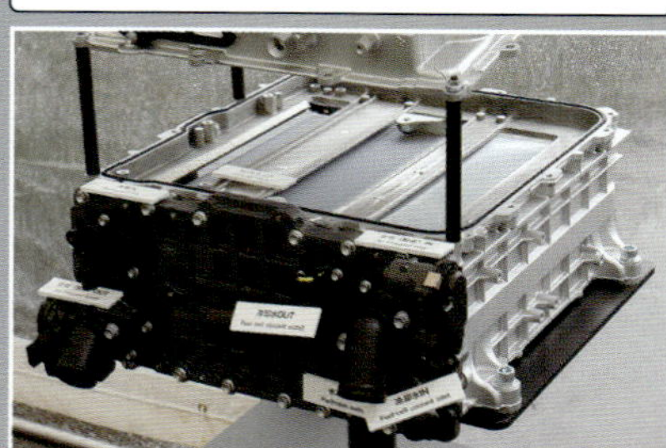

### 큰 지름의 타이어

표준으로 235/55R19라는 사이즈는 큰 직경의 수소탱크를 탑재하기 위해 선택된 것이다. 옵션으로 20인치 사이즈도 준비돼 있다.

필자가 처음 운전한 토요타의 xEV(일종의 전기 구동계를 가진 자동차)는 1992년 봄의 태양열 자동차였다. 그 2년 후 HEV 연구가 시작되어 95년 도쿄 모터쇼에 '프리우스'의 프로토타입을 출품했다. THS(Toyota Hybrid System)로 명명된 구동계는 '어딘가의 기어의 움직임을 멈추게 하는' 클러치가 전혀 없는 유성 기어(유성 기어) 세트에 ICE(내연기관), 발전기, 구동용 모터를 '삼박자'로 연결한 것이었다. 있었다. 무단 변속을 하면서 전기 모터도 구동에 참여하는 '전기적 CVT'였다.

THS 탄생 전 단계에서는 정말 다양한 검토가 이뤄졌지만, 기본은 '에너지 절약'이었고, BEV도 검토됐지만 당시 기술 수준으로는 배터리가 전혀 힘이 부족했다. 음극에 탄소 흑연을 사용하는 LiB(리튬이온 이차전지)를 소니가 실용화했지만, 차량용 배터리로서의 안전성과 내구성이 미지수였기 때문에 BEV는 포기했다.

EV=Electric Vehicle이고 프리우스는 Hybrid Electric Vehicle with ICE이므로, 앞서 언급한 바와 같이 세계적으로는 xEV가 표준어로 사용되고 있다. 충전하는 것 외에 에너지 충전 방법이 없는 xEV가 BEV이고, HEV는 2차 전지 외에 자체 발전 메커니즘을 가진 xEV이다. 이 점을 강조하고 싶다.

그렇다면 HEV로 xEV 시장을 개척한 토요타는 어떻게 전기 모터를 개발, 설계하고 있을까? 자체 발전 메커니즘을 가진 HEV와 차량 구동에도 발전에도 ICE의 도움을 받지 않는 'BEV형' xEV와 전기 모터의 설계는 어떻게 다른가?

"BEV용 전동기에는 낮은 전압으로 큰 전류를 흘려보내고, HEV는 승압하여 고전압, 저전류로 사용한다. 출력은 '전압×전류'인데, 같은 출력이라도 전압과 전류의 배분이 다르다. 그런 의미에서 BEV와 HEV의 모터는 조금 다르다."

토요타의 전기 모터 설계자는 HEV의 전기 모터는 시동과 가속 등 ICE가 취약한 부분을 도와주는 역할을 한다고 말한다. 그렇다면 THS용 전기 모터는 순발력이 요구되는 것일까.

"아니, 순발력은 토크에 의해 결정되기 때문에 HEV나 BEV나 마찬가지다. 반면 중간 가속, 가속의 '순발력'에는 출력이 작용하기 때문에 필요할 때 출력을 낼 수 있도록 설계하고 있다."

---

**로터 디테일**　렉서스 GS450h용과 MIRAI용 전기 모터는 형제이다. 하지만 세부적인 부분에서는 차이가 있다. 개발 연도와 차량 특성이 그 배경인데, MIRAI용은 최고 출력 134kW(182ps)@ 6940rpm, 최대 토크 300Nm(30.6kg-m) @ 0-3267rpm으로 회전이 시작되는 순간 300Nm의 토크를 낸다.

### 렉서스 GS450h

### 2세대 MIRAI

**고정자**

고정자와 집중 권선의 코일 끝은 거의 변함이 없으며, GS450h용 1KM형 모터는 최고 출력 147kW, 최대 토크 275Nm이다.

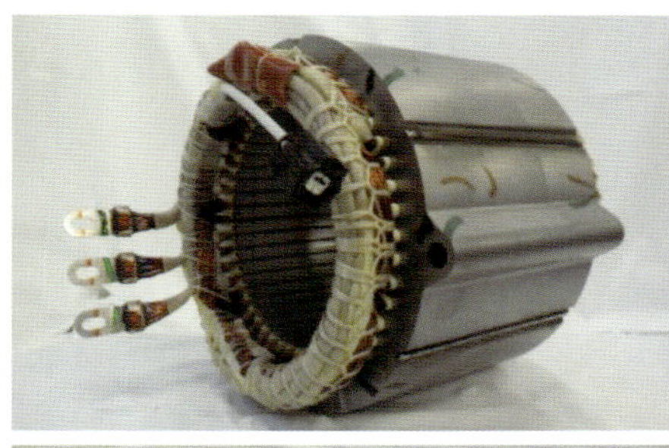
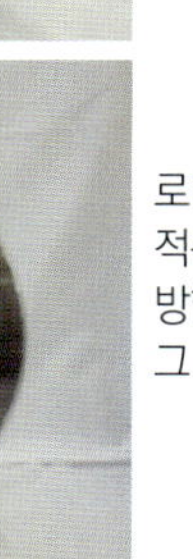

**로터 외관**

로터 모양도 동일하게 보이지만, 원통형으로 적층된 전자기 강판 표면(로터 외주)에 세로 방향으로 들어가는 무늬가 미묘하게 다르다. 그 이유는 내부 자석에 있다.

**로터 코어**

영구자석을 수용하는 슬릿 모양과 개수가 다르며, MIRAI용은 한 모서리에 3개의 자석을 사용하기 때문에 전자기 강판의 펀칭 모양도 전혀 다른 것을 알 수 있다.

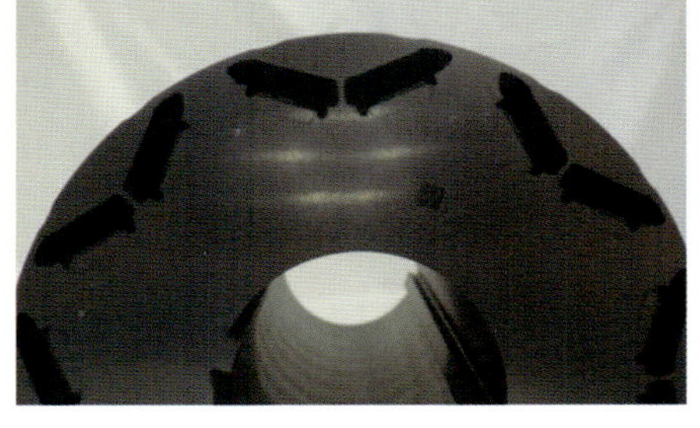
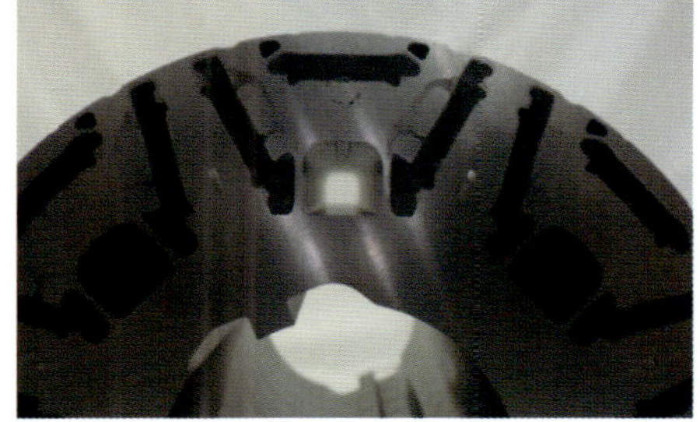

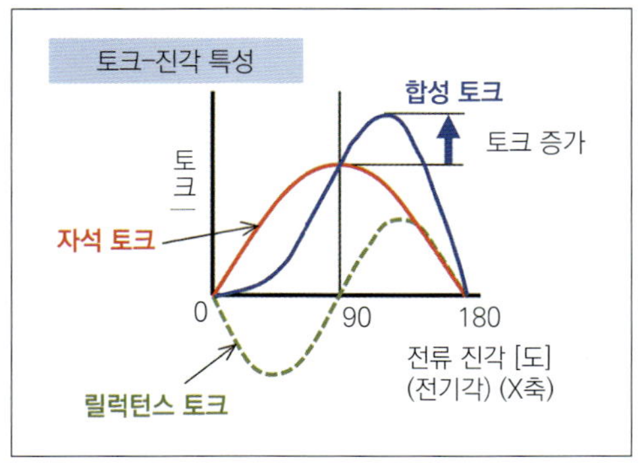



## 릴럭턴스 토크 활용 효과

← 자석 토크와 사인 곡선 형태의 릴럭턴스 토크를 모두 사용하면 합성 토크가 되어 결과적으로 토크가 증가한다. 초창기 프리우스의 모터에서도 릴럭턴스 토크를 전체 토크의 40% 미만으로 사용했지만, 현재 프리우스는 70% 이상이 릴럭턴스 토크이며, MIRAI도 비슷한 수준일 것이다.

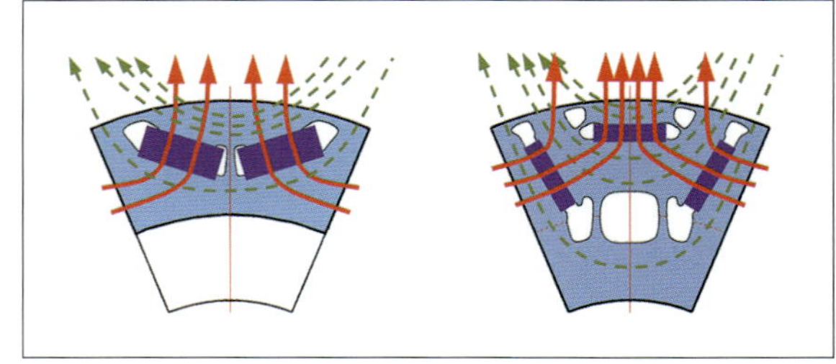

## 효과적인 영구자석 사용량 감소

↑ GS450h(왼쪽)와 MIRAI(오른쪽)를 비교하면 자석 1개당 단면적이 다른데, MIRAI는 자석을 3개 사용하지만 자석의 양(지수)은 20% 정도 줄었다. 녹색 화살표가 릴럭턴스 토크, 빨간색 화살표가 자석 토크이며, 그 합성 토크는 위 그래프와 같이 MIRAI에서 증가하고 있다.

전력의 투입(인풋)은 BEV와 HEV가 다르지만, 전기 모터의 설계 요건은 거의 같다고 봐도 좋을 것 같다. 그렇다면 현재 전기 모터가 취약한 운전 영역은 어디일까?

"전기 파워트레인이 공통적으로 취약한 영역은 '오르막길'과 '고속'이다. 전기 모터만으로 오르막길에서 차를 운행하려면 토크가 필요하다. 토크를 내기 위해서는 모터에 전류를 많이 흘려야 하는데, 모터는 전열선이기 때문에 큰 전류를 흘리면 과열된다. 인버터도 열적으로 힘들어진다. 고속 쪽도 마찬가지고, 예전에 프리우스의 ICE 배기량을 확대한 이유도 고속 쪽에서 최대한 ICE에 일을 시키고 전기 모터가 취약한 영역에서 전기 모터를 사용하지 않도록 하기 위한 것이었는데, BEV의 오르막길과 고속 영역은 더 힘들고 높은 냉각 성능이 요구된다."

2세대 'MIRAI'는 렉서스 'GS450h'의 전기 모터를 기반으로 개량한 것을 사용하지만, 117페이지 사진과 같이 로터 내부 형상은 전혀 다르다. "GS용을 기반으로 고속회전화하고 감속비를 높여 MIRAI의 차량 중량에 맞췄다. 베이스가 있기 때문에 처음부터 개발하는 것보다 개발 기간을 단축할 수 있었다"고 하는데, 로터 단면을 보면 영구자석의 개수가 늘어났을 뿐 아니라 배치도 전혀 다르다.

"전체적으로 고속회전 쪽으로 방향을 잡았고, 2세대 미라이는 후륜구동이지만 전기 모터가 차축과 같은 방향에 가로로 놓여 있어 전체 외경은 바꾸지 않았다. 영구자석의

수와 배열은 특히 고속회전 영역에서의 성능 향상을 목표로 한 결과다. 또한, 코일과 영구자석 모두 온도가 너무 올라가지 않도록 냉각 방식을 고려했다. 전기 모터 내부는 직접 오일을 뿌려 뜨거워지는 부분에서 직접 열을 빼앗는 방식으로 적극적으로 냉각하고 있다. 주로 고정자를 냉각하지만, 회전하는 로터를 냉각하기도 한다."

모터 내부의 열을 뺀 냉각 오일은 오일 쿨러로 식혀 순환시키는데, ICE 차량에서는 머플러를 배치하는 뒷바퀴 뒤쪽 좌우 공간에 공랭식 오일 쿨러가 있다.

"상당한 유량으로 모터 내부에 오일을 뿌리고 있다. 오일 층으로 고정자 전체를 덮도록 흘려보내는데, 저항이 증가하지 않도록 흘려보내는 방법을 생각했다. 위에서 오일을 떨어뜨리는 것뿐만 아니라 축 중앙에 오일 파이프를 두어 전체에 골고루 오일이 퍼지도록 했다. 여기에 효율이 좋은 오일 쿨러를 사용할 수 있다는 점도 장점이지만, 기존의 냉각 방식으로는 상당히 적은 부분을 차지하게 됐다."

냉각 방식과 오일 쿨러의 구조 및 배치는 119페이지의 그림을 참고할 것. MIRAI는 다소 미드십에 가까운 RR(Rear Engine Rear Drive)인데, 그 이유는 수소 탱크 용량 확보와 FC 스택, LiB, 제어계를 포함한 구성품의 최적 배치 및 차량 탑재 요건을 고려한 결과라고 한다. 탑재 요건 검토의 결과라고 추측되지만, 실제로 운전해보면 전체 차량의 레이아웃이 '합리적'이라는 것을

알 수 있다.

MIRAI의 축중 배분은 전륜 970kg: 후륜 1000kg이 자동차 검사증에 기재된 수치다. '후륜구동은 회생 제동에 불리하다'고 하지만, 아주 일반적으로 0.4G 정도까지의 제동 G로 운전할 때의 하중 이동은 '전하중'이라기보다는 '평하중'에 가깝다. 피칭 거동을 수반하는 '전하중' 제동이 아니라 차체가 전체적으로 가라앉는 듯한 느낌이다. 가속 방향은 살짝 가속 페달을 밟아도, 약간 강하게 밟거나 전기 모터 특유의 빠른 반응이 과하지 않고 '필요한 만큼'의 토크감을 느낄 수 있다. 전기적 부하를 계속 걸어도 토크가 느려지는 느낌은 없었다.

"가속 시 모터의 동작은 완급 가속이든 급가속이든 기본적으로 변하지 않는다. 필요한 전류를 흐르게 할 뿐이다. 다만 가속 페달을 세게 밟으면 토크 맥스로 가기 때문에 모터 효율이 떨어지는 곳을 통과한다. 열도 나고 전기료도 나빠진다. 부드럽게 가속하면 모터 효율이 좋은 지점을 통과할 수 있기 때문에 전기료를 아낄 수 있다."

전기료가 주행에 따라 달라진다는 점은 ICE 차량의 연비와 다르지 않다. 동시에 고급 세단에 요구되는 가속감도 마찬가지다.

"수소 전기차라는 부가가치가 무엇일까 생각했을 때 '달리기'와 '부드러운 가속'이 필요했고, 그 목표 수치를 정했다. 북미와 유

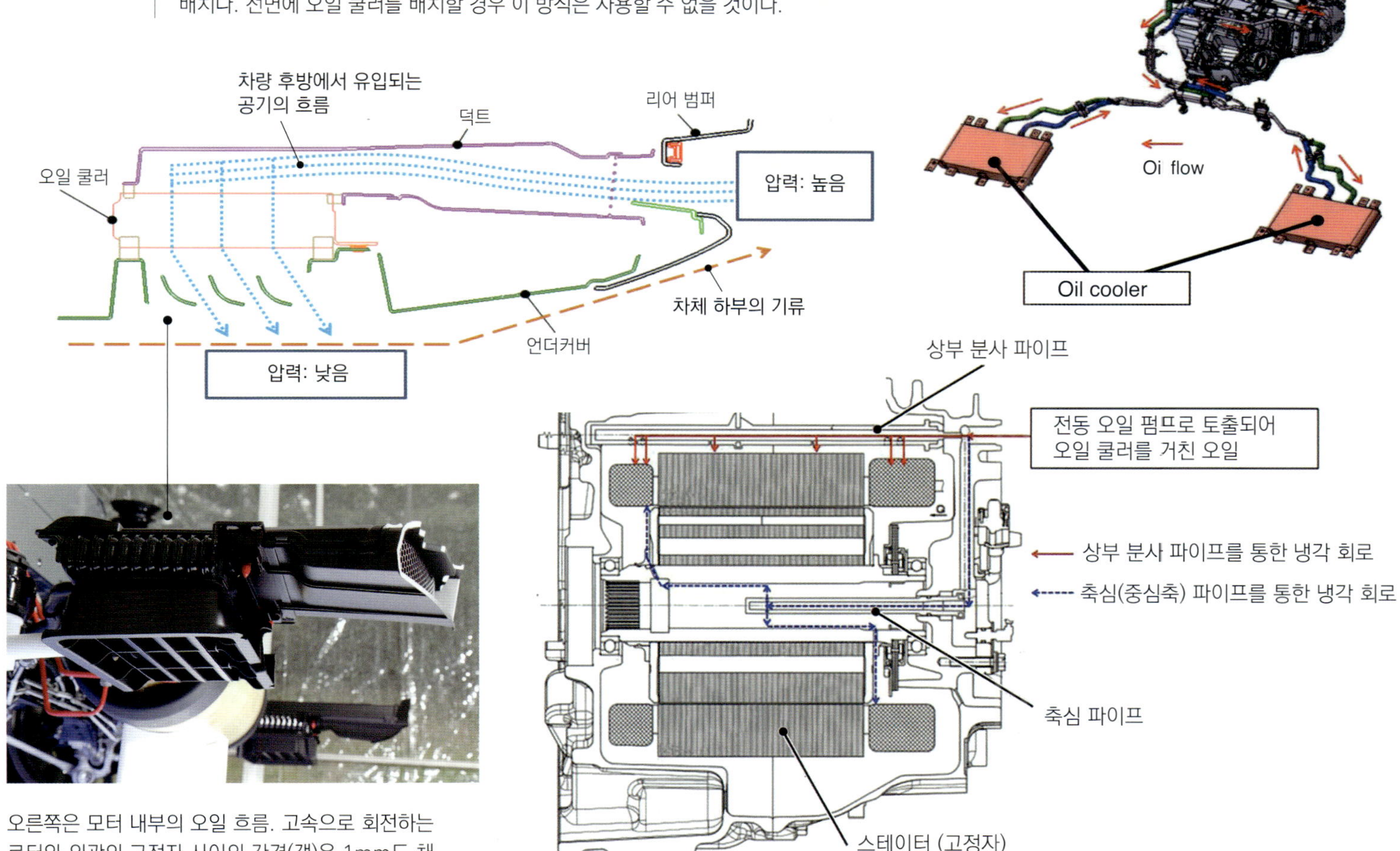


오른쪽은 모터 내부의 오일 흐름. 고속으로 회전하는 로터와 외곽의 고정자 사이의 간격(갭)은 1mm도 채 되지 않는다. 오일을 많이 흘려보내면 냉각 면에서는 유리하지만, 반대로 회전 저항이 커진다. ICE에서는 피스톤 뒷면에 오일 제트를 이용해 오일을 분사하고, 크랭크 케이스 내부는 미스트 형태의 오일로 채워지는데, 이 균형을 맞춰 오일 분사량을 결정한다.

럽에도 수출하기 때문에 최고속도 요구사항도 필수적이었다. 전기 모터의 사양은 이러한 목표에 따라 결정됐다. 이 점 역시 ICE 자동차를 만드는 절차와 다르지 않다.”

미라이의 표준 타이어는 19인치로 크다. 이 크기는 수소 탑재 용량 공급에서 결정된 것이라고 한다. 탱크의 지름을 확보한 뒤 필요한 최저 지상고를 확보하기 위해서다. 타이어의 직경이 크면 바퀴 한 바퀴를 돌리는 거리가 길어지기 때문에 FCEV든 BEV든 이 점이 유리하지 않을까 하는 생각이 든다. 모터 토크와의 밸런스를 잘 맞추면 유리하지 않을까?

“모터의 설계 측면에서 볼 때, 큰 직경의 타이어는 장애물이 높아진다. 물론 일반론적으로는 타이어 직경이 큰 것이 좋지만, 차량 중량과 접선력의 관계로 인해 타이어 직경이 커지면 그에 상응하는 모터 토크가 필요하다.

같은 차체 중량에 타이어 지름을 크게 하면 더 많은 토크를 내야 하는데, 한 바퀴에 갈 수 있는 거리와 필요한 토크의 밸런스를 고려해야 한다. 모터 부하 측면에서는 타이어 직경은 작을수록 좋다. 작게 하고 감속비를 크게 하면 큰 토크를 내지 않아도 되기 때문에 전기 모터가 편해진다.”

그렇다면 전기 모터와 변속기를 세트로 사용하는 방법은 어떨까. 감속비를 두 개로 나눠서 토크를 얻는 방식인데, 현재로서는 “그 발상은 ICE와 같은 개념으로 타당하다. 다만 변속기를 넣으면 비용이 높아지고 탑재 공간 문제도 있다. 차에 따라 다르다고 생각한다”는 답변이 돌아왔다.

그렇다면 토크형 전기 모터를 설계하는 방법은 없을까. ICE에서는 장행정화 경향이 두드러지는데, 장행정 ICE와 같은 전기 모터는 만들 수 없을까.

“토크를 내고 싶을 때는 가급적 로터 직경을 크게 하는 것이 모터 부피당 토크를 내기 쉽다. 다만 탑재성이라는 요건이 있다. 너무 큰 직경의 전기 모터는 차량 탑재성 문제가 있다. ICE와 달리 전기 모터의 출력과 토크는 외형 크기보다는 권선이나 전압에 의해 좌우되는 것이므로, 현재로서는 로터 축 방향으로 늘려서 필요한 토크를 확보하고 있다. 토요타는 현재 HEV에서 650V의 시스템 전압을 사용하고 있는데, 예를 들어 2010년경 전기 모터와 비교하면 손실은 30~40% 정도 줄일 수 있다. 효율은 최대 포인트에서 95%를 넘는다. 시스템 전압을 높여서 얻을 수 있는 것은 투입 전력량이다. 물론 승압하면 열 손실이 늘어나기 때문에

## [ 모터의 직경과 길이와 권선 ]

위는 토요타/아이신의 다단 하이브리드 시스템. 왼쪽이 ICE로부터의 입력으로 먼저 MG1(발전기)이 있고, 뒤쪽에 MG2(구동) 모터가 있다. 그 사이에 유성 기어가 있어 이 부분에서 HEV의 구동계로 성립되지만, 후단에 4단 AT를 두어 10단 스텝 AT와 같은 엔진의 회전수 제어를 한다.MG1은 집중 권선, MG2는 분산 권선으로 각각 직경도 길이도 다르다. 권선 방식은 '어느 쪽이 더 낫다'가 아니라 그 전기 모터와 탑재 차량의 성격에 따라 제조 설비 비용의 부담도 고려하면서 결정된다.

효율과 냉각과의 균형을 고려해 현재는 최대 650V를 사용하고 있다."

권선은 두 가지 종류가 있다. 가느다란 구리선을 슬롯에 밀어 넣는(제조 방식을 보면 미리 묶은 전선을 밀어 넣는) '집중 권선'과 사각형의 굵은 전선을 틈새 없이 슬롯에 끼워 넣는 '분포 권선(세그먼트 권선)'이다. 토요타의 HEV를 보면 발전기 겸용의 경우 집중 권선, 구동 전용의 경우 분산 권선이라는 경향을 볼 수 있다.

"작은 체격의 모터에서 큰 토크를 내기 위해서는 집중 권선보다 분산 권선이 적합하다. 슬롯 내 동선 점유율을 높일 수 있기 때문에 높은 토크, 고속회전, 고출력 모터에는 분산 권선이 유리하다. 타사의 추세를 봐도 그쪽으로 가고 있다. 반면 집중 권선은 동선을 빙글빙글 감아 슬롯에 밀어 넣는 제조 방식이기 때문에 제조 설비가 간단하고 설비

투자를 줄일 수 있다. 그리고 슬롯과 슬롯 사이를 가로지르는 코일 끝부분이 작아져 소형화가 용이하다. 부피당 성능을 나눌 수 있는 특성의 전동기에서는 집중 권선도 선택이 가능한데, THS에서는 MG1에 집중 권선을 사용하고 있습니다."

마지막으로 로터의 외주 형상에 대해 물었다. 초창기 프리우스 전기 모터는 단순한 원주형 로터였지만, 지금의 로터는 미묘한 요철이 있다.

"'영구자석의 배치와 밀접한 관계가 있는데, 철과 철이 서로 달라붙으려는 릴럭턴스 토크를 이용하기 위해 로터 형상을 최적화했다'고 설명했다. 급격하게 빨아들이는 힘은 소리와 진동의 기진원이 되기 때문에 부드럽게 빨아들일 수 있는 형상을 고안했다. 여기서 손실이 줄어들면 효율을 높일 수 있다. 모터도 ICE와 마찬가지로 탑재 차종별로 세밀한 튜닝이 이뤄진다."

이런 디테일은 ICE에서 말하는 캠 프로파일과 피스톤의 사이드 코팅이라고 생각했다. 각 사마다 유파가 있고, 토요타의 전기 모터도 각각 미묘하게 다르다.

"2세대 미라이의 경우 전륜 구동에서 후륜 구동으로 바뀌었지만, 모터가 극적으로 바뀐 것은 아니다. 현존하는 기술을 사용해

도 전기 모터는 여전히 발전할 수 있다. 그리고 FC 스택, 수소 펌프, 공기 압축기 등을 소형화할 수 있었기 때문에 전면에 장착할 수 있었다. 동시에 재료비와 제조 비용도 크게 기여했다. 많이 팔아서 보급해야 하기 때문에 비용이 중요하다. 그리고 자동차로서의 매력. 이것이 없으면 선택받지 못할 것이다."

전기 모터의 차량 적합성은 모두 디테일하고 매우 세밀하다. 아직까지도 '모터는 사다가 끼우면 끝. BEV는 자동차 메이커가 아니어도 만들 수 있다'는 세간의 말은 완전히 거짓이다.

**PROFILE**

야마기시 요시타다
Yoshitada YAMAGISHI

토요타 자동차 주식회사
파워트레인 컴퍼니
BR 파워트레인 모터 개발실 그룹장

시미즈 료타로
Ryotaro SHIMIZU

토요타자동차 주식회사
Mid-size Vehicle Company
책임 연구원

# 하드웨어와 소프트웨어라는 양 바퀴로
# 정숙성과 효율을 향상시키다.

## Honda e／e:HEV : MCF5／H5형 구동 모터

폭넓은 주행 영역에 대응하는 것은 엔진과 모터 모두 마찬가지다.
엔진에서는 이를 극복하기 위해 복잡한 가변 메커니즘을 사용해 왔다,
단순한 구조를 바탕으로 한 모터로 그 역할을 수행하는 것은 ·······

본문 : 다카하시 잇페이  사진 : MFi／HONDA

### 세그먼트 방식 채용으로 소형 경량화 저손실화를 실현

왼쪽이 Honda e, Fit 등 e:HEV에 탑재되는 MCF5/H5형 모터의 고정자 코일, 오른쪽은 이전 i-MMD에 내장된 H4형 모터의 고정자 코일. 둘 다 분포 권선 코일이지만, 인서터 방식이라는 공법을 사용하여 원형 단면의 구리선(원형 와이어)을 감은 H4형에 비해 H5형에서는 각형 단면의 평각선으로 코일을 형성하는 세그먼트 방식을 채택하여 소형화 및 경량화를 실현했다. 재료가 되는 구리와 철의 양도 줄어들어 구리 손실, 철 손실의 감소로 이어진다.

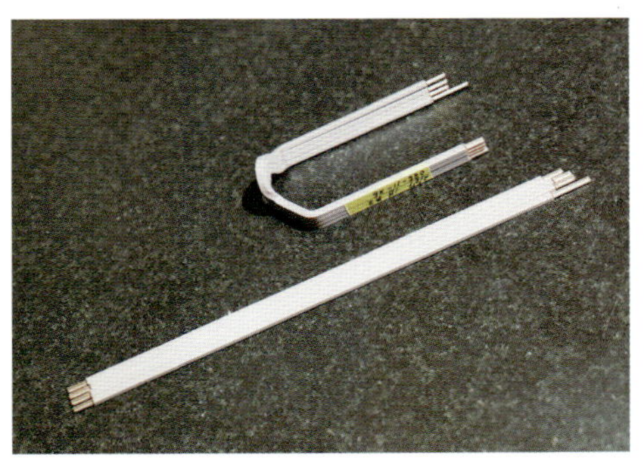

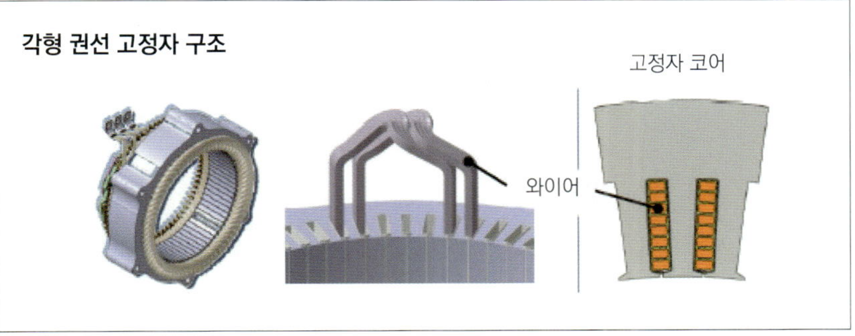


세그먼트 방식에서 사용되는 평각선은, 스테이터 코어의 슬롯 내부를 낭비 없이 가득 채우는 것이 가능하다. 이로 인해 슬롯 단면적에서 구리선이 차지하는 비율, 즉 '점적률(占積率)'이 원형선을 감아 넣는 인서터 방식에 비해 크게 향상된다. 이는 곧 슬롯에 들어가는 구리선의 단면적이 커진다는 것을 의미하며, 구리 손실의 주요 원인인 저항값이 낮아진다는 뜻이기도 하다.

"엔진에 비해 모터는 구성 부품 수가 적고 단순해 보이지만, 그 하나하나의 부품에는 언뜻 보기에는 알 수 없는 많은 노력이 담겨 있다. 대표적으로 로터 코어에 사용되는 고성능 전자기 강판, 중희토류가 함유되지 않은 자석 등 소재부터가 매우 특수한 것이다. 이를 목표한 대로 안정적인 품질로 양산하기 위해서는 높은 생산기술이 필요하다.

모터를 제대로 움직이고 하드웨어로서의 잠재력을 다 써버리기 위해서는 PCU(인버터)를 제어하는 소프트웨어도 중요하다. 우리는 하드웨어, 소프트웨어, 그리고 생산 기술, 이 세 가지 요소를 연마하면서 각각이 서로를 보완할 수 있도록 효과적으로 결합하는 노하우도 축적해 왔다. 이것이 모터에 있

어 혼다의 강점이다."

혼다에서 모터의 설계 개발에 종사하는 후지오카 씨는 이렇게 말한다. "전기 모터는 구조가 단순하고 기술적 장벽이 낮다"는 세간의 인식에 대한 의견을 물었을 때 그는 이렇게 말했다.

전기 모터로 자동차를 구동하는 전기 기술은 당초 알려진 것처럼 그렇게 간단한 것이 아니었다. 이는 자동차 업계에서는 이미 널리 알려진 사실이다. 에너지 밀도의 향상과 생각만큼 저비용화가 진행되지 않는 배터리라는 요소가 그 배경에 지배적이지만, 원래 모터를 자동차에 적용하는 것 자체에 이미 장애물이 존재한다는 것을 잊어서는 안 된다. 모터도 역시 엔진과 마찬가지로 원래는 정점 운전에 특화된 것이기 때문에 폭넓은 운전 영역에 대응하기 위해서는 고안이 필요하다.

물론 제약 없이 전력을 사용할 수 있다면 얘기가 달라지겠지만, 차량에 탑재된 배터리에 저장된 전력만으로 주행하는 전기 자동차는 물론 엔진과 모터를 병행하는 HEV라 하더라도 높은 에너지 효율이 필수적이다. 모터의 효율은 전자의 경우 항속거리, 후자의 경우 연비에 큰 영향을 미친다. 이것들이 기존 엔진 차량과 비교하여 장점을 얻을 수 있는 수준이 아니라면 상품으로 성립되지 않을 것이다. 자동차가 지금까지의 진화 역사에서 쌓아온 쾌적성, 구체적으로 말하면 운전성이나 NV(소음과 진동)라는 요소에 대해서도 마찬가지다.

혼다의 차량 구동용 모터로서 최신 세대인 MCF5형과 H5형은 고정자 코일에 세그먼트 방식을 사용하여 소형 경량화를 실현했다. 모터의 두 가지 큰 손실의 요소인 구리 손실과 철 손실을 억제함으로써 고효율화에도 성공했다. 핵심은 평각선 코일의 채용에 의한 점적률 향상과 로터, 스테이터의 코어를 형성하는 전자기 강판의 진화다. 둘 다 외부 소재 제조업체로부터 조달하는 것이지만, 후자의 경우 와전류 발생을 억제하기 위해 박판화(콤마 2mm대)가 진행되고 있다. 이를 적층하여 코어로 양산하기 위해서는 높은 생산 기술이 요구된다. 평각선으로 이루어진 수백 개의 부재를 높은 정밀도로 성형하고 조립해야 하는 세그먼트 방식이 사용되는 전자의 경우도 마찬가지다.

회전 시 발생하는 원심력이나 자력에 의한 자기 왜곡 효과로 인한 소음을 줄이기 위해서는 구조 해석 기술도 필수적이지만, 모터를 어떻게 구동하고 사용하느냐에 따라 크게 영향을 받는다. 이를 담당하는 것은 모터에 공급되는 전류를 제어하는 PCU와 거기에 구현되는 제어 소프트웨어이다. "모터는 PCU(인버터)가 없으면 움직이지 않고, 같은 하드웨어(모터)를 사용해도 제어 품질에 따라 성능이 크게 달라진다." 호시노 씨

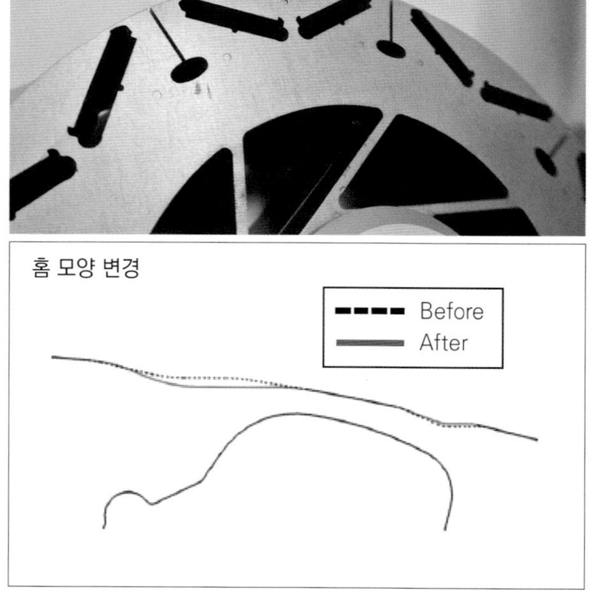



## 로터 표면 형상의 고안으로 부드럽게 돌린다.

↑ H4형 로터 코어(사진)와 그 로터 표면 부근의 단면을 보여주는 그림. 빨간색 선이 변경된 부분, 점선이 기존 형상. 로터 표면에 새겨진 미세한 홈의 깊이와 모양을 변경해 운전 시 자속 거동을 최적화함으로써 토크 리플(미세한 토크 변동)을 억제하고 있다. 토크 리플은 노이즈를 유발하는 원인이지만, 토크미터로 포착하기에는 미세한 수준이기 때문에 개발 시에는 자기장 해석과 CAE에 의존한다.

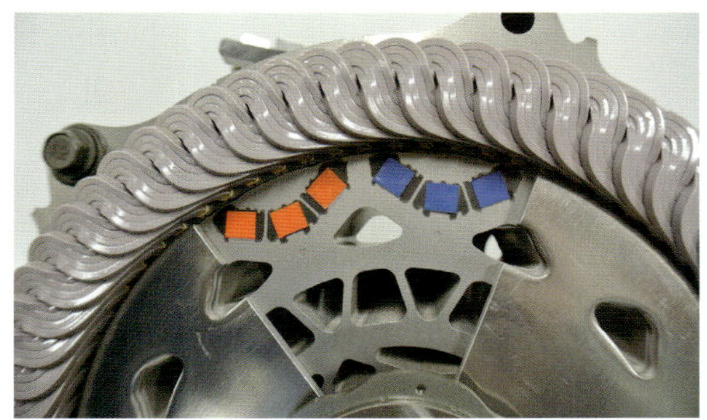

→ NSX와 레전드의 SH-AWD 시스템에 사용된 트윈 모터 유닛. 토크 벡터링을 실현하기 위해 좌우 바퀴를 각각 구동하는 최고 출력 27kW의 모터를 탑재했다. 고정자 코일은 원형 와이어를 사용한 극집중 권선이며, 토크 리플을 억제하기 위해 로터는 원형이 아닌 부위별로 다른 곡률을 조합한 것이다.

← H5형 모터의 로터와 고정자. 원호를 그리며 배치된 빨간색과 파란색으로 채색된 부분이 자석이며, '와타리'라고 불리는 고정자 코일 끝 부분의 모양은 혼다만의 독특한 형태다. 지력 발생에 거의 기여하지 않는 슬롯 사이를 최단 거리로 연결하여 구리 손실을 억제하는 효과도 있다.

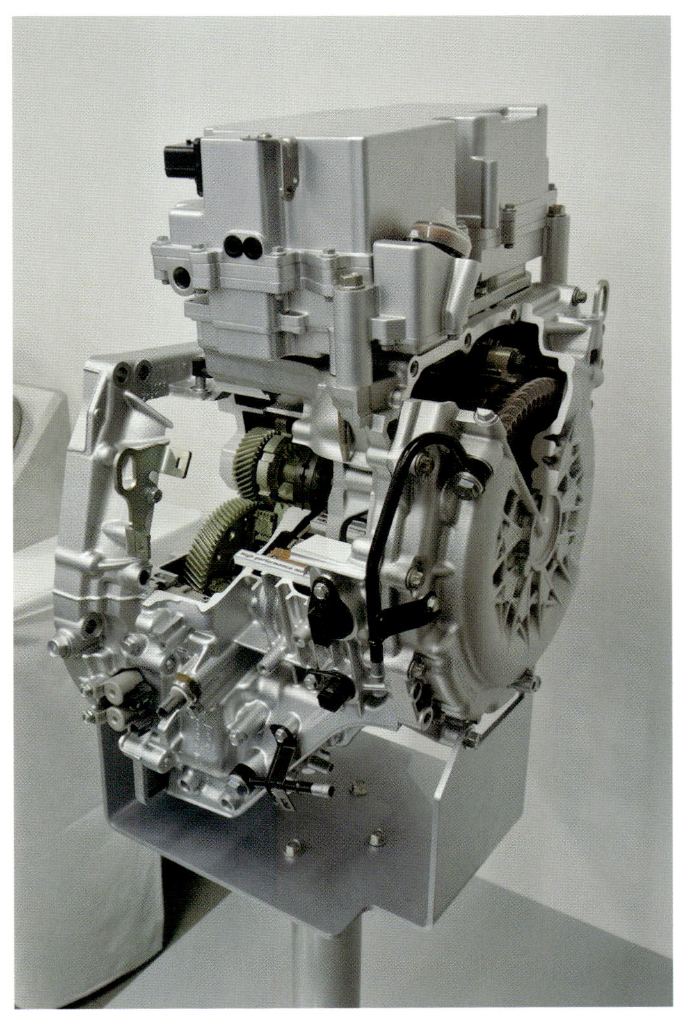

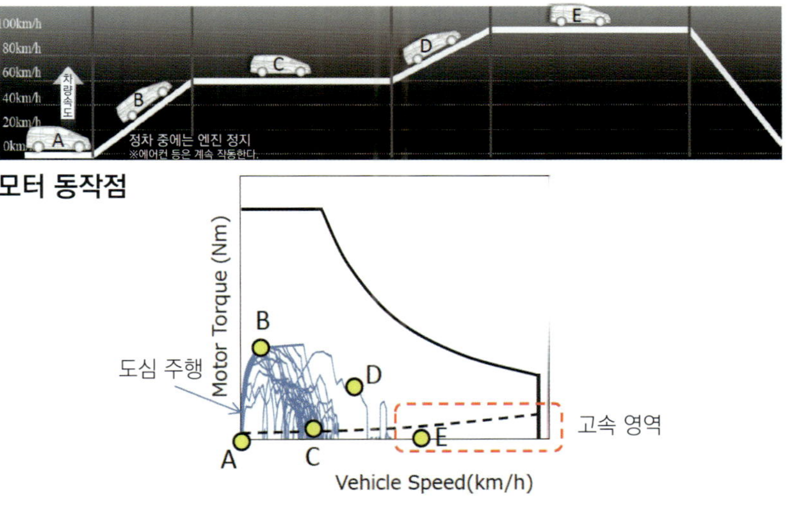


### e:HEV의 모터의 작동 지점

모터만으로 주행하는 직렬 모드와 엔진을 드라이브 트레인에 연결하는 병렬 모드를 가진 e:HEV 시스템(왼쪽 사진)이 일반적인 조건에서 주행할 때 모터가 동작하는 상태를 토크 곡선에 겹쳐서 나타낸 것이다. e:HEV는 PCU에 VCU를 내장하여 모터의 역기전력으로 전류가 흐르기 어려운 고속회전 영역 등에서 배터리 전압을 승압하여 공급하는 것을 알 수 있다.

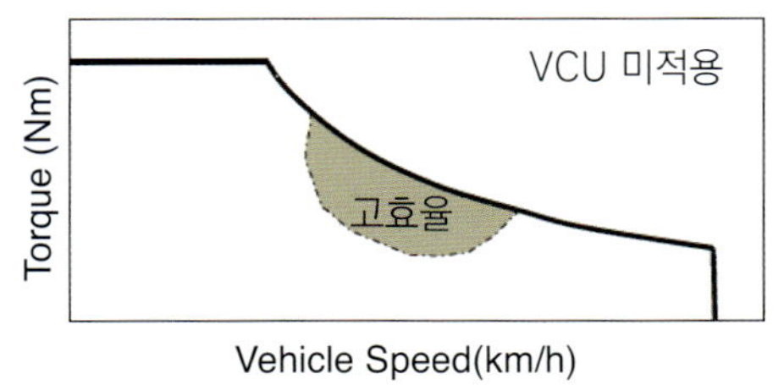


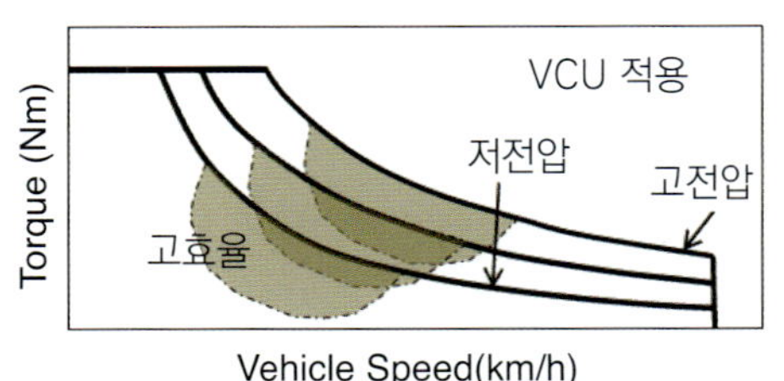


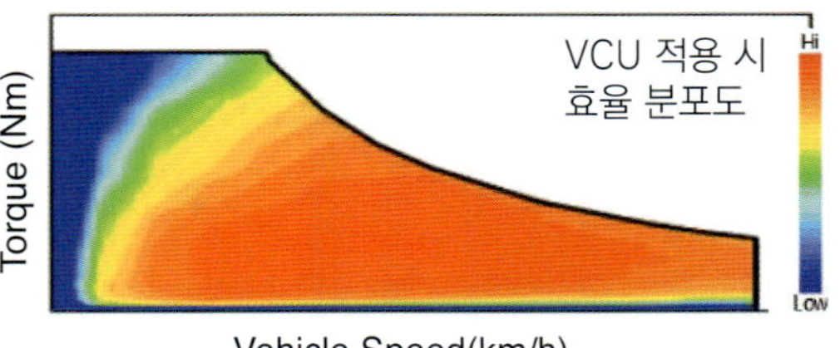


## VCU 활용으로 고효율 영역 확대

위 왼쪽과 중앙의 그래프는 VCU(Vehicle Control Unit)를 통해 모터에 인가하는 전압을 승압함으로써 토크 곡선으로 표시되는 운전 영역이 고속회전 쪽으로 확대, 즉 고출력화와 동시에 고효율 영역이 이동하는 모습을 나타낸 것이다. 이를 겹쳐서 효율의 분포를 색으로 구분하여 표현한 것이 오른쪽 그래프이다. 토크 곡선 안쪽의 넓은 범위에 걸쳐 붉은색으로 표시한 고효율 영역이 넓게 퍼져 있음을 알 수 있다. 참고로 위에 표시된 것과 같은 저부하 영역에서는 기본적으로 VCU의 승압을 사용하지 않고 주행한다.

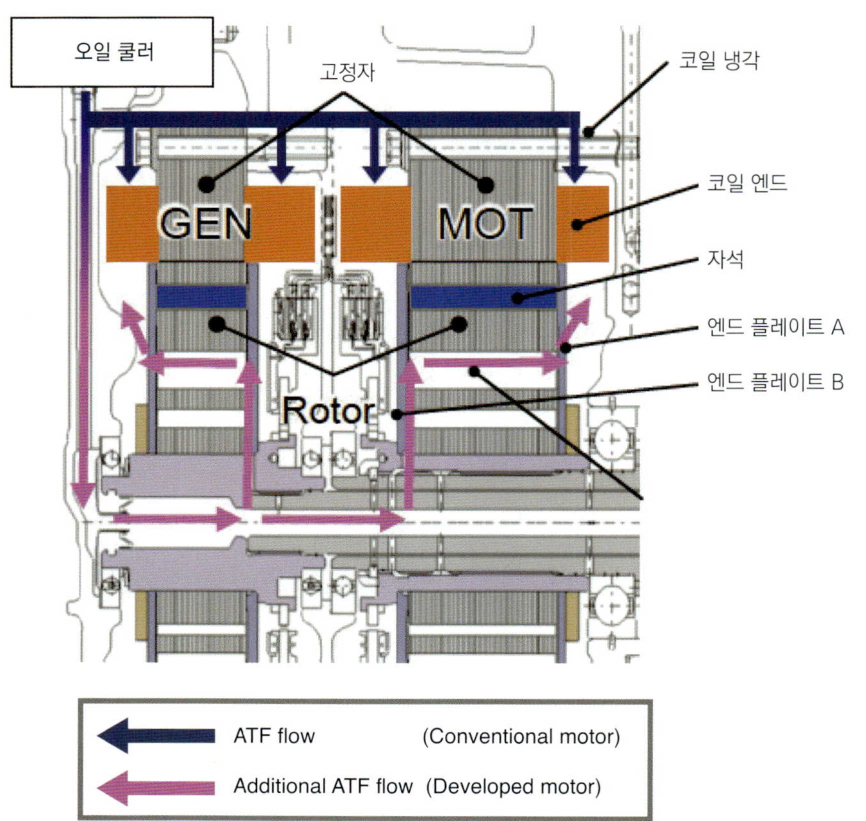


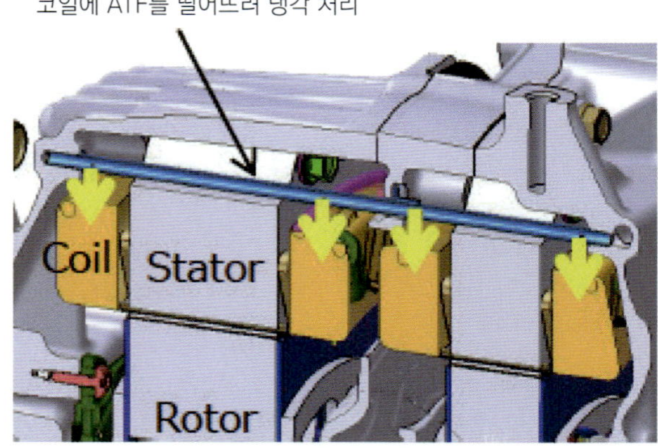


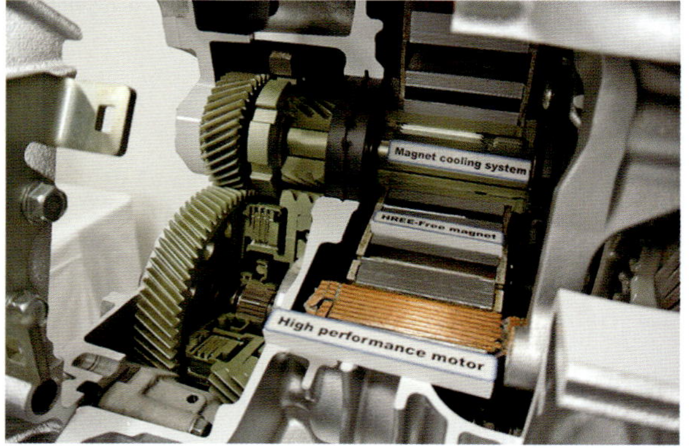


### 내부의 중요 부분을 적정한 온도를 유지하는 냉각기구

왼쪽은 e:HEV용 H5형 모터 내부에 설치된 냉각기구의 개요를 나타낸다. 고부하 시 대전류에 따라 온도가 상승하는 코일과 자석을 ATF로 냉각한다. 코일은 절연 피복의 내열 온도를 넘지 않도록, 자석은 온도 감자를 억제하기 위해 ATF로 효율적으로 열을 회수할 수 있는 구조를 채택했다. 특히 냉각이 어려운 로터 내부의 자석에 대해서는 샤프트 내부에서 ATF를 공급한다. 고부하 측의 운전 영역 확대에 기여하는 이 구조는 EV용 MCF5형에도 채용되어 있다.

가 말을 이어갔다. 모터의 하드웨어를 담당하는 후지오카 씨에 비해 호시노 씨가 담당하는 것은 PCU에 의한 제어다.

PCU에도 IGBT 등 파워 소자를 움직이기 위한 전자 회로와 같은 하드웨어 요소도 있지만, 그 동작에 있어서 지배적이라고 할 수 있는 것은 이를 제어하는 소프트웨어이며, 개발에서도 큰 비중을 차지하는 형태가 되고 있다.

"혼다가 전동화를 본격적으로 시작한 20년 전만 해도 벡터 엔진과 같은 전용 드라이버 IC 등은 아직 존재하지 않았다. 그때부터 차량 구동용 모터를 어떻게 움직이면 좋을까 하는 것부터 꾸준히 제어용 로직을 만들어 왔다. 지금은 벡터 엔진이라는 선택지도 있지만, 그렇다고 해도 그것들은 교과서적으로 모터를 움직이는 것에 불과하다. 우리의 로직은 자동차 구동용으로 특화하면서 한발 더 나아가 독자적으로 진화해온 부분이 있기 때문에, 제어용 마이컴을 사용해 독자적인 로직으로 구동하는 방식을 취하고

## PWM에 의한 전류 파형

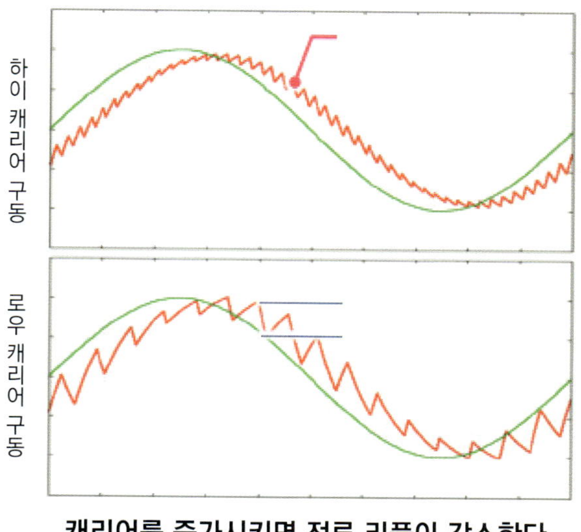



캐리어를 증가시키면 전류 리플이 감소한다.

## 비트 현상

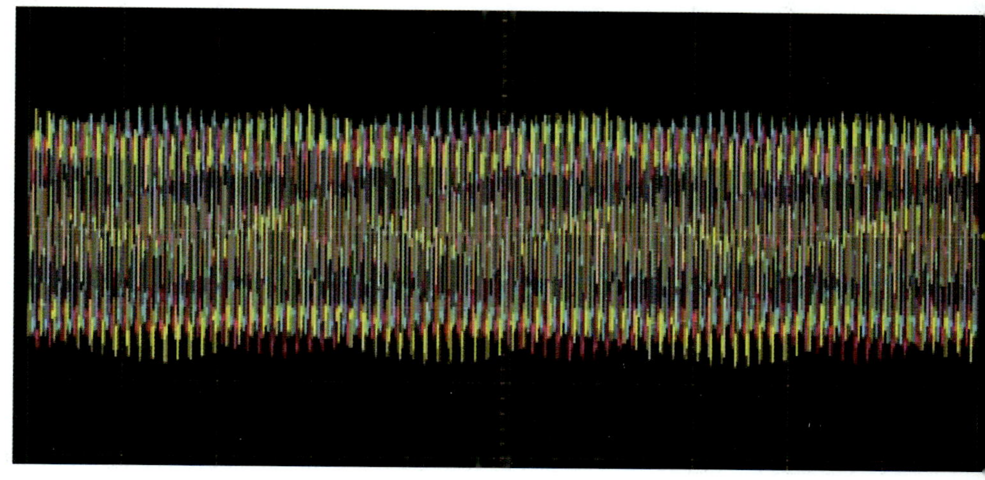

캐리어 주파수와 모터 주파수의 상대적 관계로 인해
고속회전 시 발생하는 전류의 울림 현상

### 상황에 따라 구분하여 사용해야 하는 캐리어 주파수

위는 캐리어 주파수에 반비례하여 감소하는 전류 리플의 모습이다. 모터 입장에서는 이 전류 리플이 작을수록 효율 등의 측면에서 유리하다. 그러나 인버터(PCU)에게는 파워 소자의 스위칭 횟수가 증가하여 손실이 커지는 요인이 된다. 따라서 양자를 곱한 총 효율로 선택된다. 그 외에도 9kHz의 고주파수인 캐리어 주파수는 비트 현상이라 불리는 파형의 난류와 고조파 노이즈의 원인이 되기 쉽기 때문에 상황에 맞는 제어가 필요하다.

있다."(호시노 씨)

호시노 씨에 따르면, 자동차에 요구되는 폭넓은 운전 영역에서 모터를 효율적으로 운전하기 위해서는 모터에 인가하는 전압을 승압하는 VCU(전압 변환기)와 파워 소자(IGBT)의 구동 파형을 만드는 기준이 되는 캐리어 주파수를 가변으로 제어하는 제어, 그리고 그 구동 파형 패턴을 만드는 패턴을 일반적인 PWM에서 과변조, 그리고 원펄스 등으로 변화시켜 나가는 기법 등이 있다고 한다.

"VCU는 말하자면 엔진의 터보와 같은 것이라고 생각하면 이해하기 쉬울 것이다. 하지만 당연히 변환 손실이 따르기 때문에 일반적인 사용 조건에서는 승압률을 낮추고, 고속회전 등 역기전력에 대응하는 등 필요한 상황에서 승압률을 높이는 형태로 사용하고 있다. 캐리어 주파수는 기본적으로 회전수에 비례하는 형태로 높이고 있지만, 기계적 구조에 따른 공진에 의한 노이즈 발생이나 전기적 공진에 의한 비트 현상의 발생을 피하기 위해 부분적으로 (회전수와의 비례 관계를) 어긋나게 하는 곳도 있다. 과변조, 원펄스에 대해서도 운전 상태에 따라 효율 관계가 바뀌는 부분이 있기 때문에 이를 고려하면서 전환하고 있는데, 사실 이 전환 자체가 어렵다. 문제는 운전자의 위화감인데, 이 부분은 수식으로 표현하기 어렵기 때문에 시뮬레이션이 어려워서 고민하는 부분이다. 기본적으로 모터의 손실은 캐리어 주파수를 높이면 높일수록 억제할 수 있지만, 인버터의 손실은 반대로 증가한다. 중요한 것은 균형점을 찾아 절충점을 찾으면서 제어를 성립시키는 것이다."(호시노 씨)

모터를 구성하는 하드웨어와 소프트웨어를 각각 담당하면서 모터 개발에 종사하는 두 사람은 지금도 매일 개발 과정에서 새로운 발견이 있다고 한다. 하드웨어와 소프트웨어 모두, 한층 더 진화를 향한 노력은 앞으로도 한동안 계속될 것으로 보인다.


**PROFILE**

**후지오카 마사토**
Masato FUJIOKA

혼다 자동차공업
사륜사업본부 모노즈쿠리 센터
파워 유닛 개발 총괄부
파워 유닛 개발 2부
대형 드라이브 유닛 개발과
수석 엔지니어

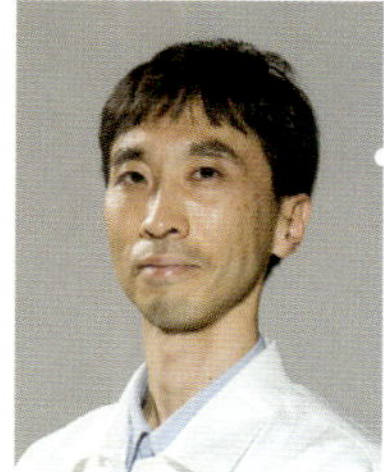

**호시노 다이스케**
Daisuke HOSHINO

혼다기연공업
사륜사업본부 모노즈쿠리 센터
파워 유닛 개발 총괄부
파워 유닛 개발 2부
대형 드라이브 유닛 개발과
수석 엔지니어

## → CASE 3  NISSAN

# 차량에 최적화된 모터 성능을 향해
# 닛산이 추구한 '0.01% × 30년'

## 리프/노트: EM57형/EM47형 구동용 모터

일찍이 전동화에 착수한 닛산은 지금까지 다양한 차종에 전동차를 적용해 왔다.
효율이라는 측면에서 보면, 닛산의 전동기는 매우 모범적인 수준이라 할 수 있다.

본문 : 마키오 시게오    사진 : NISSAN／마키오 시게오

**내장형**
**자석형 동기 모터**

e-POWER 2세대 사양
최대 토크 : 280Nm
최대 출력 : 85kWh
질량 : 45kg
극수 : 8
슬롯 수 : 48개
고정자 외경 : 200mm
고정자 내경 : 131mm

**11회 감긴 권선**

슬롯 내부에는 원형 단면의 구리선이
빽빽하게 채워져 있다. 여기에 전류
를 흘려보냄으로써 전기 모터가 회전
하게 되는 원리다. 오른쪽 그림에 보
이는, 모터 본체 내부에서 돌출된 전
선 부분은 슬롯 간을 넘도록 감겨진
전선이 슬롯 밖으로 나온 부분으로,
이를 '코일 엔드'라고 부른다

닛산의 BEV(Battery Electric Vehicle)
는 '리프'가 처음이 아니며, 1990년대 후반
에 일정량을 생산하여 법인용 리스를 실시
했었다. 자동차를 움직일 수 있는 에너지량
을 가진 2차 전지에 대한 연구도 1990년대
초에 시작되었다. 전기 모터에 있어 2차 전
지는 ICE(내연기관)의 연료보다 출력/토크
에 미치는 영향이 크다. 닛산은 이 두 가지
를 모두 사내에서 연구했고, 2차 전지에 대
한 지식이 전기 모터 개발에 활용되고, 전

기 모터에 대한 지식이 2차 전지의 진화를
촉진했다.

닛산에서 전기 모터를 개발하는 기술진에
게 설계 방법을 물었다. 인버터 등 제어계
통을 담당하는 팀이 아니라 전기 모터의 본
체를 개발하는 팀이다. 먼저 BEV와 HEV
(Hybrid Electric Vehicle)의 차이점을 물
었다. HEV는 ICE와 '어떤 전기 구동 메커
니즘'을 겸비한 파워트레인으로, 일본어로
는 복합 동력이지만 BEV는 전기 모터로만

주행하는 것이다. 닛산은 과거 1모터 2클러
치라는 방식의 HEV 시스템을 가지고 있었
는데, ICE와 스텝 AT 사이에 전기 모터를 배
치하고 그 양쪽에 클러치를 배치하고 'ICE
만', 'ICE와 전기 모터', '전기 모터만'의 세
가지 주행 모드를 가지고 있었다.

"1모터 2클러치의 경우 원래 토크 컨버터
가 있던 위치에 모터를 배치했다. 제로 발진
을 모터가 담당한다. 그래서 필요한 큰 토크
를 얻을 필요가 있다. 동시에 주행 중 가속

## 손실 감소 효과 그래프

← 개선을 통해 전체 손실의 10%를 감소시켰다. 동시에 손실의 약 66%를 차지하던 철 손실은 38% 개선되었다. 여기에는 자석의 대형화(따라서 자석 손실은 증가)에 의한 자기장 개선과 로터 외주 형상 튜닝에 의한 자속 밀도 제어가 기여했다. 출력 증가로 인해 구리 손실도 증가했지만, 전체 손실 감소에는 고정자 철손의 감소가 영향을 미쳤다.

## 전기 모터 효율 그래프

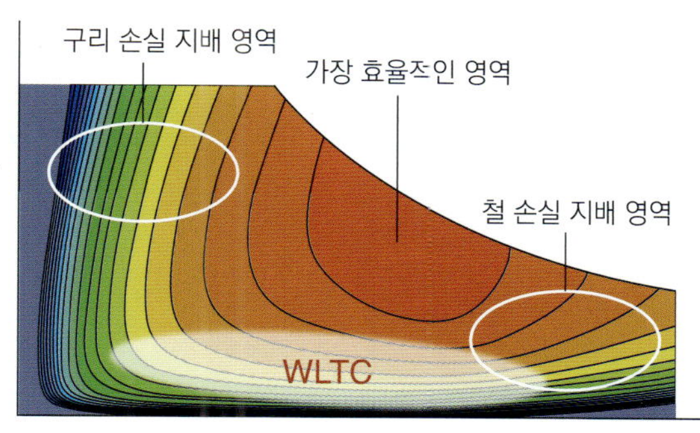


↑ 전기 모터의 가장 큰 특징은 위 그래프와 같은 토크 특성에 있다. 회전 시작부터 일정 회전수까지 최대 토크를 유지한다 (102페이지 참조). 그러나 큰 토크를 얻기 위해서는 많은 전류를 흘려야 하고, 열로 인한 구리 손실이 커진다. 회전수가 높아지면 전자기 강판 내 와전류가 증가하여 철 손실이 커진다.

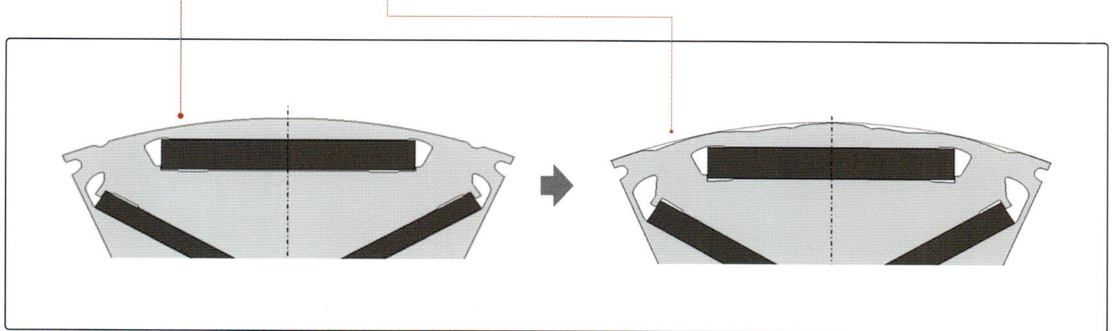

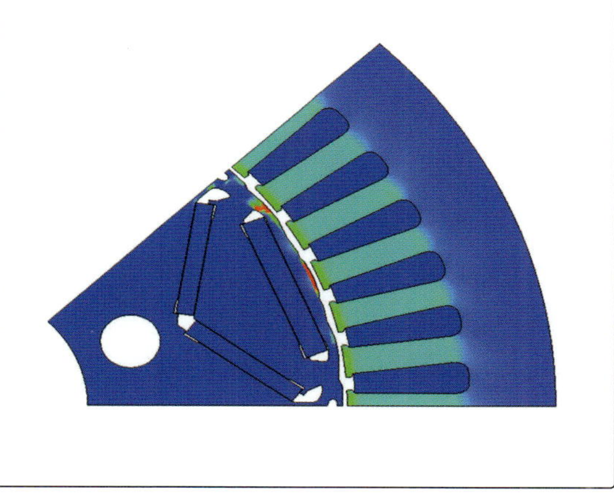

## 로터 외주 형상의 개선

왼쪽 그림에서 비교하면 2세대가 1세대보다 영구자석이 약간 더 크다. 자석 손실은 약 1.6배 증가했는데, 이는 자석을 세로 방향으로 작게 분할하여 와전류 발생을 억제하는 것을 중단하고 하나의 큰 자석으로 변경했기 때문이다. 자석은 단단한 세라믹이기 때문에 절단 비용이 높다. 분할을 중단하여 비용을 절감하면서도 전체 손실은 줄일 수 있었다. 로터 외곽의 오목한 부분은 최대 0.6mm 정도이지만, 신품과 구품을 비교하면 손실이 큰 붉은색 부분 (역자기장 발생 부분)이 줄어들었다. 참고로 슬롯이 있는 고정자와 회전하는 회전자 사이의 간격(갭)은 0.5mm에 불과하다. 복잡한 형상으로 펀칭한 두께 0.25mm 정도의 전자기 강판을 100장 이상 겹쳐도 로터 전체 길이에 걸쳐 0.5mm의 갭을 유지한다.

시 등에 ICE를 어시스트하기 때문에 순발력도 필요하다. 그래서 토크 컨버터의 수용 공간을 활용해 직경이 큰 설계가 필요했고, 24슬롯 16극이라는 사양을 선택했다. 극 수를 증가시키면 고속회전 쪽의 제어가 어려워지지만, ICE의 최고 회전수가 7200rpm이기 때문에 더 이상 상승시킬 필요가 없어 이 극 수에 이르렀다"고 설명했다.

이것이 닛산 '푸가 하이브리드'에 탑재된 전기 모터였다. 저속회전에서의 큰 토크와 '모든 회전 영역'에서의 순발력이 요구되었다. 출력 50kW의 저출력, 저배기량 전기 모터로, ICE 차량과 공통으로 사용되는 후륜 구동의 파워트레인을 대체할 수 있는 크기로 제작됐다. 거의 비슷한 시기에 유럽의 여러 메이커들이 이 형태의 전기 모터를 후륜 구동 차량에 채택하고 있다.

24개 슬롯으로 만든 또 다른 이유가 있다. 자석 수 확보다.

"순발력을 중시하는 전기 모터는 자석을 많이 사용하는 설계가 된다. 고정자 쪽 코일 수를 증가시키면 회전자 쪽 자석 수도 증가시킬 수 있다. 전기 모터는 전자기력으로 토크를 얻기 때문에 토크를 높이기 위해서는 투입 전류를 늘리거나 자석 수를 늘리거나 둘 중 하나가 된다. 이러한 이유로 자석을 로터 안쪽에 V자형으로 배치하고 외주 측에도 배치하는 방식이 되었다. 동시에 자석 토크뿐만 아니라 릴럭턴스 토크(철판을 끌어당기는 힘)도 활용한다."

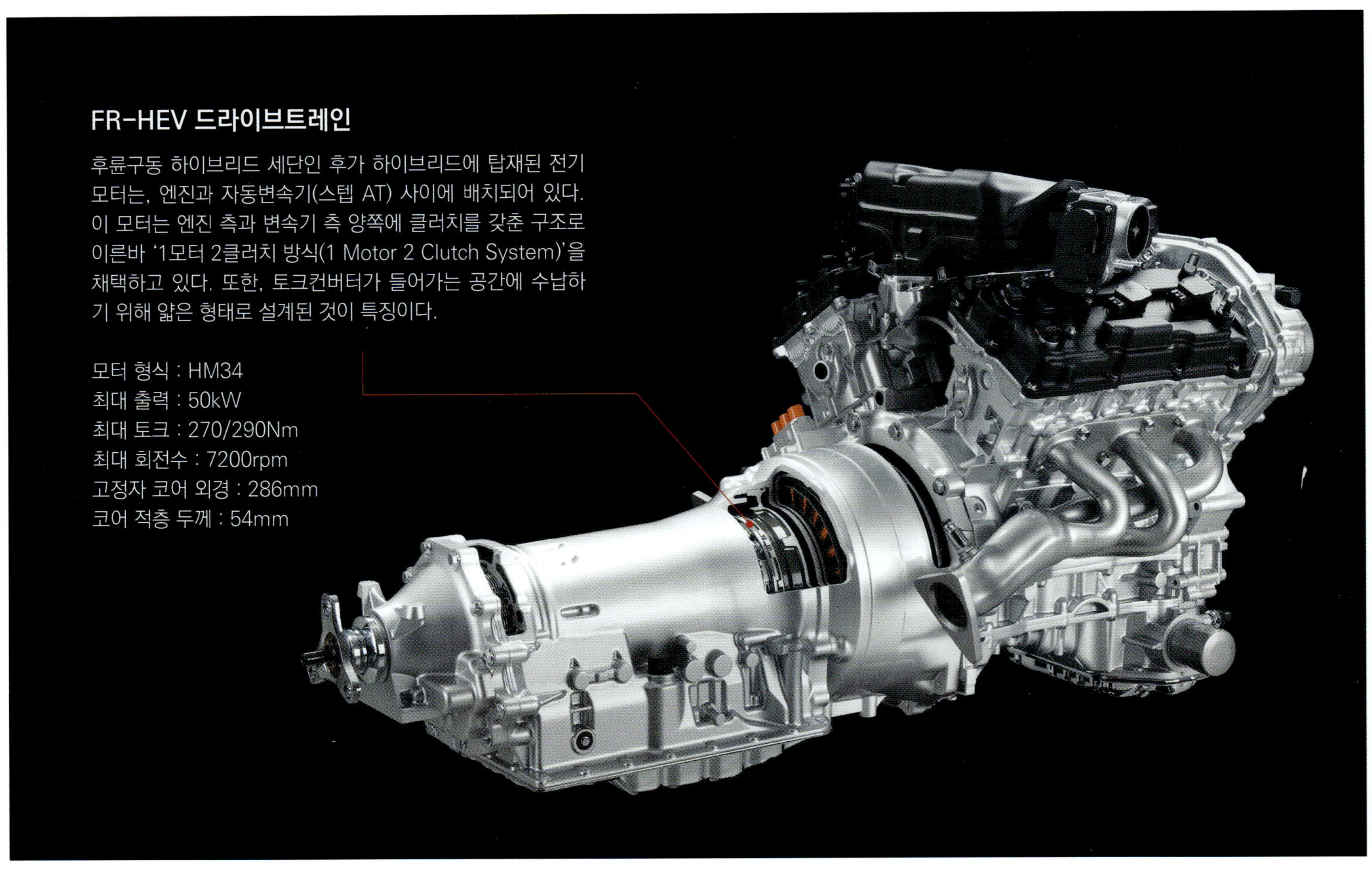



자석에는 두 가지 종류가 있다. 금속에 착자(着磁)하여 항상 자력을 발생시키는 영구자석과 전류를 흘려서 임의로 자력을 발생시키는 전자석이다. 닛산의 새로운 전기 모터는 영구자석이 아닌 코일을 이용한 전자석을 사용하는 '권선계자'라는 방식이다. 르노와 공동 개발했으며, 조만간 닛산 차량에 적용될 예정이다.

"영구자석 대신 구리선을 감은 코일을 사용하면 기자력을 가변적으로 조절할 수 있다. 영구자석의 경우 항상 기자력이 일정하고, 동시에 성능을 얻기 위해 희토류를 사용해야 한다. 권선계자형은 자원 문제의 영향을 받지 않는다."

차량 구동용 영구자석에는 높은 자력을 얻기 위한 네오디뮴과 자석이 열에 노출되었을 때 자력이 줄어드는 감자를 억제하는 디스프로슘, 테르븀과 같은 고가의 희소 금속이 사용된다. 전자석으로 만들면 이것들

은 불필요해진다. 동기 모터에 영구자석을 사용하지 않고 전자석으로 설계하는 이 방식은 앞으로 닛산의 표준 중 하나가 될 것으로 보인다.

그렇다면 닛산은 전기 모터를 어떻게 설계하고 있을까. ICE의 경우 우선 차량 탑재성이 중요한 테마가 된다. 요구되는 출력과 토크를 ICE를 탑재할 차량의 엔진룸 크기에 맞출 수 있도록, 동시에 결합되는 변속기와의 매칭을 포함해 크기가 결정된다. 전기 모터는 어떨까?

"토크와 출력의 주문이 들어온다. 이 요구 사항에 대해 최대한 가볍고 작게, 동시에 비용을 낮춰야 한다. 같은 성능으로 어떻게 작게 만들 것인가 하는 점은 계속되는 과제이고, 상당히 까다롭다. 동시에 전기 모터는 효율이 좋아 발열이 적고, 냉각수 온도는 대략 50~60℃ 정도다. 게다가 전기 모터의 하우징 입구와 출구의 온도차가 작다. 외부 공기

와의 온도차가 작기 때문에 ICE보다 라디에이터의 크기와 배치 위치에 신경을 많이 쓴다. '리프'는 라디에이터를 아래쪽으로 향하게 하여 벤투리 효과로 기류를 유도한다."

다음으로 감속비. ICE는 기껏해야 최대 8000rpm이지만, 전기 모터는 최대 1만rpm 이상은 기본이다. 하지만 ICE와 마찬가지로 회전을 낮춰 토크를 얻는 방식이며, 어느 정도의 감속비로 할 것인지는 그때그때 결정할 수 있다.

"현재 리프의 감속비는 8.194다. BEV는 보통 7~10, 높으면 11 정도의 감속비를 쓴다. 고성능 스포츠카나 대형 SUV와 같은 차량을 BEV화한다면 2단 감속이라는 선택지도 있지만, '리프'와 같은 승용차라면 현재로서는 1단 감속으로 충분하다고 생각하고 있다."

전기 모터는 회전이 상승된 직후에 최대 토크를 발휘한다. HEV는 고속회전으로 갈

수록 토크가 떨어지고 동시에 효율도 떨어진다. 그러나 BEV에 사용되는 전기 모터는 고속회전에 들어가기 전에 구동력을 ICE에 맡길 수 있지만, BEV에 사용되는 전기 모터는 고속회전 영역도 사용할 수밖에 없다.

"고속회전 영역에서는 많은 전류를 흘려야 하기 때문에 전자기 강판 내에서 발생하는 와전류와 발열이 증가한다. 이는 회전수(주파수)의 제곱으로 증가한다. 와전류를 줄이기 위해 전자기 강판을 얇게 만드는 방법이 있지만, 이미 현재도 전자기 강판은 0.25mm로 더 이상 얇게 만드는 데 한계가 있고, 아마도 0.2mm 정도가 한계일 것이다. 전자기 강판 표면에는 한 장당 6~8$\mu$의 절연 코팅이 되어 있는데, 너무 얇게 만들면 전체 두께에서 강판 비율이 줄어들고 제조 공정에도 어려움이 생긴다."

와전류와 열부하가 '철 손실'이라는 손실이 발생하는데, ICE의 고속회전 영역은 마찰 손실이 가장 크며, 당연히 전기 모터에도 베어링의 마찰 손실이 발생한다.

여기에 철 손실이 더해져 고속회전 측의 효율이 떨어진다. 반면 저속회전 영역에서는. 예를 들어, 제로 발진의 경우, 첫 회전이 시작될 때 코일에 큰 전류를 흘려보낸다. 이 전류가 구리선의 발열이 되어 구리 손실이 발생한다.

"구리 손실과 철 손실의 영역이 깔끔하게 구분되는 것이 아니라 구리 손실이 점차 약해지면서 철 손실이 점차 늘어난다. 저속회전 영역에서는 구리 손실이 지배적이지만 철 손실도 발생한다. 구리 손실도 철 손실도 어느 정도 영역이 있고 그 회전영역에서 가장 효율이 좋아진다. 이미 95% 이상의 효율이다."

그렇다면 현재와 가까운 미래의 전기 모터 개발에서 중요한 주제는 무엇일까? 닛산의 기술자들은 "냉각과 재료"를 꼽았다.

"현재는 모터 하우징 내부에 수냉식 냉각을 설치하는 수냉식이다. 냉각수는 한 방향으로만 빠져나갈 수 있기 때문에 냉각 성능을 획기적으로 바꿀 수 없다. 곧 출시될 '아리아'에서는 모터 내부에 오일을 넣어 냉각하는 방식도 사용하지만, 오일 냉각만으로는 극적인 성능의 향상을 기대할 수 없다. 새로운 냉각 시스템이 필요해졌다. 현재 상태로는 열 포화상태에 이르러 더 이상의 모터 소형화는 어렵다."

전기 모터의 오일 냉각은 주로 코일 냉각에 이용된다고 한다. 저속회전 영역에서 큰 전류를 흘릴 때 구리선의 발열을 억제하기 위해서다. 앞서 언급한 구리 손실에 대한 대책이다.

"ICE처럼 오일 제트를 사용하면 효과적이지만, 전동식 오일 펌프가 필요하다. 이를 위한 공간도 비용도 전력도 많이 든다. 그렇다고 로터의 회전으로 오일을 교반하는 방식으로는 저항이 생겨 저속회전에서는 잘 회전하지 않는다. 회전이 높아지면 캐비테이션(거품 발생)이 일어나고, 거품을 가라앉히기 위한 캐치 탱크가 필요하게 된다. 전기 모터와 인버터는 냉각할수록 성능이 좋아지고, 냉각 성능이 높으면 전기 모터 자체를 소형화할 수 있다. 하지단 소형화하여 집적밀도가 높아지면 흐르는 전류도 커지기 때문에 그 손실과 싸우게 된다."

또 한 가지 재료에 대해... ICE는 알루미늄 합금, 주철, 소결 흩금 등 연소에 관여하는 부분은 모두 금속인데, 전기 모터도 금속 덩어리다. 어느 부툰의 재료가 중요한가?

"전기 모터도 철/구리/자석밖에 사용하지 않기 때문에 그 소자가 진화하지 않는 한

## HM34형 구조

## FF-HEV용 RM31형 구조



FR용 HM34형은 토크 컨버터 교체로 코어 외경 286mm, 코어 적층 두께 54mm, FF용 RM31형은 엔진룸 내 탑재 요건에 맞춰 코어 외경을 254mm로 축소하고 두께를 반대로 1mm 증가시켰다. 코어는 모두 24세트를 사용하고 있다.

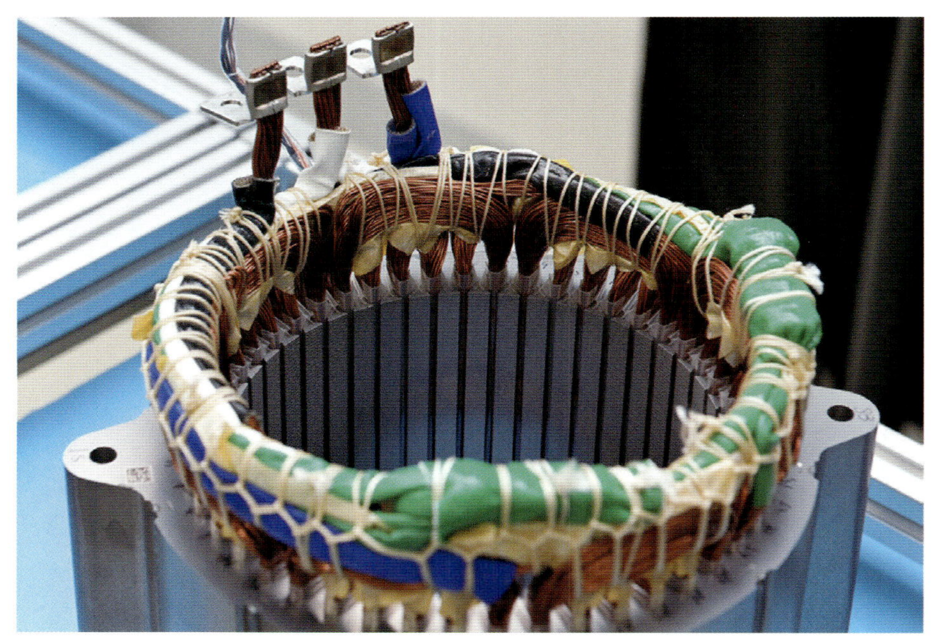

**최신 고정자**

'아리아'용 모터의 고정자도 집중 권선을 사용한다. 코일 엔드(위쪽으로 튀어나온 구리선 부분)가 상대적으로 커지지만, 3상 코일이 겹쳐진 구조로 인해 자기장이 부드럽게 형성되는 것이 특징이다. 자기 특성은 양호하다. 참고로 로터 쪽은 영구자석을 사용하지 않는 권선 자기장 방식이다.

기능 성능의 진화는 없다. 얼마나 좋은 소재, 다음 소재를 도입하는 것이 중요한 테마가 된다. 예를 들어 코일을 감는 구리선에는 원형선과 각선이 있는데, 슬롯 내 구리 점유율(단면적 대비 구리선 점유율)을 높이려면 각선이 유리하지만, 구리선 내 저항값을 낮춰야 하기 때문에 어느 쪽이 더 우수하다고 단정할 수 없다. 하나의 스로틀 내에서 로터에 가까운 쪽의 동선만 가늘게 하는 방법도 있다."

고정자 측 동선에 대해서는 굵은 각선을 사용하는 세그먼트 권선(분포 권선)이라는 선택지도 있지만, 이것도 일장일단이 있다. 의외로 생각될지 모르지만, 동선의 모양과 재질은 중요한 주제이다. 다음은 자석이다.

"영구자석은 온도에 비례하여 자기장이 약해지기 때문에 높은 내열 성능을 원한다. 현재 자력을 높이는 네오디뮴을 사용하고 있지만, 이미 자력의 이론적 한계에 다다랐다. 네오디뮴 자석의 다음 새로운 자석으로 가지 않으면 극적인 성능은 달라지지 않을 것이다. 현재 디프로슘/테르븀이라는 고가의 희토류를 사용하지 않고 고온까지 자력을 갖는 자석의 개발이 진행되고 있다. 그리고 이러한 첨가물을 '원하는 곳'에만 모으는 입계 확산 기술이다."

디스프로슘/테르븀은 고가인 동시에 생산지가 한정되어 있다. 이 문제에서 벗어날 수 있는 것이 권선계자형이지만, 동선을 감아 사용하면 구리 손실이 발생한다.

"그래서 냉각 성능을 높이는 것이 무엇보다 중요하다"고 닛산 기술진은 말한다. 신형 '노트'의 모터는 전체 손실의 감소와 함께 손실 간의 '흥정'을 통한 조정도 이루어지고 있다. 그 한 예가 자석의 분할을 중단한 것이다.

"미세하게 분할된 영구자석을 사용해 자석 내 와전류의 발생을 억제했지만, 이를 중단하고 일체형 대형 자석으로 되돌렸다. 자석 내 손실은 늘었지만, 전체적으로는 철 손실을 10% 개선했다"고 말했다. 자석은 세라믹이라 딱딱하고, 작게 쪼개는 가공비용이 비싸다. 이를 중단하고 큰 자석을 그대로 사용해 비용을 절감했다."

전기 모터의 손실은 절대값으로 보면 상당히 작다. 예를 들어 효율 95%, 손실 5%의 경우, 그 5% 안에 10개 항목이 포함되어 있다고 가정하면 1개 항목은 평균 0.5%이고, 그 1개 항목을 40% 개선해도 전체로 보면 0.2%에 불과하다. 그러나 그 0.2%는 전기 모터에 있어서는 매우 큰 발전이다. 닛산은 이 0.1%에도 미치지 못하는 효율 개선을 계속해 온 것이다.

**PROFILE**

**오오키 슌지**
Shunji OHKI

닛산자동차 주식회사
파워트레인-EV 기술 개발 본부
파워트레인-EV 전동화 기술 개발부
부장

**나카다 토오루**
Tohru NAKADA

닛산자동차 주식회사
파워트레인-EV 기술 개발 본부
파워트레인-EV 전동기술 개발부
전동요소개발그룹 주담당

**시부이 히로유키**
Hiroyuki SHIBUI

닛산자동차 주식회사
파워트레인-EV 기술 개발 본부
파워트레인-EV 전동기술 개발부
전동요소개발그룹 주임
(겸)파워트레인-EV 프로젝트 매니지먼트부
전동화 파워트레인 프로젝트
매니지먼트 그룹 주관

**CASE 4**　**MITSUBISHI MOTORS**

# 앞뒤에 모터가 필요한 이유

## 아웃랜더 PHEV : S91형 / YA1형 구동용 모터

PHEV를 표방하지만 대부분의 주행 장면을 모터에 의존하는 아웃랜더 PHEV.
특징은 여기에 그치지 않고, 전륜과 후륜에 각각 장착된 모터도 그 중 하나다.
왜 두 개인가, 왜 후륜의 출력이 우세한가? 개발진에게 물었다.

본문 : 세라 코타　사진 : MITSUBISHI MOTORS

### GN0W형 아웃랜더 PHEV의 주행 성능

그래프에서 아래쪽의 회색 선은 이전 세대 PHEV와 가솔린 차량의 성능을 나타낸다. 반면, 위쪽
에 있는 파란 선과 겹쳐진 회색 선은 동급 전기 자동차의 성능을 의미한다. 새롭게 출시된 아웃
랜더 PHEV의 주행 감각이 전기 자동차의 주행 특성과 겹친다는 점을 확인할 수 있다. 즉, 엑셀
페달을 밟는 순간부터 강력하게 가속되며, 높은 가속 성능이 오랜 시간 지속된다. 이와 같은 퍼
포먼스를 실현하기 위해 필요한 모터 출력을 산출했고 이는 단순히 차량 중량 증가에 맞춰 출력
만을 키운 것이 아니다.



미쓰비시자동차공업은 2021년 12월 아웃랜더를 풀
체인지했다. 이전 모델에서는 13년에 PHEV 모델을 추
가한 바 있다. 이번 모델 체인지에서는 시스템을 개편
했다.　처음 PHEV를 개발할 때　자신들이 원하는 주
행성능을 구현하기 위해서는(보유 자산의 효율적 활용
측면에서도) 앞쪽의 모터 한 개만으로는 힘이 부족해
뒤쪽에 모터를 추가하여 트윈 모터 4WD로 만들었다.

구형 아웃랜더 PHEV에 탑재된 모터의 최고 출력은 앞
60kW, 뒤 70kW였다. 신형은 앞 85kW, 뒤 100kW로
40% 정도 끌어올렸다. 왜 이런 인상폭을 갖게 된 것일까?

"이전 세대 아웃랜더나 타사 PHEV와 비교했을 때, 신형
에서는 어디를 강화해야 하는지 여러 가지 검토를 했다."

이렇게 설명하는 것은 회사의 EV/PHEV 개발에 초기
부터 참여하였다.(카즈아사토 씨)

"EV다움을 추구하기 위해 발진 응답성과 최대 가속력
을 높이고 싶었다. 또한, 돈과 함께 시작한 가속력을 지
속시키고 싶었다. 강력한 출발 가속을 위해서는 토크가
필요하고, (높은 가속을 유지하면서) 부드러운 주행을
유지하려면 출력이 필요하다."

이전 모델보다 반응성이 좋고 강력한 출발 가속을 실
현하고, 그 강력한 가속을 오랫동안 유지하기 위한 사
양을 검토한 결과, 앞 85kW, 뒤 100kW가 되었다고

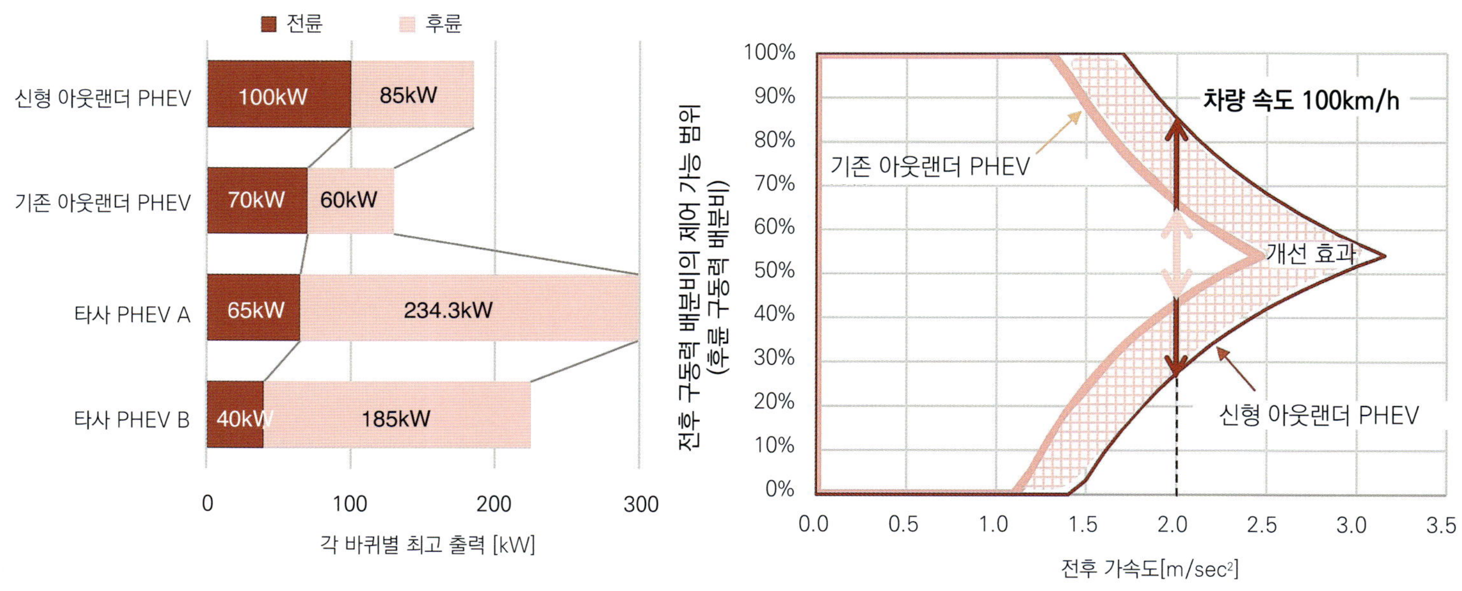



## 전후 모터의 사양 설정

경쟁사의 PHEV 차량들이 프런트(전륜) 구동 출력을 엔진과 모터의 합산치로 표시하는 반면, 신형과 구형 아웃랜더 PHEV는 전륜과 후륜 모두 모터 출력 수치만으로 표기하고 있다. 어느 쪽이든, 아웃랜더 PHEV는 후륜 구동 쪽의 출력 배분 비율이 더 크다는 점이 특징이다. 그 이유를 설명하는 것이 오른쪽 도표인데 리어 구동력 배분을 약 54% 수준으로 설정하면 S-AWC의 제어 가능 범위가 최대치에 도달함을 나타낸다. 도표의 음영 처리된 부분은 구형에서 신형으로 넘어오면서 제어 가능 범위가 확장되었음을 보여준다.

## ↑85kW/100kW의 이유

원래는 프런트(전륜)만으로는 출력이 부족했기 때문에 리어(후륜)에도 모터를 추가하자는 발상에서 출발했다. 트윈 모터 4WD를 구성할 것이라면, S-AWC(Super All Wheel Control) 시스템을 도입해 전후륜 간의 토크 배분을 제어함으로써 더욱 안심되고 안전한 주행을 실현하자는 방향으로 발전했다. 이때의 구동력 배분비는 '이상적인 전후 구동력 배분'이라는 이론적 근거에 따라 결정된다.

한다. 앞 46 대 뒤 54의 출력 비율은 이전 모델과 동일하다. 출력을 후륜에 가깝게 한 것은 차량 운동 통합 제어 시스템인 S-AWC를 최대한 활용하기 위한 관점도 포함돼 있다. 위 그래프는 앞뒤 구동력 배분 비율을 약간 후방으로 기울일 때 제어 범위가 가장 넓어지는 것을 보여준다. 또한, 이전 모델보다 제어 가능한 범위가 넓어졌음을 알 수 있다.

출력을 40% 높이고 싶다고 해서 모터에 40% 더 큰 공간이 주어지는 것은 (안타깝게도) 아니다. 리어 모터는 출력이 40% 높아진 반면 최대 토크는 195Nm으로 동일해 의문이 생긴다. 이에 대해 모터 전문가인 나가모리 타케오 씨가 답해줬다.

"최고 회전수를 높였다. 이전 모델은 9300rpm인데 신형은 11000rpm 이상이다. 최고속도가 같으면 그만큼 기어비를 높일 수 있기 때문에 모터의 토크는 같지만 차축 토크는 더 높아진다. 모터를 고속회전형으로 만들어 차량으로서의 성능을 높이는 콘셉트이다."

전면은 승압(350V → 650V) 기술을 채택해 한정된 공간에서 요구되는 성능을 충족시키기 위해 노력했다. 또한, 개발 도중에 '한 번 더 힘을 주고 싶다'는 생각이 들었을 때, 긴밀하게 연결되어 있는 협력업체(미쓰비시전기)의 제안으로 정회전 방향으로만 릴럭턴스 토크를 높이는 비대칭형 로터 구조를 채택했다. 전면은 특히 '공간이 협소'하기 때문에 소형화, 고성능화를 위해서는 냉각 효율을 높여야 한다. 그래서 축심 냉각 구조를 채택한 것도 모터 관련 기술의 특기할 만한 부분이다.

## 로터의 슬릿

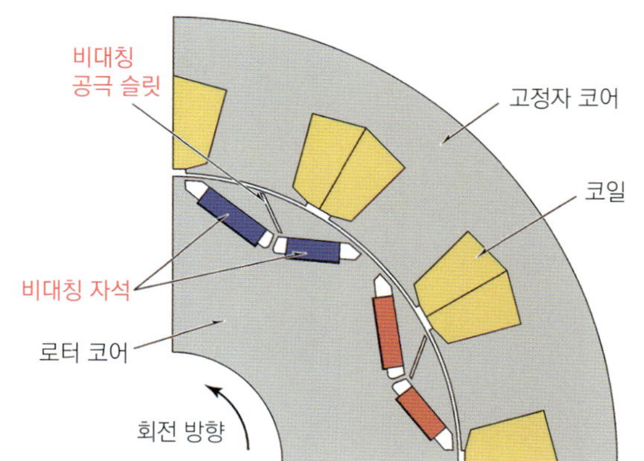

← 로터 코어 내부에 비대칭 공극 슬릿을 설계함으로써 로터 형상에 의존하는 릴럭턴스(자기 저항) 토크를 정회전 방향에서만 강화하는 자기 회로를 구성했다. (그림 : 미쓰비시전기)



## 축심 냉각 구조

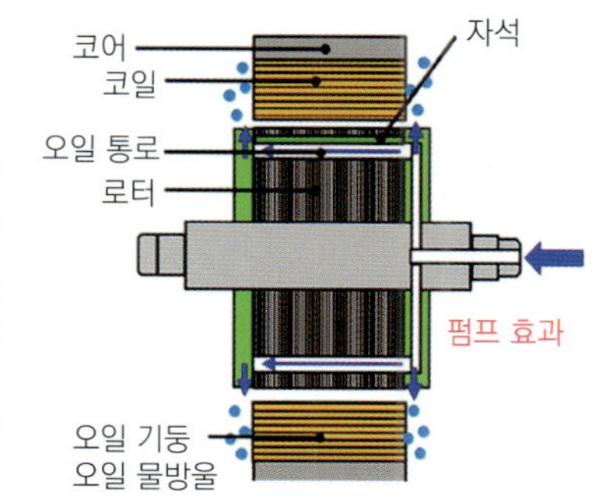



← 신형 아웃랜더는 회전축 내부에 오일을 통과시켜 원심력으로 오일을 분사해 로터에 내장된 자석을 직접 냉각하는 구조를 적용하고 있다. 이 구조를 통해 지속적인 고쿠하 운전 시에도 안정적인 성능을 유지할 수 있도록 설계되었다.

## FRONT MOTOR

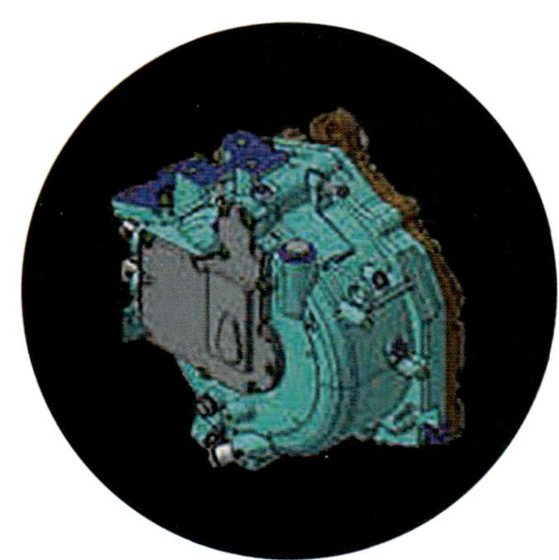

정격 출력 : 40kW
최고 출력 : 85kW
최대 토크 : 255Nm

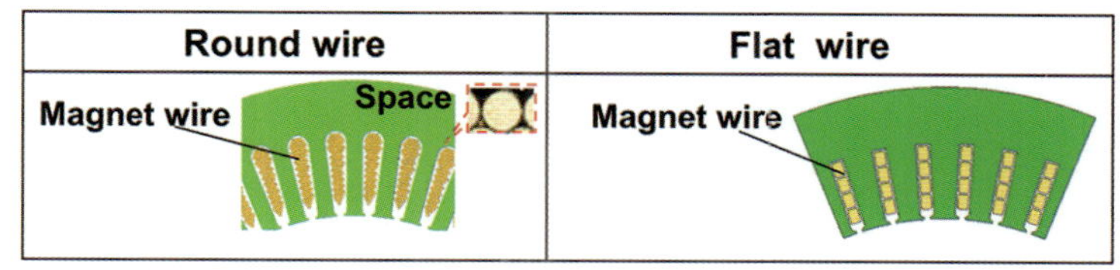



### 점적률(占積率)을 높이기 위한 설계적 노력

리어 모터의 스테이터 권선에는 각형 단면의 권선(각선)이 채택되었다. 원형 권선을 사용할 경우 슬롯 내에 빈 공간(공극)이 생기게 되지만 0 를 각형 권선(헤어핀 구조)으로 바꾸면 공극을 줄여 권선 밀도를 높일 수 있다. 그 결과, 모터의 컴팩트화와 고출력화라는 두 가지 목표를 동시에 달성할 수 있다.

## GENERATOR

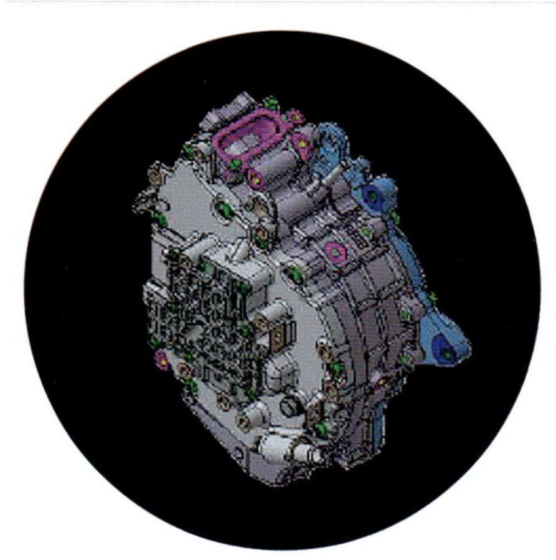

최고 출력 : 미공개
최대 토크 : 미공개

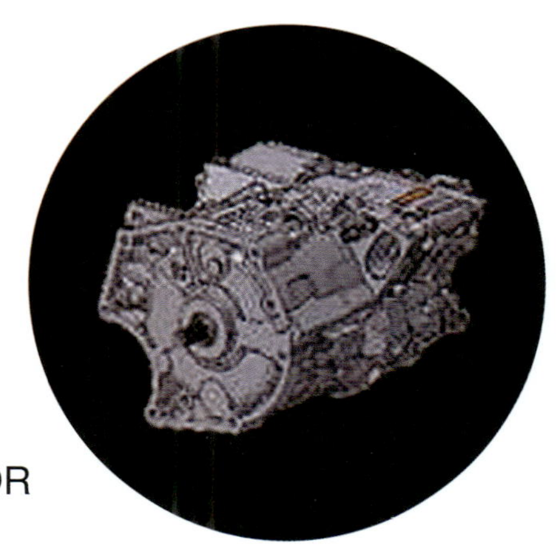

## REAR MOTOR

정격 출력 : 40kW
최고 출력 : 100kW
최대 토크 : 195Nm

## 전후 모터, 설계의 정교함

프런트 모터(집중 권선 구조를 갖춘 매입 자석형 교류 동기 모터)와 제너레이터, 인버터는 미쓰비시자동차와 긴밀히 협력하여 미쓰비시전기가 일괄 개발했다. 출력을 높이고 싶어도 엔진룸 내 공간이 제한되어 있다는 점은 변함이 없기 때문에, 결국 효율을 끌어올리는 수밖에 없다. 이러한 제약 속에서 프런트 모터는 비대칭 로터 구조와 축심 급유(軸芯給油) 구조를 채택한 점이 핵심이다. 제너레이터는 프런트 모터와 유사한 구조를 가지고 있으며, 역시 축심 급유 방식을 채택했다. 단, 비대칭 로터 구조는 필요하지 않아 적용되지 않았다. 한편, 분포 권선 구조를 가진 리어 모터는 메이덴사(明電舍)에서 제작되었으며 3열 시트 구성을 가능하게 하기 위해 기존 모델에서는 실내에 있었던 인버터를 모터와 일체화해 차량의 외부로 이동 배치했다.

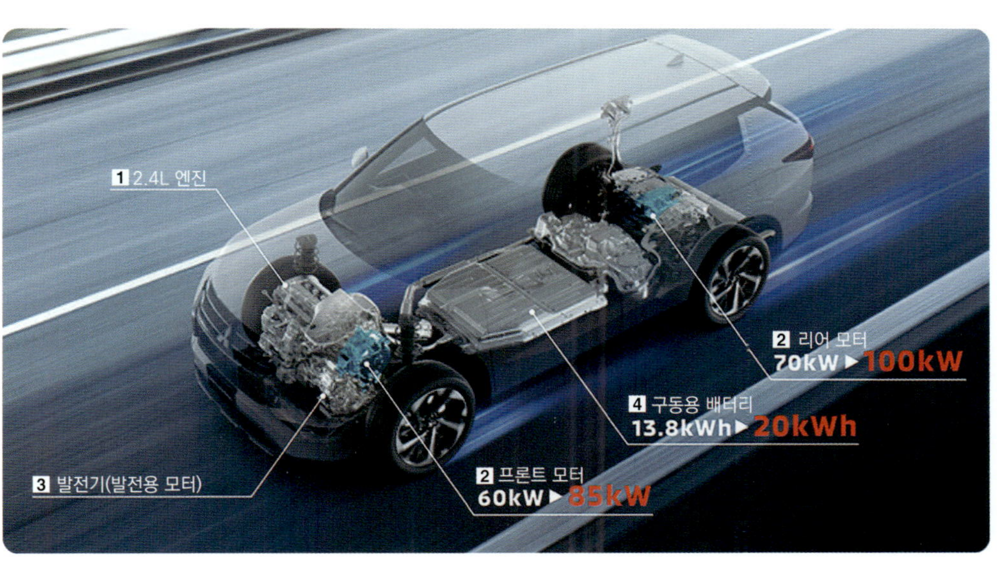

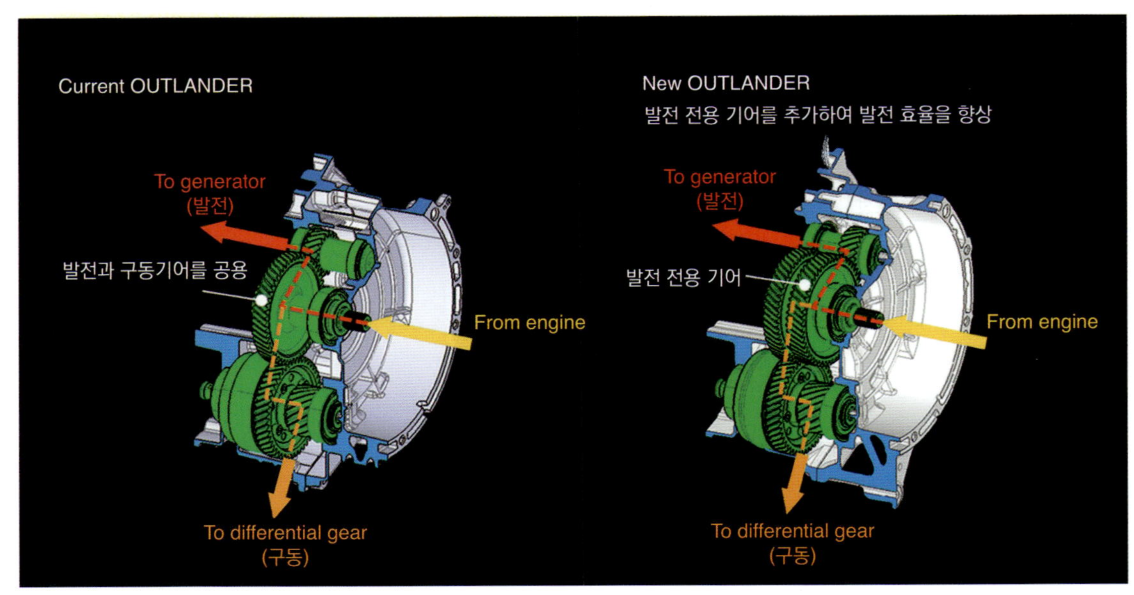


## 발전기를 효율적으로 회전시키기 위해

이전 모델은 제너레이터(발전기)의 기어와 디퍼렌셜에 동력을 전달하는 구동 기어를 공용하고 있었다. 그러나 신형 모델에서는 제너레이터 전용 기어가 추가되었다. 이는 제너레이터가 가장 효율적으로 작동하는 회전 영역에서 운전되도록 하기 위한 조치이며 결국에는 연비 향상을 위한 설계상의 개선이라고 할 수 있다.

## 협동 회생 제동

신형 아웃랜더에는 회생 제동과 유압(마찰) 브레이크의 배분을 자동으로 최적으로 제어하는 협동 회생 브레이크를 새롭게 적용했다. "자동차 자체의 수준을 높이는 기술 중 하나"(한다 씨)로, 얼라이언스의 관계를 살려 하드웨어는 얼라이언스에서 공유한다. 튜닝은 독자적으로 실시한다. 회생은 가능한 한 배제하고, 부족한 부분을 유압으로 보충할 생각이다. 순유압 브레이크와 비교해도 손색이 없는 느낌을 실현하고 있다(필자 느낌).

## 협동 회생의 구조

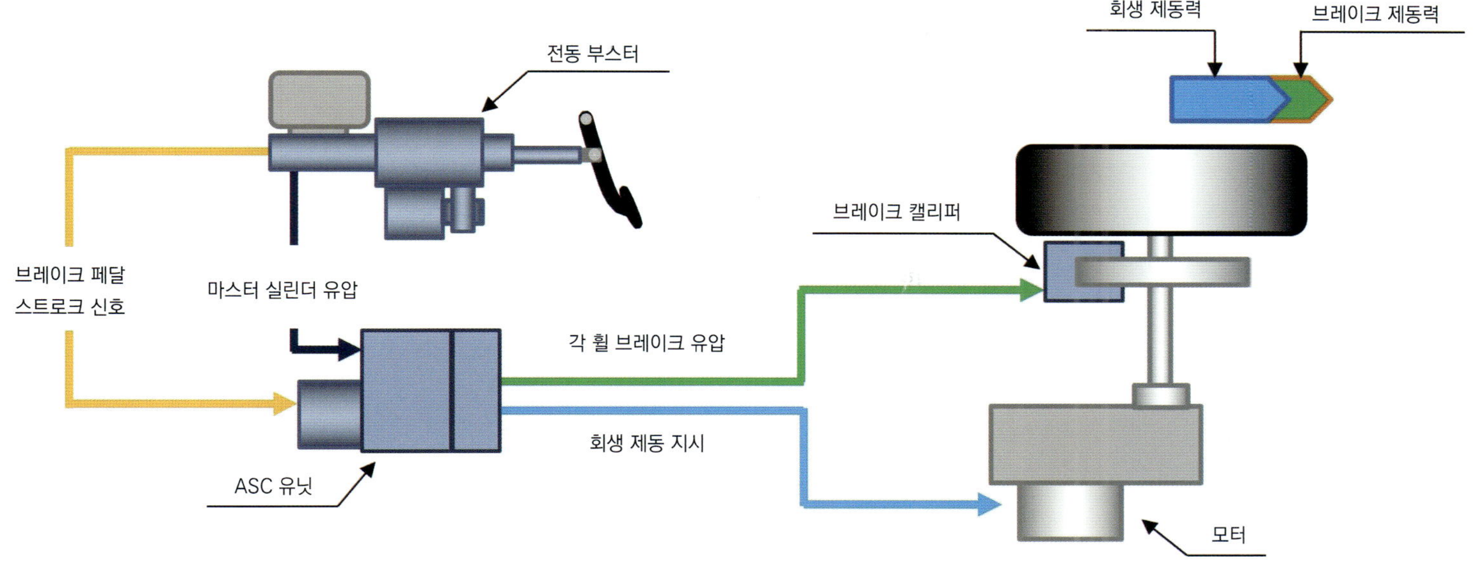


요구 제동력에 대해 유압 브레이크가 어느 정도를 담당할지는 ESC(Electronic Stability Control, 전자식 제동 안정 제어 장치) 유닛이 자동으로 유압을 증감시키며 제어한다. 그러나 기존 시스템 그대로라면, 유압의 증감에 따라 브레이크 페달의 반력도 함께 변동하게 된다. 이에 따라, 최적의 페달 반력은 협조 회생 제동용 액추에이터가 재현하게 된다. 페달 스트로크(이동 거리)나 차량 속도 등의 정보를 바탕으로 요구 제동력을 판단하며 유압 브레이크와 유사한 반력을 모터로 재현하게 되어 원하는 특성에 따라 다양하게 제어할 수 있다.

## 좌우 바퀴 간 토크 벡터링  다양한 제어 방식 중에서 특히 효과가 큰 브레이크 AYC와 AYC 디퍼렌셜을 적용

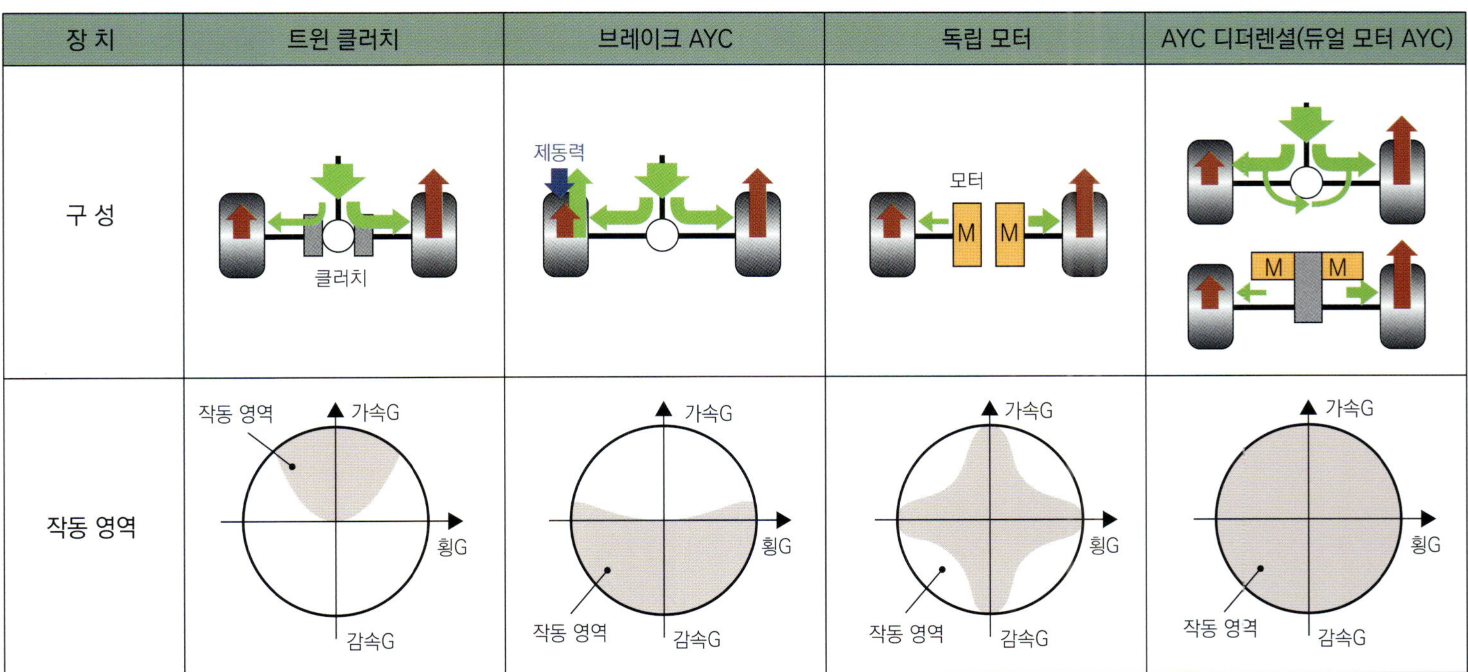


## 선회 성능을 높이기 위한 고찰

2009년에 출시된 전기 자동차 i-MiEV는, 당초 후륜 좌우에 인휠 모터(IWM)를 탑재하는 방향으로 검토가 진행되었으며, 그 이후에도 IWM 기술 개발은 지속적으로 이어져 왔다. IWM, 즉 좌우 독립 모터 구동 방식은 좌우 바퀴의 토크 차이를 통해 벡터링 제어가 가능하다는 장점이 있지만 최대 출력 상태에서 토크 차이를 만들기 위해서는 한쪽의 토크를 줄여야 한다는 점이 기술적 딜레마로 작용한다. 기술은 이미 확보하고 있으나, 현재로서는 적용을 보류 중인 상황이며 작동 영역을 나타낸 도표에서 알 수 있듯, 2모터 구성의 경우에는 디퍼렌셜(차동장치)을 통해 토크를 이동시킬 수 있는 시스템이 가장 적합한 방식으로 평가되고 있다.

## CHAPTER 3

# 각종 차량의 모터의 이모저모

## 같은 하드웨어라도 제어 방식에 따라 출력은 달라지며, 차량에 최적화된 타입이 점점 늘고 있다

내연기관과 달리 전기 모터는 동일한 하드웨어를 사용하더라도 강도나 열에 대한 부하가 허용 범위 내라면,
전류량을 조절함으로써 최대 토크나 최고 출력을 끌어올리는 것이 가능하다.
여러 모델에서 공용되는 타입의 모터도 많지만 생산성이나 탑재 조건을 고려한 각 제조사 고유의 설계 방식도 다수 존재한다.

본문 : 야마모토 신야

엔진 차량의 FR 레이아웃 모델을 대체하는 역할을 맡다

# MERCEDES EQS

메르세데스 EQS450+ 사양(유럽 기준치)
□ 모터 최대 출력 : 245kW/—rpm
□ 모터 최대 토크 : 568Nm /—rpm
□ 차량 크기 : 전장 5,216mm × 전폭 1,926mm × 전고 1,512mm
□ 차량 중량 : 2,480kg

EQS는 후륜구동 기반의 BEV 전용 플랫폼을 채용한 첫 번째 모델이며, 전면에도 구동 모터를 배치한 4WD도 준비되어 있다. 이 플랫폼이 상정하는 시스템의 출력은 245~385kW로 럭셔리 클래스에 걸맞는 수준이며, 고성능 버전에서는 최대 560kW의 계획도 있다고 한다. 전륜과 후륜 모두 영구자석을 사용한 정통 모터를 채택하고, 후륜을 구동하는 모터는 6상 설계로 고밀도의 고성능 타입인 것도 플래그십에 걸맞게 고밀도이다. 모터의 감속기구에는 오일 쿨러가 장착되어 있는데, 냉각분만 아니라 가열도 가능한 구조로 되어 있어 콜드 스타트 시 구동 저항을 최소화하여 효율을 높일 수 있다.

# MERCEDES EQA

메르세데스 EQA250 Specifications
□ 모터 최고 출력 : 140kW/3,600–10,300rpm
□ 모터 최대 토크 : 370Nm/1,020rpm
□ 차량 크기 : 전장 4,465mm × 전폭 1,850mm × 전고 1,625mm
□ 차량 중량 : 2,030kg

## 코스팅 시 손실 저감을 중시하여 유도 방식(모터)을 선택

전용 플랫폼이 아닌 GLA를 기반으로 탄생한 전용 플랫폼이 아닌 GLA를 기반으로 만들어진 전기 자동차 'EQA'. 메이커가 만든 컨버전과 같은 모델로 이해하면 된다. 앞 타이어를 구동하는 모터는 비동기식 유도 모터를 사용한다. 이를 통해 코스팅(회생하지 않고 코스팅 모드로 주행하는 모드)으로 주행거리를 확보하고 있다. 이는 영구자석을 사용하지 않기 때문에 제어의 폭을 넓힐 수 있는 유도 모터의 특성을 살린 세팅이라고 할 수 있다. 독일 본국에서는 후륜 구동 모터를 장착하고 시스템의 출력을 높인 '4MATIC' 사양도 등장하고 있으며, 항속거리를 늘린 장거리 계획도 발표되었다.

# BMW iX

BMW iX xDrive50 Specifications
□ 프런트 모터 최고 출력 : 190kW/8,000rpm　　□ 프런트 모터 최대 토크 : 365Nm/0-5,000rpm
□ 리어 모터 최고 출력 : 230kW/8,000rpm　　□ 리어 모터 최대 토크 : 400 Nm/0-5,000rpm
□ 차량 크기 : 전장 4,955mm × 전폭 1,965mm × 전고 1,695mm
□ 차량 중량 : 2,530kg

BMW의 5세대 전기 구동계를 장착한 iX는 앞뒤로 독립된 2모터에 의한 4WD 구동을 기본으로 하고 있다. iX50의 사양은 프런트 모터의 최고 출력이 190kW, 리어 모터가 230kW, 총 출력은 385kW로 컴팩트하면서도 파워풀한 것이 특징이다. 하위 모델인 iX40도 프런트 190kW, 리어 200kW, 총 240kW로, 어느 쪽이든 리어에 강력한 모터를 장착한 것은 BMW다운 주행감을 예감케 한다. 유명 작곡가의 '아이코닉 사운드'를 스피커에서 흘러나오게 하여 '주행하는 즐거움'을 연출하는 것도 특징 중 하나다. 시스템 출력의 차이는 배터리에 따라 차이가 크며, 총 전력량은 iX50이 111.5kWh, iX40이 76.6kWh이다.

**전륜과 후륜 모터를 정밀 제어하여 가속감을 세밀하게 튜닝**

## 후륜 구동 모터에 2단 변속기를 탑재하다

# PORSCHE TAYCAN

포르쉐 타이칸 4S 사양
□ 모터 시스템 최고 출력 : 390kW/—rpm
□ 모터 시스템 최대 토크 : 640Nm/—rpm
□ 차량 크기 : 전장 4,963mm × 전폭 1,966mm × 전고 1,379mm
□ 차량 크기 중량 : 2140kg ,

타이칸의 구동 모터는 정통적인 영구자석을 이용한 교류 동기 전동기이지만, 주목할 점은 후륜에 변속기구가 장착되어 있다는 점이다. 리어 액슬 일체형 변속기구(위 이미지)는 2단 타입으로, 출발 가속과 고속 주행 시 성능의 균형을 맞추는 역할을 한다. 특히 고속 영역에서 사용 회전을 억제하여 가속 성능을 확보한 것이 포인트이며, 변속을 통해 모터 특유의 매끄러운 가속감을 전 영역에서 실현하고자 하는 것이 목적이라고 할 수 있다. 변속은 자동 제어로 이루어지기 때문에 운전자가 수동으로 조작할 수 없다. 회생 제동에 대해서는 최대로 감속 에너지의 90%, 275W를 회수하는 독자적인 제어도 포인트다.

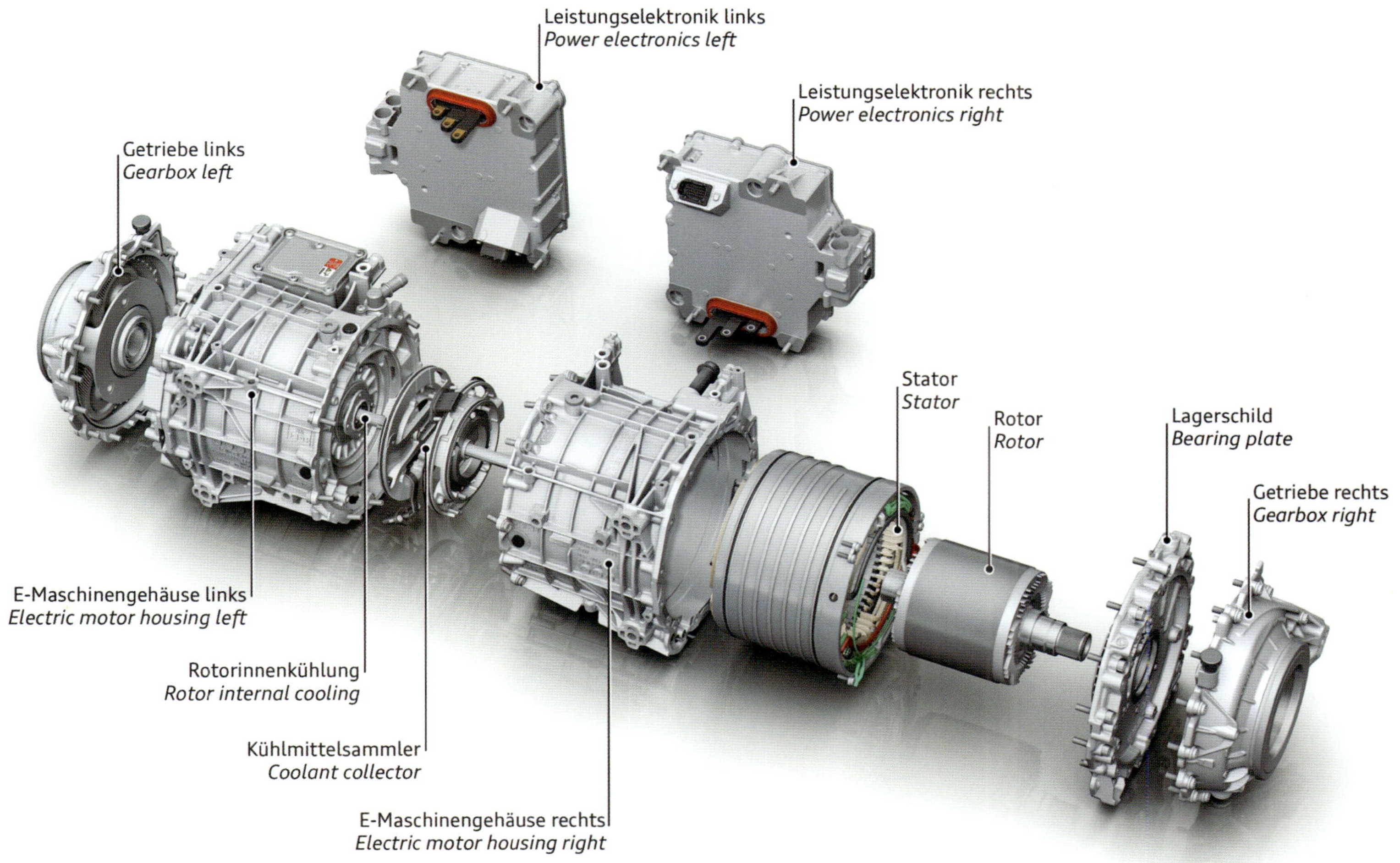

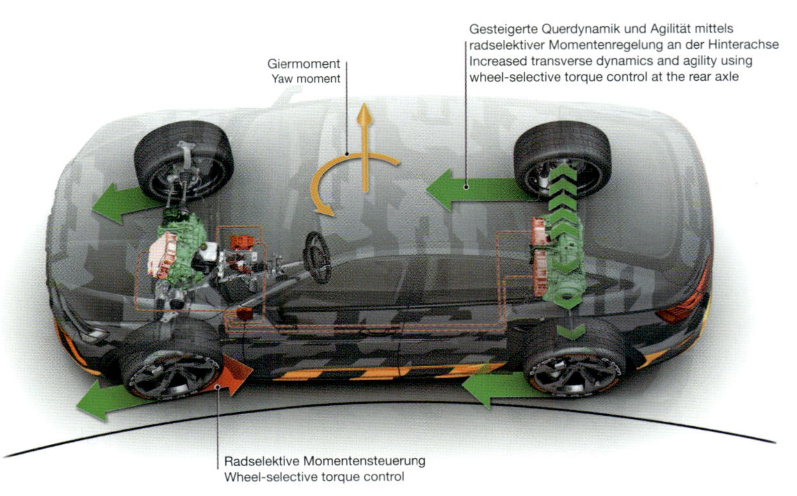


# 후륜에 좌우 독립 모터를 배치해 토크 벡터링을 실현

# AUDI e-tron S

아우디 e-tron S 370kW Specifications(유럽 기준치)
□ 모터 시스템 최고 출력 : 부스트 시 370kW 통상 시 320kW/—rpm
□ 모터 시스템 최대 토크 : 부스트 시 973Nm 통상 시 808Nm/∼rpm
□ 차량 크기 : 전장 4,902mm×전폭 1,976mm×전고 1,629mm
□ 차량 중량 : 2,620㎏

e-tron S의 드라이브 트레인은 전면 단일 모터 + 후면 좌우 독립 모터로 구성된다. 리어 좌우 독립 모터는 좌우 구동력을 자유자재로 조작하여 전동화 특유의 정밀한 토크 벡터링을 실현했다. 스티어링 조작에 따라 앞쪽의 브레이크 독립 제어와 뒤쪽의 토크 벡터링을 통해 요모멘트를 생성하는 것이 그 큰 줄거리다. 구체적으로 왼쪽 코너라면 왼쪽 앞 브레이크 페달을 밟고 오른쪽 뒤쪽의 구동력을 높여 노즈를 왼쪽으로 돌리게 한다. 좌우 독립 모터는 완전히 대칭적인 디자인으로 내부에서 모터, 감속기구, 구동축 등의 레이아웃으로 콤팩트하게 정리되어 있다.

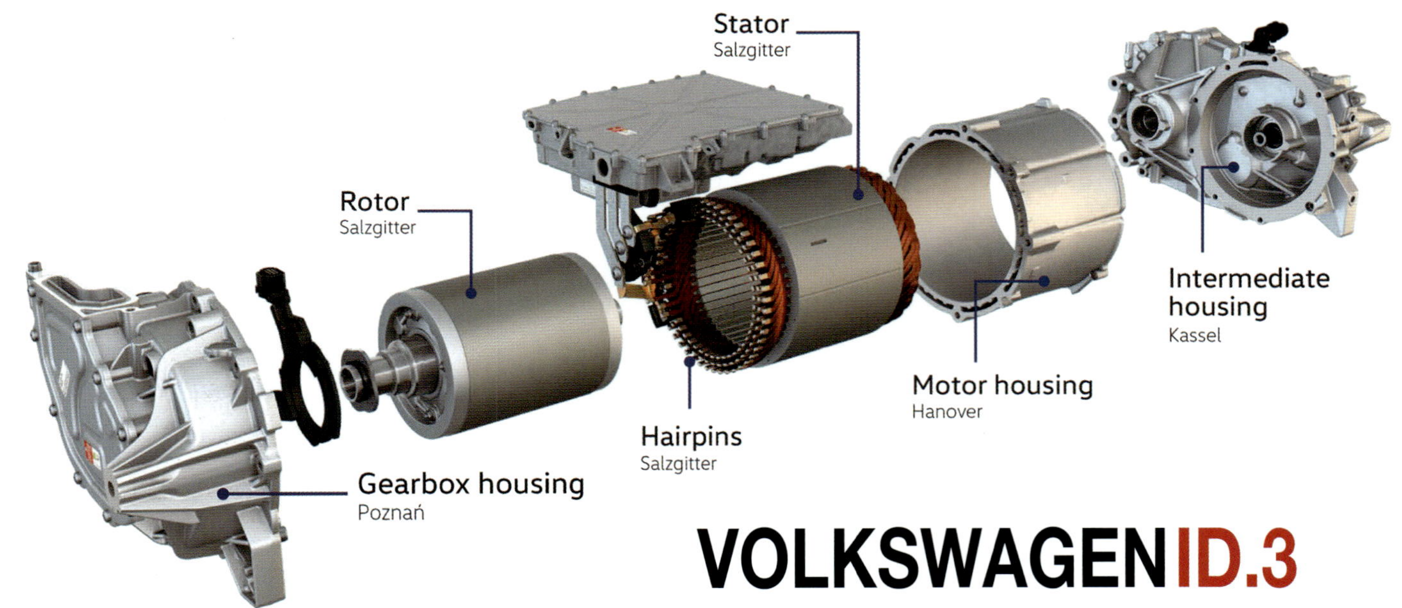


# VOLKSWAGEN ID.3

폭스바겐 ID.3 사양

□ 모터 최고 출력 : 150kW/—rpm  □ 모터 최대 토크 : 310Nm/—rpm
□ 차량 크기 : 전장 4,261mm×전폭 1,809mm×전고 1,552mm
□ 차량 무게 : 1,719kg

폭스바겐의 BEV 전용 브랜드 'ID.' 시리즈를 위해 만들어진 전용 플랫폼이 MEB이며, 첫 번째 모델인 ID.3는 디퍼렌셜과 모터를 컴팩트하게 정리한 후륜 구동으로 설계한 것이 특징이다. 구동륜을 지지하기 위해 매우 정교한 서스펜션을 적용했다. 또한 SUV 모델인 'ID.4'에서는 MEB를 사용하면서 앞쪽에 모터를 배치한 4WD를 계획하고 있는데, MEB 는 고가의 플랫폼이라는 인상을 주기도 했다. 그러나 그렇게 생각하는 것은 섣부른 판단 이며, 모터 배치의 자유도가 높다. 콘셉트 모델인 'ID.LIFE'에서는 앞쪽에 모터를 배치하 는 전륜 구동을 상정하고, 리어 서스펜션을 토션빔으로 하는 등 저비용화를 고려하고 있다.

# FORD F150 Lightning

포드 F-150 라이트닝 Standard Specifications(개발 목표치)
□ 모터 시스템 최고 출력 : 318kW/—rpm
□ 모터 시스템 최대 토크 : 1,051Nm/—rpm
□ 차량 크기 : 전장 5,911mm×전폭 2,032mm×전고 2,001mm
□ 차량 중량 : —kg

# MAZDA **MX-30**

마쓰다 MX-30 EV Specifications
□ 모터 최고 출력 : 107kW/4,500-11,000rpm
□ 모터 최대 토크 : 270Nm/0-3,243rpm
□ 차량 크기 : 전장 4,395mm × 전폭 1,795mm × 전고 1,565mm
□ 차량 중량 : 1,650kg

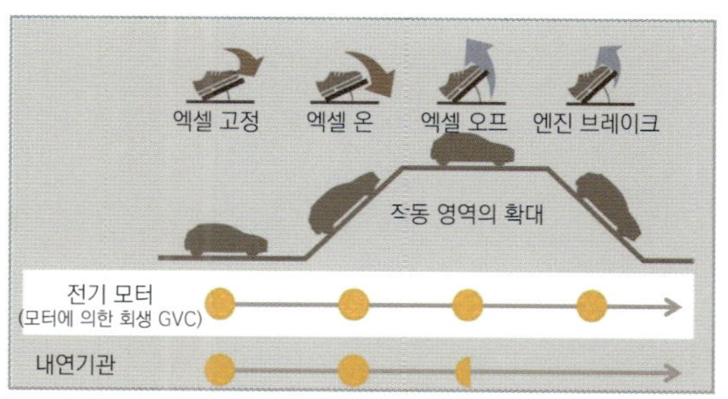


마쓰다 최초의 양산형 BEV인 MX-30 EV의 특징은 제어 시스템에 정교한 기술을 적용했다는 점이다. 엑셀 페달(마쓰다는 이를 '모터 페달'이라 부른다)에는 자사 독자 개발의 '전동 모터 토크 제어 시스템'이 탑재되어 있다. 이 시스템은 페달을 밟는 깊이뿐만 아니라 조작 속도까지 제어에 반영하여 운전자의 의도에 충실한 정밀한 가감속 G(중력 가속도)를 실현하는 것을 목표로 한다. 또한, 모터가 발생시키는 토크의 상태를 사운드로 운전자에게 피드백하는 방식도 마쓰다만의 독특한 접근이라 할 수 있다. 한편, 내연기관차에서도 잘 알려진 G 벡터링 컨트롤(GVC)은 정밀한 구동 토크 제어가 가능한 모터 특성을 살려 'e-GVC Plus'로 진화하였다. 이는 구동력 제어를 통해 차량의 하중 이동을 유도함으로써, 더욱 부드러운 주행 거동을 실현하고자 한 것이다.

## 캠핑카 견인을 염두에 둔 출력 세팅

북미 시장에서 가장 많이 판매되는 픽업 트럭의 BEV 버전이 '포드 F-150 라이트닝'이다. 출시가 2022년 봄이기 때문에 사양은 목표치이지만, 앞뒤에 모터를 배치한 4WD 레이아웃이며, 배터리는 스탠다드 레인지와 익스텐디드 레인지가 설정되어 있다. 전자의 시스템 최고 출력은 318kW, 후자는 420kW로 넉넉한 성능으로 설정한 것은 픽업 트럭에 요구되는 견인 능력 등의 요구를 충족시키기 위한 것으로 보인다. 특이한 점은 엔진이 사라진 앞부분이 러기지 공간으로 활용된다는 점인데, 전동식 개폐식 게이트를 열면 골프백도 실을 수 있는 400ℓ의 공간이 나타난다. 이는 BEV 패키지가 만들어내는 새로운 가치다.

## 구조를 새롭게 변경하여 탑재 공간을 콤팩트화한 하이브리드 선구자

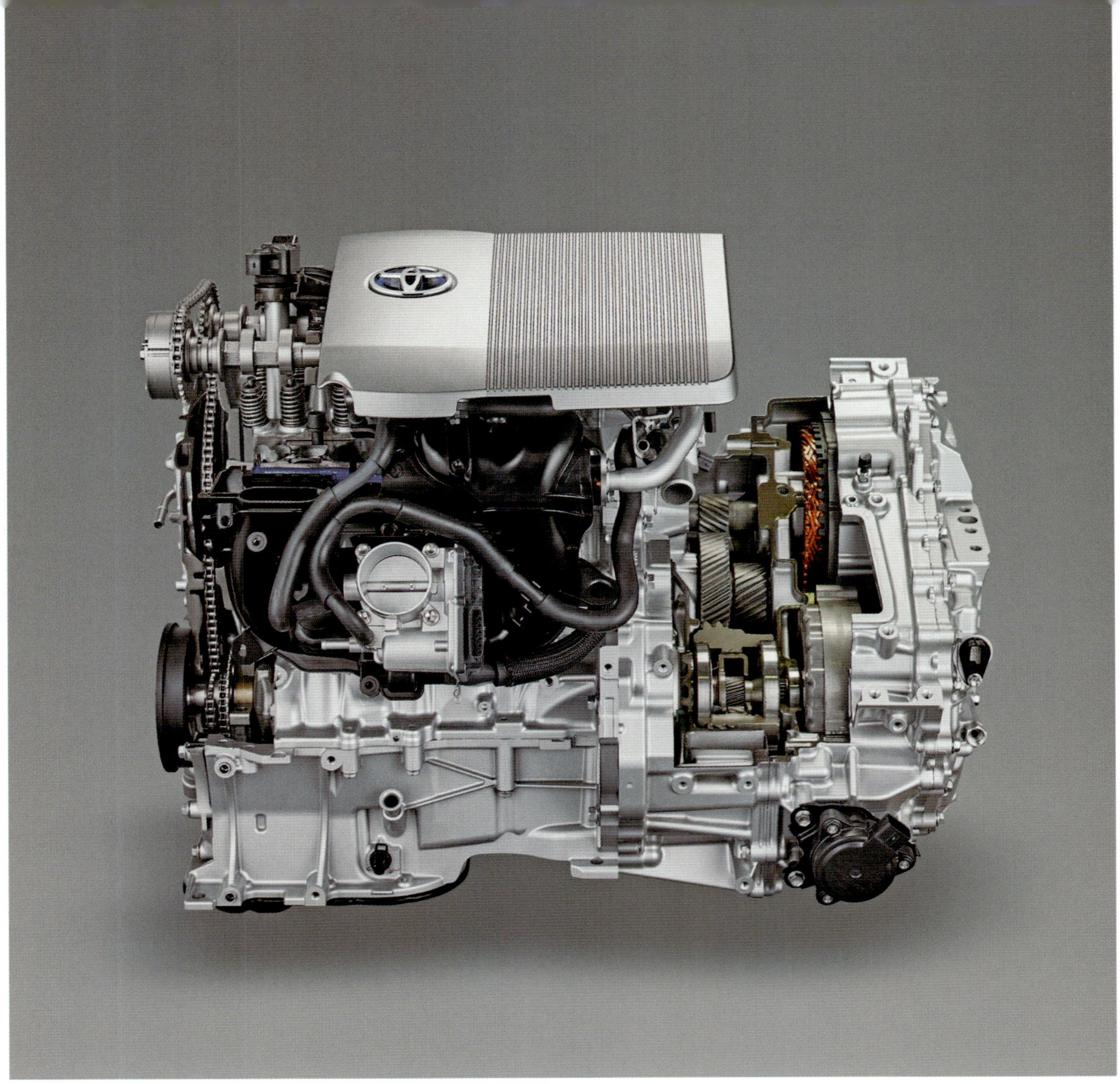

# TOYOTA PRIUS

토요타 프리우스 A 프리미엄 (2WD) Specifications
□ 모터 최고 출력 : 53kW/—rpm
□ 모터 최대 토크 : 163Nm/—rpm
□ 차량 크기 : 전장 4,575mm×전폭1,760mm×전고1,470mm
□ 차량 중량 : 1,360kg

현행 프리우스의 하이브리드 시스템은, 이전 세대 모델과 마찬가지로 1.8ℓ 엔진 + 발전용 모터 + 구동용 모터 + 유성기어(동력 분할 기구)로 구성되어 있어 언뜻 보면 단순한 계승(캐리오버)으로 보일 수 있다. 그러나 구동용 모터는 완전히 새롭게 설계된 것이다. 자기장에 의한 힘인 릴럭턴스 토크를 활용해 합성 토크를 확보하는 접근 방식을 통해, 영구자석의 사용량을 줄였다. 또한 스테이터 코일을 기존의 원형 전선 대신 평각선으로 변경함으로써 권선 밀도를 높였다. 이러한 개선은 모터 부품의 부피 감소에 기여했으며 그 결과 3세대 모델의 2.7ℓ에 비해 현행 모델은 2.2ℓ로 더욱 소형화되었다. 또한 발전용 모터와 구동용 모터를 이축(複軸)으로 배치한 레이아웃의 변경을 통해 파워 유닛 전체의 컴팩트화도 실현하였다.

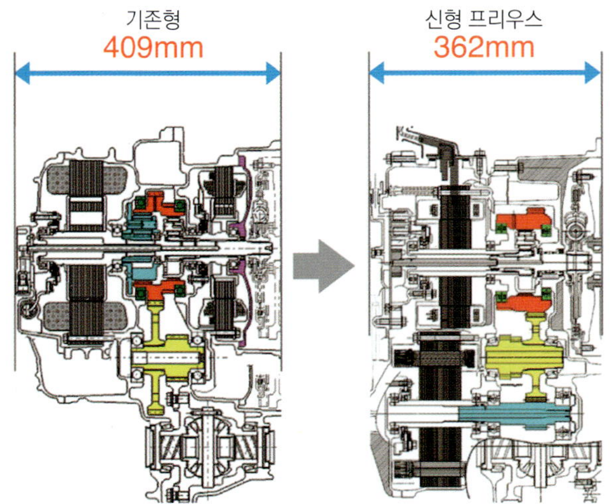

# TOYOTA **PRIUS/YARIS**(4WD)

토요타 프리우스 A 프리미엄(4WD) Specifications
□ 리어 모터 최고 출력 : 5.3kW/—rpm
□ 리어 모터 최대 토크 : 55 Nm/—rpm

토요타 야리스 HYBIRD Z(4WD) Specifications
□ 리어 모터 최고 출력 : 3.9kW/—rpm
□ 리어 모터 최대 토크 : 52Nm/—rpm

## 연비 성능을 중시한 HEV용 고효율 리어 모터

프리우스와 야리스 하이브리드의 4WD 차량은 후륜에 독립적인 구동 모터를 갖춘 전동식 4WD 시스템을 사용하며, 토요타에서는 이 시스템을 예전부터 'E-Four'라고 부르고 있다. 이 두 차량의 특징 중 하나는, 후륜 모터에 영구자석형이 아닌 유도 모터를 채택했다는 점이다. 유도 모터의 가장 큰 장점은 전류가 흐르지 않을 때 손실이 발생하지 않는다는 것이다. 영구자석형 모터의 경우, 의도하지 않아도 회생 제동처럼 발전 작용이 일어나 저항이 생기지만 유도 모터는 그런 끌림(마찰) 같은 저항이 없어 파트타임식 전동 4WD로서는 이상적인 선택이라 할 수 있다. 게다가 중공 드라이브 샤프트를 채택해 모터와의 동축 레이아웃을 실현함으로써 후륜 구동계를 더욱 콤팩트하게 구성한 점도 주요 특징이다.

**프리우스 4WD 리어 모터**

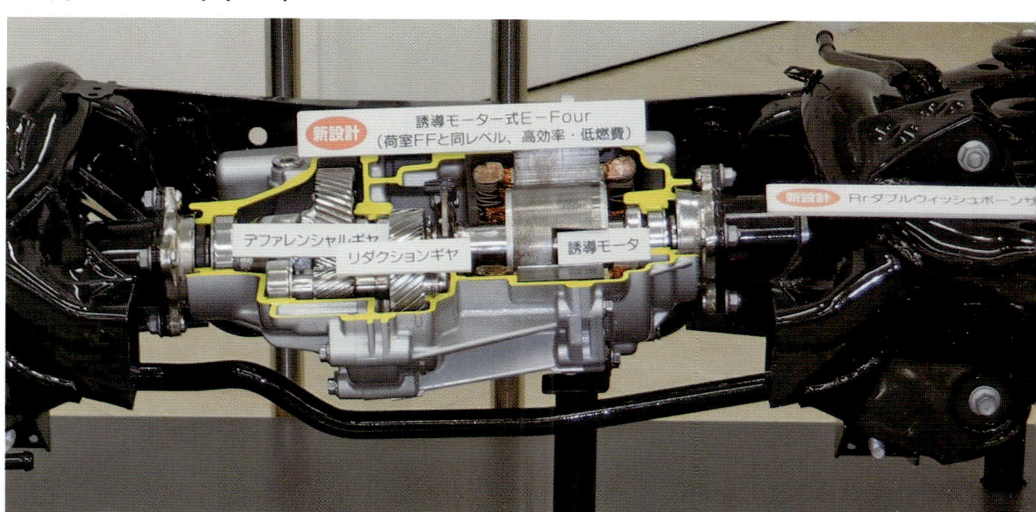

**야리스 하이브리드 4WD 리어 모터**

**프리우스 4WD 시스템 구성**

**친환경자동차**

**F1 머신
하이테크의 비밀**

**엔진 테크놀로지**

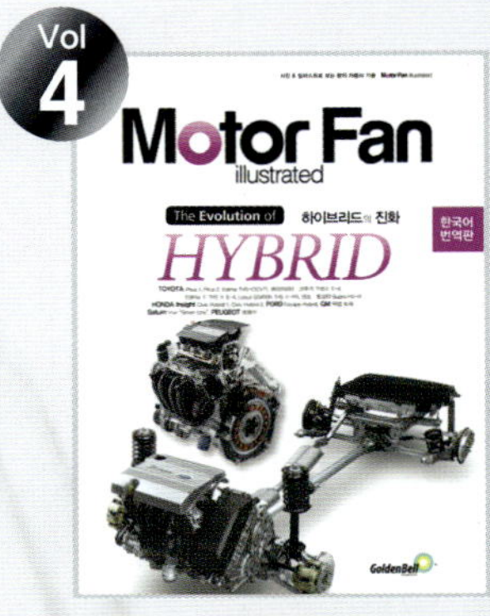


**하이브리드의 진화**

**트랜스미션
오늘과 내일**

**가솔린 · 디젤
엔진의 기술과 전략**

**튜닝 F1 머신
공력의 기술**

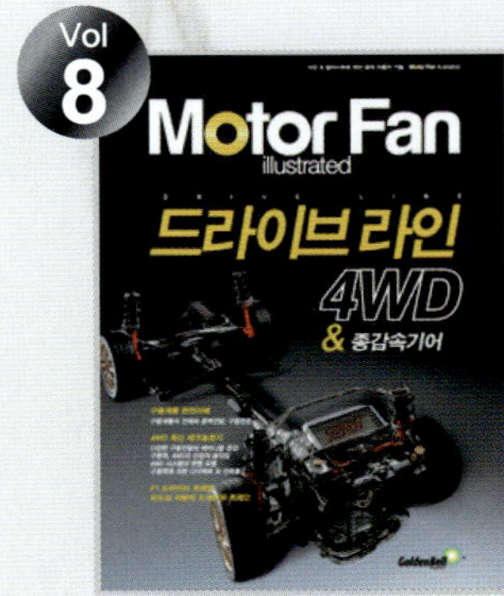


**드라이브 라인
4WD & 종감속기어**

**자동차 디자인**

**조향 · 제동 쇽업소버**

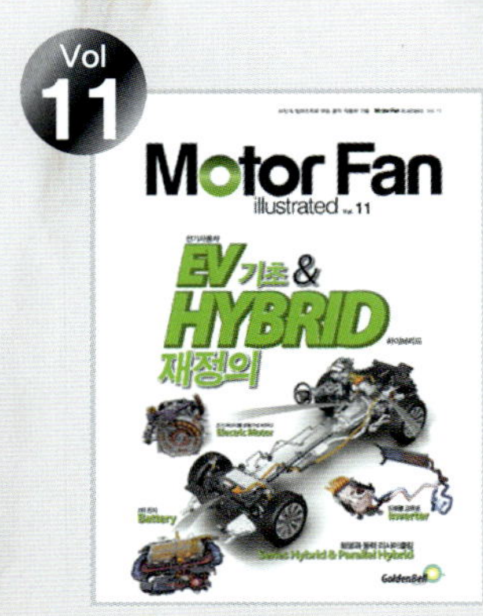


**전기 자동차 기초 &
하이브리드 재정의**

**新소재 자동차 보디**

**타이어 테크놀로지**

**자동변속기 · CVT**

**디젤 엔진의 테크놀로지**

**브레이크 안정성
테크놀로지**